高职高专工作过程·立体化创新规划教材——计算机系列

计算机组装与维修技术
(第 2 版)

吕永强　　鲁磊纪　　史国川　　主　编

王开源　　方星星　　夏　良　　副主编

U0286572

清华大学出版社

北　京

内 容 简 介

本书采用最新的"工作过程导向"编写模式,针对每一个工作过程环节来传授相关的课程内容,实现实践技能与理论知识的整合,将工作环境与学习环境有机地结合在一起。本书采用的是最新的应用技术案例,以保证有更强的先进性,并与理论内容有更强的关联性。本书内容分为两个部分,第一部分为第 1~10 章,介绍计算机基本硬件的组成、相关硬件知识及硬件和软件安装技术;第二部分为第 11~15 章,着重介绍芯片级计算机硬件的维修方法,计算机相关硬件电路的工作原理、检修流程、常见的故障测试点以及维修方法等。

本书涉及的理论知识适度,本着实用的原则,列举了大量的实例和电路原理图,为学生学习计算机安装、芯片级维修技术提供了翔实的资料。同时注重学生实践能力的培养,以提高学生的实际应用能力,使之在最短的时间内熟练地掌握计算机的组装技术和芯片级维修技术。

本书适合作为高职高专院校计算机类、电子信息类专业的教材使用,也可以作为从事计算机维护的相关人员的参考资料。

图书在版编目(CIP)数据

计算机组装与维修技术/吕永强,鲁磊纪,史国川主编. —2 版. —北京:清华大学出版社,2019
(2023.7重印)

(高职高专工作过程·立体化创新规划教材——计算机系列)

ISBN 978-7-302-51547-0

Ⅰ. ①计… Ⅱ. ①吕… ②鲁… ③史… Ⅲ. ①电子计算机—组装—高等职业教育—教材 ②计算机维护—高等职业教育—教材 Ⅳ. ①TP30

中国版本图书馆 CIP 数据核字(2018)第 249768 号

责任编辑:章忆文 李玉萍
装帧设计:刘孝琼
责任校对:吴春华
责任印制:宋 林

出版发行:清华大学出版社   地 址:北京清华大学学研大厦 A 座
　　　　　http://www.tup.com.cn   邮 编:100084
　　　　　社 总 机:010-83470000   邮 购:010-62786544
　　　　　投稿与读者服务:010-62776969,c-service@tup.tsinghua.edu.cn
　　　　　质量反馈:010-62772015,zhiliang@tup.tsinghua.edu.cn
印 装 者:三河市龙大印装有限公司
经　　销:全国新华书店
开　　本:185mm×260mm   印 张:20.75   字 数:504 千字
版　　次:2011 年 9 月第 1 版 2019 年 1 月第 2 版   印 次:2023 年 7 月第 4 次印刷
定　　价:58.00 元

产品编号:080321-01

丛 书 序

高等职业教育强调"以服务为宗旨，以就业为导向，走产学结合发展的道路"。能否服务于社会、促进就业和提高社会对毕业生的满意度，是衡量高等职业教育是否成功的重要指标。坚持"以服务为宗旨，以就业为导向，走产学结合发展的道路"体现了高等职业教育的本质，是其适应社会发展的必然选择。

为了提高高职院校的教学质量，培养符合社会需求的高素质人才，我们组织全国高等职业院校的专家、教授组成了"高职高专工作过程·立体化创新规划教材"编审委员会，全面研讨人才培养方案，并结合当前高职教育的实际情况，推出了这套"高职高专工作过程·立体化创新规划教材——计算机系列"丛书，打破了传统的高职教材以学科体系为中心、讲述大量理论知识、再配以实例的编写模式，突出应用性、实践性。一方面，强调课程内容的应用性，以解决实际问题为中心，而不是以学科体系为中心，基础理论知识以应用为目的，以"必需、够用"为度；另一方面，强调课程的实践性，在教学过程中增加实践性环节的比重。

本套丛书以"工作过程为导向"，强调以培养学生的职业行为能力为宗旨，以现实的职业要求为主线，选择与职业相关的教学内容组织开展教学活动和过程，使学生在学习和实践中掌握职业技能、专业知识及工作方法，从而构建属于自己的经验和知识体系，以解决工作中的实际问题。这在一定程度上契合了高职高专院校教学改革的需求。随着技术的进步、计算机软硬件的更新换代，不断有图书再版和新的图书加入。我们希望通过对这一套突出职业素质需求的高质量教材的出版和使用，能促进技能型人才培养的发展。

1. 丛书特点

(1) 以项目为依托，注重能力训练。以"工作场景导入"→"知识讲解"→"回到工作场景"→"工作实训营"为主线编写，体现了以能力为本的教育模式。

(2) 内容具有较强的针对性和实用性。丛书以贴近职业岗位要求、注重职业素质培养为基础，以"解决工作场景问题"为中心展开内容，书中每一章都涵盖了完成工作所需的知识和具体操作过程。基础理论知识以应用为目的，以"必需、够用"为度，因而具有很强的针对性与实用性，可提高学生的实际操作能力。

(3) 易于学习、提高能力。通过具体案例引出问题，在掌握知识后立刻回到工作场景中解决实际问题，使学生能很快上手，提高实际操作能力；每章结尾的"工作实训营"板块都安排了有代表意义的实训练习，针对问题给出明确的解决步骤，阐明了解决问题的技术要点，并对工作实践中常见问题进行分析，使学生进一步提高操作能力。

(4) 示例丰富、由浅入深。书中配备了大量经过精心挑选的例题，既能帮助读者理解知识，又具有启发性。针对较难理解的问题，例子都是从简单到复杂，内容逐步深入。

2. 读者定位

本系列教材主要面向高等职业技术院校和应用型本科院校,同时也非常适合计算机培训班和编程开发人员培训、自学使用。

3. 关于作者

丛书编委会特聘执教多年且有较高学术造诣和实践经验的名师参与各册的编写。他们长期从事有关的教学和开发研究工作,积累了丰富的经验,对相应课程有较深的体会与独特的见解。本丛书凝聚了他们多年的教学经验和心血。

4. 互动交流

本丛书保持了清华大学出版社一贯严谨、科学的图书风格,但由于我国计算机应用技术教育正在蓬勃发展,要编写出满足新形势下教学需求的教材,还需要不断地努力实践。因此,我们非常欢迎全国更多的高校老师积极加入"高职高专工作过程·立体化创新规划教材——计算机系列"编审委员会中来,推荐并参与编写有特色、有创新的教材。同时,我们真诚希望使用本丛书的教师、学生和读者朋友提出宝贵的意见和建议,使之更臻成熟。

再 版 前 言

计算机组装与维修是目前高职高专院校开设较多的一门课程。本书是针对高职高专院校编写的，立足于教学实际情况，重实践，可操作性强，受到使用者的欢迎，第 1 版自 2011 年出版以来多次加印。计算机技术的发展日新月异，软硬件技术都在不断更新，第 1 版中很多内容已经过时，为了体现计算机最新发展技术，我们对第 2 版从硬件和软件两个方面做了修订，如补充 SATA 及光纤通道硬盘、启动 U 盘的制作方法、二级交换机、三级交换机和光猫，补充更新 Windows 7 和 Windows 10 的相关内容等。

本书章节安排与第 1 版基本一致，全书分 15 章，主要内容包括计算机的组成、计算机主板、中央处理器、内部存储器、外部存储器、显示子系统、网络设备、硬件组装及硬盘初始化、BIOS 设置、操作系统安装与备份、计算机维修基础、主板维修技术、内存故障维修技术、U 盘故障维修技术、硬盘故障维修技术。

本书由吕永强、鲁磊纪、史国川任主编，王开源、方星星、夏良任副主编。参与本书编写和资料整理的还有何光明、张伟、石雅琴、胡珍珍、许悦、王珊珊、卢振侠和蒋思意。本书在编写过程中参考了许多相关书籍和资料，在此谨向这些参考文献的作者表示深深的谢意。

由于编者水平有限，书中存在的不足之处恳请广大读者批评指正。

编 者

第 1 版前言

随着计算机技术的迅速发展，计算机已成为人们生活中不可缺少的一部分。计算机组装与日常维修是每一个计算机爱好者应该具备的一种技能。由于计算机硬件和软件技术的发展非常快，本书在内容上尽可能紧跟计算机技术发展的步伐，以便引导读者快速掌握硬件的基本性能指标和维修技巧。

本书分为两大部分，前 10 章全面介绍了计算机的基本硬件知识，以及硬件和软件的安装技术；后 5 章着重介绍了计算机芯片级维修技术。相关知识的讲解循序渐进，完整、全面。本书各章都设计有工作场景导入、回到工作场景、工作实训营、习题。这样的设计非常有利于学生实践与应用能力的培养与提高，具有很强的应用性和可操作性。

本书共分为 15 章，各章节的安排如下。

第 1 章介绍了计算机的发展和计算机的系统组成。通过工作实训营的训练实例可了解计算机硬件和软件系统及其区别，熟悉计算机内部的各个部件外观及功能。

第 2 章介绍了计算机主板的体系结构、主要技术参数和芯片组。通过工作实训营的训练实例可学会如何对主板进行规范的安装和拆卸。

第 3 章介绍了中央处理器的基本构成、基本工作原理和主要技术参数。通过工作实训营的训练实例可掌握正确安装与拆卸 CPU 的方法。

第 4 章介绍了内部存储器的作用与分类、工作原理和主要技术。通过工作实训营的训练实例可掌握正确安装与拆卸内存条的方法。

第 5 章介绍了外部存储器，包括硬盘、光驱、USB 移动硬盘、U 盘、闪存卡的结构、工作原理和主要技术指标。通过工作实训营的训练实例可掌握外部存储器性能测试的方法。

第 6 章介绍了显示子系统，包括显示卡和显示器的结构、分类、工作原理和主要技术指标。通过工作实训营的训练实例可掌握显示卡和显示器的正确安装方法。

第 7 章介绍了网络设备，包括网络传输介质、网卡、集线器与交换机、路由器、调制解调器的分类、功能和主要技术指标。通过工作实训营的训练实例可掌握网络设备安装与调试的方法。

第 8 章介绍了计算机硬件的安装，包括装机前的准备、装机流程、硬盘的分区与格式化。通过工作实训营的训练实例可掌握计算机硬件安装的方法。

第 9 章介绍了 BIOS 设置、BIOS 与 CMOS 的基本概念、Award BIOS 设置详解。通过工作实训营的训练实例可掌握 BIOS 的设置和升级的方法。

第 10 章介绍了计算机系统软件的安装、常用设备驱动程序的安装、系统的优化，以及系统的备份与恢复。通过工作实训营的训练实例可掌握计算机软件安装的方法、系统优化的方法，以及系统备份与恢复的方法。

第 11 章详细介绍了计算机维修的流程、计算机故障的维修方法和计算机维修常用的工具。通过工作实训营的训练实例可了解产生计算机故障的原因，掌握常见软件故障和硬件故障的判断和维修方法。

　　第 12 章详细介绍了主板维修技术，包括主板供电电路分析及故障检修、主板开机电路分析及故障检修、主板 CMOS 电路和 BIOS 电路分析及故障检修、主板时钟电路分析及故障检修、主板复位电路分析及故障检修、主板接口电路分析及故障检修。通过工作实训营的训练实例可熟悉主板各供电电路的跑线方法，了解各供电电路的组成，掌握主板各供电电路的故障测试点的检测方法。

　　第 13 章介绍了内存故障维修的基础知识、内存故障维修的方法和内存故障维修实例。通过工作实训营的训练实例可掌握内存故障类型的判定及维修方法，总结内存故障的维修过程。

　　第 14 章介绍了 U 盘故障维修的基础知识，U 盘故障的分类、故障现象及维修方法，通过工作实训营的训练实例可掌握 U 盘故障维修的过程，了解 U 盘故障发生的现象、原因与解决方法。

　　第 15 章介绍了硬盘故障维修的基础知识，硬盘故障的分类、现象与维修方法，以及硬盘常见故障的维修实例。通过工作实训营的训练实例可掌握硬盘电路故障的检测方法和硬盘维修的流程。

　　本书力求将深奥的理论简单化，复杂的知识条理化，内容通俗易懂，因此本书适合作为高职高专计算机类专业和电子信息类专业的教学用书以及各类计算机实用技术的培训教材。

　　本书由马家龙、陈利任主编，杨忆任副主编，全书框架由何光明拟定。具体编写分工如下：陈利编写了第 1～6、9、10 章，杨忆编写了第 7、8 章，马家龙编写了第 11～15 章。

　　限于作者水平有限，书中难免存在不当之处，恳请广大读者批评指正。

编　者

目　　录

第 1 章

计算机的组成

 **本章要点**

- 计算机的发展史。
- 计算机的硬件系统。
- 计算机的软件系统。

 **技能目标**

- 了解计算机的发展过程。
- 明确计算机系统的组成,认识计算机各部件。

1.1　工作场景导入

【工作场景】

　　某乡镇创业青年小钱想要 DIY 一台计算机用于办公、看高清电影和玩游戏，如图 1-1 所示。可是小钱的计算机软硬件知识匮乏，不清楚 DIY 所需的软硬件。于是他来到了计算机公司询问工程师，工程师向他推荐了一本计算机组装技术的书籍，让他先从理论上了解计算机的软硬件知识。

图 1-1　个人计算机

【引导问题】

　　(1)　计算机发展经历了几个阶段？
　　(2)　构成计算机硬件系统的主要部件有哪些？
　　(3)　计算机的软件系统包括哪些软件？

 ## 1.2　计算机概述

1.2.1　计算机发展简史

　　电子计算机简称计算机，俗称电脑，是 20 世纪人类最伟大、最卓越的技术发明之一，它给人类带来了一种新的文化、新的工作和生活方式。

　　世界公认的第一台计算机是 1946 年 2 月 15 日由美国宾夕法尼亚大学研制的，名为"埃尼阿克"(英文缩写为 ENIAC，即 Electronic Numerical Integrator and Calculator，中文意思是电子数字积分器和计算器)。它是为了满足美国奥伯丁武器试验场计算弹道需要而研制的。其主要发明人是电气工程师普雷斯波·埃克特(J. Prespen Eckert)和物理学家约翰·莫奇利(John W. Mauchly)。它的问世具有划时代的意义，表明了计算机时代的到来，在以后的半个多世纪里，计算机技术发展异常迅速。根据计算机所采用的物理器件，一般将其发展分成以下四个阶段。

1．第一代计算机(1946—1957 年)

第一代计算机采用电子管作为其主要构成器件，主要用于军事领域和科学计算。

2．第二代计算机(1958—1964 年)

第二代计算机采用晶体管作为其主要构成器件，与第一代计算机相比，其体积、成本有了较大的降低，功能、可靠性等有了较大的提高，应用范围扩大到数据处理、事务管理和工程设计等方面。

3．第三代计算机(1965—1971 年)

第三代计算机是随固体物理技术的发展、集成电路的出现而诞生的，它采用了中、小规模集成电路，运算速度每秒可达几十万次到几百万次，存储器进一步发展，体积更小、成本更低。同时，计算机开始向标准化、多样化、通用化和系列化发展，软件方面形成了三个独立的系统：操作系统、编辑系统和应用系统。

4．第四代计算机(1972 年至今)

第四代计算机的主要特征是采用大规模、超大规模集成电路为计算机的主要功能元件。其特点是微型化，耗电极少，运算速度更快，可靠性更高，成本更低。在这一时期，出现了微处理器，产生了微型计算机(现在也称 PC)，使人类社会进入了计算机普及的新纪元。

> 提示：1990 年，美国贝尔实验室宣布研制出世界上第一台光学计算机。

1.2.2　计算机的分类

计算机种类很多，可以从不同的角度对计算机进行分类。

传统的分类方法有以下几种：按照计算机原理分类，可分为数字式计算机、模拟式计算机和混合式计算机；按照计算机用途分类，可分为通用计算机和专用计算机；按照计算机性能分类，可分为巨型机、小巨型机、大型机、小型机、工作站和个人计算机六大类。

本书从发展的角度借助硬件对计算机进行重新分类，分为服务器、工作站、台式机、笔记本电脑和手持设备五大类。

1．服务器

服务器的英文名为 Server，专指某些高性能计算机，能通过网络对外提供服务。相对于普通计算机来说，其稳定性、安全性、性能等方面都要求更高，因此在 CPU、芯片组、内存、磁盘系统、网络等硬件方面和普通计算机有所不同。服务器是网络的节点，存储、处理网络上 80%的数据和信息，在网络中起到举足轻重的作用。它们是为客户端计算机提供各种服务的高性能计算机，其高性能主要表现在高速度的运算能力、长时间的可靠运行、强大的外部数据吞吐能力等方面。服务器的构成与普通计算机类似，也有处理器、硬盘、内存、系统总线等，但因为它是针对具体的网络应用特别定制的，因而服务器与普通计算机在处理能力、稳定性、可靠性、安全性、可扩展性和可管理性等方面存在的差异很大。

2. 工作站

工作站的英文名为 Workstation,是一种以个人计算机和分布式网络计算为基础,主要面向专业应用领域,具备强大的数据运算与图形、图像处理能力,为满足工程设计、动画制作、科学研究、软件开发、金融管理、信息服务、模拟仿真等专业领域而设计开发的高性能计算机。工作站属于一种高档的计算机,一般拥有较大屏幕的显示器和大容量的内存和硬盘,也拥有较强的信息处理功能和高性能的图形、图像处理功能以及联网功能。

3. 台式机

台式机的英文名为 Desktop,也叫桌面机,为现在非常流行的微型计算机,多数人家里和公司用的机器都是台式机。台式机的性能相较笔记本电脑要强。

4. 笔记本电脑

笔记本电脑的英文名为 Notebook Computer(简称 NB)或 Laptop,也称手提电脑或膝上型电脑(中国港台地区则称之为笔记型电脑),是一种小型、可携带的个人计算机,通常重 1~3 千克。它和台式机架构类似,但是提供了更好的便携性,包括液晶显示器、较小的体积、较轻的重量。笔记本电脑除了键盘外,还提供了触控板(TouchPad)或触控点(Pointing Stick),提供了更好的定位和输入功能。笔记本电脑大体上可以分为 4 类:商务型、时尚型、多媒体应用型和特殊用途型。商务型笔记本电脑的特点一般可以概括为移动性强、电池续航时间长、商务软件多;时尚型笔记本电脑的外观主要针对时尚女性;多媒体应用型笔记本电脑则有较强的图形、图像处理能力和多媒体处理能力,尤其是播放能力,为享受型产品,而且,多媒体应用型笔记本电脑多拥有较为强劲的独立显卡和声卡(均支持高清),并有较大的屏幕;特殊用途型笔记本电脑是服务于专业人士,可以在酷暑、严寒、低气压、战争等恶劣环境下使用的机型,有的较笨重,如奥运会前期在"华硕珠峰大本营 IT 服务区"使用的华硕笔记本电脑。

5. 手持设备

手持设备的英文名为 Handheld Device,种类较多,如 PDA、SmartPhone(智能手机)、掌上型计算机等,它们的特点是体积小。随着 4G、5G 时代的到来,手持设备将会获得更大的发展,其功能也会越来越强。

1.2.3 计算机的特点

作为 20 世纪人类最伟大的创造发明之一,计算机已成为当今社会各行各业不可缺少的工具。计算机有许多特点,概括起来主要有以下几个。

1. 自动运行程序

计算机能在程序控制下自动连续地高速运行。由于采用"存储程序"控制的方式,因此一旦输入编制好的程序,启动计算机后,就能自动地执行下去直至完成任务。这是计算机最突出的特点。

2. 运算速度快

计算机能以极快的速度进行运算。现在普通的微型计算机每秒可执行几十万条指令，而巨型机则达到每秒几十亿次甚至几百亿次。随着计算机技术的发展，计算机的运算速度还在提高。例如天气预报，由于需要分析大量的气象资料数据，单靠手工完成计算是不可能的，而用巨型计算机只需很短的时间就可以完成。

3. 运算精度高

电子计算机具有以往计算机无法比拟的计算精度，目前已达到小数点后上亿位的精度。

4. 具有逻辑判断和记忆能力

计算机借助于逻辑运算，可以进行逻辑判断，并能根据判断结果自动地确定下一步该做什么。计算机的存储系统由内存和外存组成，具有存储即"记忆"大量信息的能力，现代计算机的内存容量已达到几十亿字节，而外存也有惊人的容量。计算机具有的逻辑判断能力可以使其进行诸如资料分类、情报检索等具有逻辑加工性质的工作。

5. 可靠性高

随着微电子技术和计算机技术的发展，现代电子计算机连续无故障运行时间可达到几十万小时以上，具有极高的可靠性。例如，安装在宇宙飞船上的计算机可以连续几年时间可靠地运行。计算机应用在管理中也具有很高的可靠性，而人却很容易因疲劳而出错。另外，计算机对于不同的问题，只是执行的程序不同，因而具有很强的稳定性和通用性。用同一台计算机能解决各种问题，应用于不同的领域。

微型计算机除了具有上述特点外，还具有体积小、重量轻、耗电少、维护方便、可靠性高、易操作、功能强、使用灵活、价格便宜等特点。由于计算机的这些特点，随着经济社会的发展，计算机的用途越来越广，深入到社会生活的各个方面。

1.2.4　计算机的性能指标

判断一台计算机功能的强弱或性能的好坏，不是由某项指标来决定的，而是由它的系统结构、指令系统、硬件组成、软件配置等多方面的因素综合决定的。对于大多数普通用户来说，可以从以下几个方面来大致评价一台计算机的性能强弱。

1. 运算速度

运算速度是衡量计算机性能的一项重要指标。通常所说的计算机运算速度(平均运算速度)，是指每秒钟所能执行的指令条数，一般用"百万条指令/秒"(MIPS, Million Instruction Per Second)来描述。同一台计算机，执行不同的运算所需的时间可能不同，因而对运算速度的描述常采用不同的方法。常用的有 CPU 时钟频率(主频)、每秒平均执行指令数(IPS)等。微型计算机一般采用主频来描述运算速度，例如，Core i3 550 3.2 GHz 的主频为 3.2 GHz，Intel Core i5 7400 四核主频为 3.0 GHz，Intel i7 8700K 盒装 CPU 酷睿六核处理器主频为 3.7 GHz。一般来说，在核心数、缓存等其他参数相同或相近的情况下，主频越高，其运算速度就越快。

2. 字长

一般来说，计算机在同一时间内处理的一组二进制数称为计算机的一个"字"，而这组二进制数的位数就是"字长"。在其他指标相同时，字长越大，计算机处理数据的速度就越快。早期的微型计算机的字长一般是 8 位或 16 位，后来 Intel Pentium 系列的 CPU 字长为 32 位。当前 CPU 字长大多为 64 位。

3. 内部存储器的容量

内部存储器简称内存或主存，是 CPU 可以直接访问的存储器，需要执行的程序与需要处理的数据就是存放在内存中的。内部存储器容量的大小反映了计算机即时存储信息的能力。随着操作系统的升级、应用软件的不断丰富及其功能的不断扩展，人们对计算机内存容量的需求也不断提高。目前，运行 Windows 7、Windows 10 需要 2 GB 以上的内存容量。内存容量越大，系统功能就越强大，数据处理速度也就越快。

4. 外部存储器的容量

外部存储器的容量通常是指硬盘容量(包括内置硬盘和移动硬盘)。外部存储器的容量越大，可存储的信息就越多，可安装的应用软件也就越丰富。目前，硬盘容量一般为 500 GB～3 TB，固态硬盘一般在 120 GB 到 256 GB。

除了上述这些主要性能指标外，微型计算机还有其他一些指标，例如，所配置外围设备的性能指标以及所配置系统软件的情况等。另外，各项指标之间也不是彼此孤立的，在实际应用时，应该把它们综合起来考虑，而且还要遵循"性能价格比"的原则。

1.2.5　计算机的发展趋势

1. 巨型化

巨型化是指计算机的运算速度更高、存储容量更大、功能更强。目前正在研制的巨型计算机的运算速度每秒可达百万亿次，甚至每秒千万亿次。

2. 微型化

微型计算机已进入仪器、仪表、家用电器等小型仪器设备中，同时也作为工业控制过程的心脏，使仪器设备实现"智能化"。随着微电子技术的进一步发展，笔记本型、掌上型等微型计算机必将以更优的性能价格比受到人们的欢迎。计算机体积上的优势使人们可以方便地将它们带到任何地方，再以后，它们甚至可以缩小到内置在人们的衣服中或者皮肤里。

3. 网络化

随着计算机应用的深入，特别是家用计算机越来越普及，人们一方面希望众多用户能共享信息资源，另一方面也希望各计算机之间能互相传递信息进行通信。计算机网络是现代通信技术与计算机技术相结合的产物，已在现代企业的管理中发挥着越来越重要的作用，如银行系统、商业系统、交通运输系统等。

4．智能化

智能化就是要求计算机能模拟人的感觉和思维能力，也是第五代计算机要实现的目标。智能化的研究领域很多，其中最有代表性的领域是专家系统和机器人。目前已研制出的机器人可以代替人从事危险环境的劳动，又如运算速度为每秒约十亿次的"深蓝"计算机曾在 1997 年战胜了国际象棋世界冠军卡斯帕罗夫。

展望未来，计算机的发展必然要经历很多新的突破。从目前的发展趋势来看，未来的计算机将是微电子技术、光学技术、超导技术和电子仿生技术相互结合的产物。第一台超高速全光数字计算机，已由欧盟的英国、法国、德国、意大利和比利时等国的 70 多名科学家和工程师合作研制成功，光子计算机的运算速度比电子计算机快 1000 倍。在不久的将来，超导计算机、神经网络计算机等全新的计算机也会诞生。届时计算机将发展到一个更高、更先进的水平。

1.3　计算机系统的组成

一个完整的计算机系统应当包括两大部分，即硬件系统和软件系统，如图 1-2 所示。硬件系统是计算机系统的机器部分，它是计算机工作的物质基础；软件系统则是为了运行、管理和维护计算机而编制的各种程序的总和。硬件系统和软件系统相互依赖，不可分割，共同组成了完整的计算机系统。

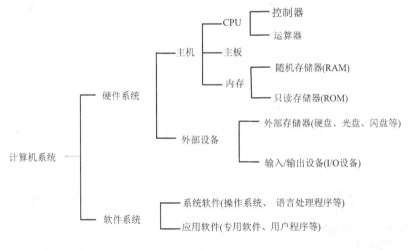

图 1-2　计算机系统的组成

1.3.1　计算机的硬件系统

现代的计算机都是以冯·诺依曼(John Von Neumann)所设计的体系结构为基础的，而冯·诺依曼体系结构规定计算机主要是由运算器、控制器、存储器、输入设备和输出设备五部分组成的。下面对计算机硬件的几个基本部分做简单介绍。

1. 运算器和控制器

运算器用于完成数据的算术运算和逻辑运算，控制器则用于发布系统的命令，它们两个组合在一起，作用就相当于人的大脑，指挥计算机中所有的器件协同工作。运算器和控制器合称为中央处理单元，英文名为 Central Processing Unit，简称 CPU。CPU 的外形如图 1-3 所示。

(a) AMD 公司的 CPU   (b) Intel 公司的 CPU

图 1-3　CPU 的外形

2. 存储器

存储器是用来存放数据和程序的器件，是计算机存放数据的仓库。存储器分为内部存储器(简称内存)和外部存储器(简称外存)两大类。

现在的内存几乎是半导体存储器，其容量较小，但速度快，用于存放临时数据。现在市场上的个人计算机配置的内存主流容量是 4 GB、8 GB 等，一些高端机器甚至达到 16 GB。图 1-4 所示即为内存。

外存指内存以外的存储器，其容量较大，主要是指传统硬盘，市场上的主流传统硬盘容量有 500 GB、640 GB、800 GB、1 TB 等。另外光盘、U 盘、移动硬盘等都是常见的外存。图 1-5 所示为传统的硬磁盘存储器，即硬盘。外存的存储容量比内存大，存取速度比内存慢，用于存放计算机暂时不用的数据和程序。CPU 不能直接读写外存，要通过内存对外存进行读写。

图 1-4　内存   图 1-5　硬盘

除硬盘外，早期常用的外存还有软盘。随着存储技术的发展又出现了 U 盘、移动硬盘、光盘等外存，而软盘由于其自身的缺陷已逐渐被淘汰。关于外存的详细内容，请参见本书第 5 章。

3．输入设备

输入设备是将控制信号、图像、声音等其他信号传递到计算机的设备。常见的输入设备有键盘、鼠标、扫描仪、麦克风和数码相机等。

4．输出设备

输出设备是将计算机处理后的数据以人们可视或可听的方式展现出来的设备。常见的输出设备有显示器、打印机和音箱等。

1.3.2 计算机的软件系统

软件是指为方便使用计算机和提高使用效率而组织的程序以及用于开发、使用和维护的有关文档。软件系统按其功能可分为系统软件和应用软件两大类。

只有硬件而没有安装软件的计算机被称为"裸机"。"裸机"是不能正常工作的，还需要操作系统等系统软件和应用软件的支持，计算机才能发挥其作用。

系统软件的主要作用是对计算机的软硬件资源进行管理，并提供各种服务。其中操作系统是最常见和最基本的系统软件，它是整个软件系统的核心，用于控制和协调计算机硬件的工作，并为其他软件提供平台。常见的操作系统有 Windows 7、Windows 10、UNIX 等。

应用软件是为了完成某项工作而开发的一组程序，它能够帮助用户完成特定的任务，如 Office 系列软件中的 Word 软件、各种计算机辅助软件、数据处理软件等。

1．系统软件

系统软件由一组控制计算机系统并管理其资源的程序组成，其主要功能包括启动计算机，存储、加载和执行应用程序，对文件进行排序和检索，将程序语言翻译成机器语言等。系统软件是用户与计算机之间的桥梁，它为应用软件和用户提供了控制、访问硬件的手段。系统软件由操作系统、语言处理系统、服务程序、数据库系统等部分构成。

1）操作系统

操作系统(Operating System，OS)是管理、控制和监督计算机软硬件资源协调运行的程序系统，由一系列具有不同控制和管理功能的程序组成，它是直接运行在计算机硬件上的、最基本的系统软件，是系统软件的核心。操作系统是计算机发展中的产物，它的主要目的有两个：一是方便用户使用计算机，比如用户输入一条简单的命令就能自动完成复杂的功能，这就是操作系统帮助的结果；二是统一管理计算机系统的全部资源，合理组织计算机工作流程，以便充分、合理地发挥计算机的效率。

日常生活中所说的操作系统，指的是微型计算机(俗称个人电脑)的操作系统。它随着微机硬件技术的发展而发展。全球著名的软件公司 Microsoft 公司开发的磁盘操作系统 DOS 是一个单用户单任务系统，而操作系统 Windows 则是单用户多任务系统。经过二十几年的发展，Windows 操作系统已从 Windows 3.1 发展到目前的 Windows 7、Windows 10 等，是当前微机中广泛使用的操作系统之一。图 1-6 所示为目前使用最普遍的 Windows 10 操作系统的界面。

2) 语言处理系统(翻译程序)

机器语言是采用二进制的低级语言，是计算机唯一能直接识别和执行的程序语言。如果要在计算机上运行高级语言程序，就必须配备语言处理系统，即语言翻译程序(以下简称翻译程序)。翻译程序本身是一组程序，不同的高级语言都有相应的翻译程序。它们是系统软件的重要组成部分。

3) 服务程序(工具软件)

服务程序能够提供一些常用的服务性功能，它们为用户开发程序和使用计算机提供了方便，像计算机上经常使用的诊断程序、调试程序、编辑程序均属此类。

4) 数据库系统

数据库是指按照一定联系存储的数据集合，可为多种应用共享。数据库管理系统(Data Base Management System，DBMS)则是能够对数据库进行加工、管理的系统软件。其主要功能是建立、删除、维护数据库及对库中数据进行各种操作。数据库系统主要由数据库(DB)、数据库管理系统(DBMS)以及相应的应用程序组成。数据库系统不但能够存放大量的数据，更重要的是能迅速、自动地对数据进行检索、修改、统计、排序和合并等操作，以得到所需的信息。数据库技术是计算机技术中发展最快、应用最广的一个分支。

2. 应用软件

为解决各类实际问题而设计的程序系统称为应用软件。从其服务对象的角度来看，应用软件可分为通用软件和专用软件两类。

1) 通用软件

通用软件通常是为解决某一类问题而设计的，而这类问题是很多人都要遇到和解决的。例如，文字处理、表格处理、电子演示、电子邮件收发等是企事业单位和日常生活中常见的问题，WPS Office 办公软件、Microsoft Office 办公软件都是针对上述问题而开发的。图 1-7 所示为目前常用的文本编辑软件 Microsoft Word 2010 的使用界面。

此外，如针对财务会计业务的财务软件，机械设计制图的绘图软件 AutoCAD，图像处理软件 Photoshop 等都是用于解决某一类问题的通用软件。

图 1-6　Windows 10 界面

图 1-7　Word 2010 界面

2) 专用软件

与通用软件相比，专用软件则是为了解决用户某一个特殊问题而专门设计的，因此这类软件相对来说价格比较昂贵。如某个图书馆需要一个管理软件，对其全部借书者进行统一管理。这对于一般用户来说太特殊，所以只能在对这个图书馆的需求进行详细分析后，专门组织人员开发。这样开发出来的软件，只能适用于这个图书馆，对其他客户来说可能是不适合的，因此称为专用软件。

1.3.3　计算机系统的层次结构

构成计算机系统的硬件系统和软件系统是按一定的层次关系组织起来的。根据计算机系统的组成和功能，可以把计算机系统分为硬件层、操作系统层、实用程序层(或称为支撑软件层)和应用程序层 4 个层次，如图 1-8 所示。每一层表示一组功能和一个界面，表现为一种单向服务的关系，即上一层的软件必须以事先约定的方式使用下一层软件或硬件提供的服务。

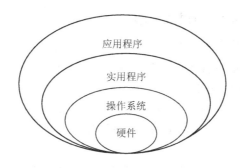

图 1-8　计算机系统的层次结构图

(1) 硬件层：包括所有硬件资源，如中央处理器、存储器、输入/输出设备等。

(2) 操作系统层：主要实现对资源的管理，如处理器(CPU)管理功能、存储器管理功能、设备管理功能和文件管理功能。也就是说，操作系统层主要完成资源的调度和分配、信息的存取和保护、并发活动的协调和控制等工作。操作系统是其他软件的运行基础。

(3) 实用程序层：是计算机系统软件的基本组成部分，通常包括各种语言的编译程序、文本编辑程序、调试程序、连接程序、系统维护程序、文本加密程序、终端通信程序以及图文处理软件、数据库管理系统等。其功能是为应用层软件及最终用户处理自己的程序或数据提供服务。

(4) 应用程序层：处于计算机系统的最外层，用来解决用户不同的应用问题。应用程序开发者借助程序设计语言来表达应用问题，开发各种应用软件。普通用户则通过应用软件与计算机交互来解决实际问题。应用软件包括用户在操作系统和实用软件支持下自己开发的专用软件，以及软件厂家为行业用户开发的专用应用程序包——通用软件(例如财务软件、Office 套件)等。应用程序层是最终用户使用的界面。

 ## 1.4　回到工作场景

通过本章的学习，应该了解计算机的发展历程，掌握计算机的硬件系统和软件系统。

下面回到 1.1 节介绍的工作场景中，完成 DIY 任务。

【工作过程一】计算机硬件系统构建

通过本章的学习，小钱了解了计算机的硬件系统组成，认识到要 DIY 一台如图 1-1 所示的个人计算机，只要准备好计算机的硬件如 CPU、内存、外存等部件，并将它们通过主板连接到一起，放进专用的计算机机箱内，再配上给它们供电的电源，连接好显示器、键盘、鼠标、音箱等，一台裸机便装配完成了。

【工作过程二】计算机软件系统构建

裸机装配完成后还不能直接使用，必须为其安装软件系统。软件系统的安装包括系统软件安装和应用软件安装。小钱听说微软公司的 Windows 10 操作系统比较适合大众，能很好地支持他喜欢的游戏，他打算跟随潮流安装 Windows 10，然后再安装自己喜欢的游戏。

【工作过程三】软硬件安装的主要步骤

计算机硬件的主要安装步骤如下：将 CPU 固定到主板并安装好风扇；将主板固定到机箱里；安装硬盘、光驱；连接各部件电源；插好内存；连接好显示器、键盘、鼠标、音箱等外设。检查无误，通电点亮机器。

计算机软件的安装过程(光驱安装)如下：开机进入 SETUP，设置系统从光盘启动；硬盘分区、格式化；安装 Windows 10；修复系统漏洞；安装驱动程序；安装游戏等应用软件；系统备份等。

> 提示：软硬件的选型安装的具体细节与技术，请参见后续相关章节的详细介绍。

1.5 工作实训营

1.5.1 训练实例

1. 训练内容

对于初学者来说，认识计算机，就应该从认识计算机的软件系统和硬件系统开始。下面将通过训练加强认识计算机的硬件和软件系统。

2. 训练目的

(1) 通过了解计算机硬件和软件系统及其区别，更好地学习计算机的基本知识。

(2) 熟悉计算机内部的各个部件的外观及其功能。

3. 训练过程

(1) 仔细观看计算机的外观结构，并熟悉显示器和主机机箱上各按钮及接口的作用。

(2) 将显示器和主机的电源接上，并依次打开显示器和主机的电源，启动计算机。启动计算机后，应注意显示器屏幕上出现的内容。

(3) 待 Windows 启动完成后，随意选择某软件，运行它，并理解何为软件系统。

(4) 利用 Windows 的关机功能关闭计算机。

(5) 将显示器和主机的电源全部断开后，将计算机机箱上的静电释放掉。

(6) 将显示器和主机之间的连线断开后，将主机机箱的侧挡板拆掉，仔细观察计算机内部的各种器件及其安装位置。

(7) 观察完毕后，将侧挡板安上，再将显示器和主机之间的连线连上。至此实训内容结束。

4. 技术要点

(1) 计算机各硬件部件在机箱内部的位置，以及它们之间的连接方法。计算机各硬件部件在机箱内均有固定的安装位置，连接线缆的接插只有唯一的方法，要认真观察。

(2) 计算机的硬件构成要考虑硬件的兼容性问题，最小系统的构建要遵循目前 CPU 技术的特征。

1.5.2　工作实践常见问题解析

【常见问题 1】如何安装 CPU？

【回答】这里以 LGA 775 CPU 为例，介绍 CPU 的安装过程。LGA 775 CPU 插座如图 1-9 所示，其安装过程如下：第一步，拉开拉杆，使拉杆垂直于主板；第二步，揭开 CPU 紧固盒；第三步，按 CPU 与插座方向将 CPU 平放在插座内；第四步，盖紧盒盖，复位拉杆；第五步，按散热器结构小心地紧固散热器；第六步，接好 CPU 风扇的电源。

图 1-9　LGA 775 CPU 插座

【常见问题 2】　如何安装内存？

【回答】　安装内存的主要步骤是：第一步，确认所要安装的内存与计算机上的内存插槽相匹配；第二步，安装前先分开内存插槽两端的卡子；第三步，将内存按金手指上的缺口和插槽内的分隔对齐，垂直插入插槽；第四步，用两手大拇指，按住内存两端垂直用力将内存插到底。此时，内存插槽两端的卡子应处于卡紧状态。至此，安装完毕。

1.6 习题

一、填空题

1. _____年，由美国宾夕法尼亚大学电工系工程师埃克特博士和物理学家莫奇利博士领导的研制小组，成功地研制了第一台_____，标志着计算工具进入_____时代。

2. 存储器分为_____和_____。外部存储器有_____存储器、_____存储器和光盘存储器。

二、选择题

1. 世界上发明的第一台电子数字计算机是_____。
   A. ENIAC　　　　　　　B. EDVAC　　　　C. EDSAC　　　　　　D. UNIVAC
2. 目前，制造计算机所用的电子器件是_____。
   A. 大规模集成电路　　B. 晶体管　　　C. 集成电路　　　　D. 电子管
3. 世界上第一台电子计算机研制成功的时间是_____。
   A. 1946 年　　　　　　B. 1947 年　　　C. 1951 年　　　　　D. 1952 年
4. 计算机系统软件中的核心软件是_____。
   A. 语言处理系统　　　B. 服务程序　　　C. 操作系统　　　　D. 数据库系统

三、操作题

1. 打开计算机的主机机箱，识别出机箱里的各部件，并记录各部件的主要参数。
2. 去商场电脑柜台，按照一般家用电脑的配置进行咨询，并索取配置单。

第 2 章

计算机主板

 本章要点

- 主板的主要部件和结构规范。
- 主板的主要技术参数。
- 主板芯片组的结构和作用。

 技能目标

- 掌握主板的主要部件和结构规范，对主板有更深入的认识。
- 对主板芯片组的结构和作用进行全面的了解。

2.1　工作场景导入

【工作场景】

学习了计算机软硬件的基本构成后,小钱从选购主板开始,实施了自己的 DIY 计划。电脑卖场的销售经理询问了小钱的具体需求(办公、看高清电影、玩游戏)及大致预算后,为他推荐了五款主板:华硕(ASUS)B360M-A、华硕(ASUS)PRIME B250M-K M.2、技嘉(GIGABYTE)B250M-D3H、微星(MSI)B360M MORTAR、技嘉(GIGABYTE)Z370 HD3,让其从中选择。

【引导问题】

(1)　主板的主要部件包括哪些?

(2)　主板有哪些主要的技术参数?

(3)　主板的选购应注意哪些方面?

2.2　计算机主板概述

计算机的主板(Mainboard)或称"系统板"(Systemboard)、"母板"(Motherboard),是计算机用来连接、协调其他各部件的关键部件。计算机主板一般为矩形电路板,上面安装了组成计算机的主要电路系统,主要有 CPU 插座、南/北桥芯片、外设扩展插槽、内存插槽、磁盘接口、电源插座,以及各种 I/O 设备接口等,如图 2-1 所示。

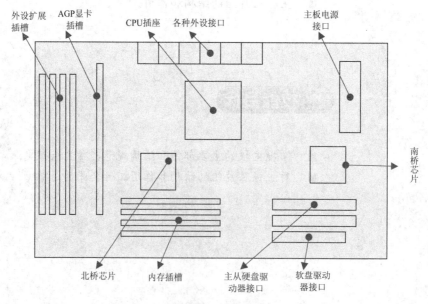

图 2-1　计算机主板的基本结构

计算机主板关系着整个计算机的性能、稳定性和可用性。一台计算机的几乎所有技术都可以从计算机主板中得到体现，因为它是连接其他各部件的，必须有相应的技术来支持。当然这其中主要取决于主板的芯片组。芯片组是计算机主板上的各种部件接口的提供者，也是对应计算机技术的最终体现者，具体将在后面相应介绍。

 ## 2.3 主板的体系结构

主板是计算机中最重要的部件之一，是整个计算机工作的基础。主板的中心任务是维系 CPU 与外部设备之间的协同工作，不出差错。下面将对它的体系结构做详细的介绍。

2.3.1 主板的主要部件

主板所用的 PCB(印刷电路板)是由几层树脂材料黏合在一起的，内部采用铜箔走线。一般的 PCB 线路板分为四层或六层，最上和最下的两层是信号层，中间层是接地层和电源层，如图 2-2 所示。

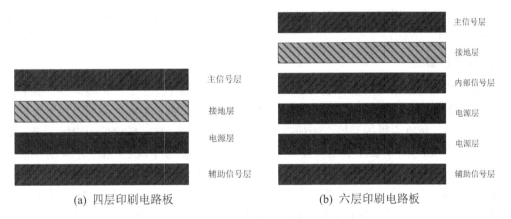

(a) 四层印刷电路板　　　　　(b) 六层印刷电路板

图 2-2　印刷电路板层次图

根据主板的不同结构和种类，主板上部件的种类有所区别，但主要的部件都是一致的。如图 2-3 所示为华硕 B150M-GAMING 主板外观。

图 2-3　华硕 B150M-GAMING 主板

一般来说，主板的主要部件如下。

1. CPU 插座

主板上安装 CPU 的接口，从形式上看可以分为两大类。一类是 Slot 插槽接口，它的样子是一个狭长的插槽，CPU 像一个插卡一样插入槽中，插槽的两边有 CPU 的定位和夹紧装置。Slot 插槽接口现在已经被淘汰。另一类是 Socket 插座形式，在主板上是一个接近于正方形的扁平插座，边上带有一个 CPU 紧固拉杆，将拉杆提起来并垂直于主板，就可以让 CPU 自由放入插座或者从插座取出；按下拉杆，就可以将 CPU 夹紧在插座上面。早期的 Socket 插座有 Socket 370、Socket 478 等，插座上分别有 370、478 个孔，对应于 CPU 上相应数量的针脚。当前，Intel CPU 的接口主要有 Socket 775，对应 LGA 775 封装的 CPU。这种 CPU 插座内用触须代替针孔，CPU 上已没有针脚，代之以 775 个触点。最新的 CPU 接口还有 LGA 1156、LGA 1366 等。AMD CPU 最新的接口是 AM3。AM3 接口为 938 针，其带宽高于 AM2+很多；该接口的处理器支持 DDR3 内存。

2. 内存插槽

现在的主板内存插槽一般是 168 线的内存插槽，用于 SDRAM 内存模块的插接，每一个插槽的数据宽度为 64 位，因此，对于现在的 CPU 来说，只需要 1 根 168 线具有 64 位数据宽度的内存条就可以启动计算机。主流主板上的内存插槽一般有 2～4 根，支持的内存容量一般在 1 GB～16 GB。

3. 板卡扩展槽

板卡扩展槽是用来接插各种板卡的，如显卡、声卡、Modem 卡以及网卡等。板卡插槽目前尚在使用的有 PCI、ISA 和 AGP 几种。PCI 插槽用于 PCI 总线的插卡，在主板上一般是白色的插槽，根据主板的不同，一般有 2～5 个 PCI 插槽。ISA 插槽的历史很古老，早在 Intel 80286 时代就有了。ISA 插槽一般是黑色的，长度明显超过 PCI 插槽，现在的主板上已经几乎看不到 ISA 插槽的身影了。AGP 插槽是褐色的插槽，长度比 PCI 插槽短一点，每块主板只有 1 根，专门用于接插 AGP 显卡。很多集成了显卡的主板上没有 AGP 插槽。除了上面几种插槽外，一些新型的主板上还有 AMR 插槽，这是一种很短的褐色插槽，用于 AMR 插卡。

4. 主板芯片组

主板芯片组是主板的核心部件，起到协调和控制数据在 CPU、内存和各种应用插卡之间流通的作用。在主板上面一般可以看到两片较大的方形芯片，有些上面还带有散热器，这就是主板芯片组，它是主板上最核心的部件。

5. BIOS 系统

主板的 BIOS 实际上是指一段程序，这段程序在开机后首先运行，对系统的各个部件进行监测和初始化。另外，它还提供了一个界面，供用户对系统的各个部分进行设置。BIOS 程序保存在一片电可擦除的只读存储器(EEPROM 或者 Flash ROM)中，而用户设置的结果则是保存在一小块 CMOS 存储器中，系统断电后靠一个锂电池来维持数据。

6. 时钟发生器

在主板上，时钟发生器的具体位置不太容易看到，但其重要性不容忽视。时钟发生器由晶体振荡器和时钟芯片以及相应的电路组成。所有的系统时钟都由这个部分产生。许多主板都可以设置多种外频，其实，能不能够设置这么多种外频，完全是由时钟芯片所决定的。

7. I/O 接口

I/O 接口是用于连接各种输入/输出设备的接口。具体来说，I/O 接口主要有一个键盘口、一个 PS/2 鼠标器接口、两个串行口、一个并行口(或称为打印口)、一个游戏口和若干 USB 接口。

8. SATA 接口

SATA 是 Serial ATA 的缩写，即串行 ATA。它是一种电脑总线，主要功能是用作主板和大量存储设备(如硬盘及光盘驱动器)之间的数据传输之用。这是一种完全不同于串行 PATA 的新型硬盘接口类型，由于采用串行方式传输数据而得名。SATA 总线使用嵌入式时钟信号，具备了更强的纠错能力，与以往相比其最大的区别在于能对传输指令(不仅仅是数据)进行检查，如果发现错误会自动矫正，这在很大程度上提高了数据传输的可靠性。串行接口还具有结构简单、支持热插拔的优点。

9. 电源模块

主板上的电源模块一般在主板的电源插座附近，它产生不同电压的电流提供给主板上面的设备和插卡使用。电源模块的特点是有很多大型的直立电解电容器，而且可能还有散热器或者带有铁芯的线圈等。

一般来说，主板上面的主要部件就包括以上介绍的这些。不过，现在有很多主板将原来单独的插卡上面的功能都做到了主板上(称为集成)，因此，某些主板上面可能还有显示芯片、声音芯片、SCSI 控制器等。

2.3.2　主板的结构规范

主板的结构规范指的是主板的尺寸及其上各部件的布局形式以及电子电路所符合的工业设计规范。

主板采用开放式结构，板上一般集成芯片组、各种 I/O 控制芯片、键盘和面板控制开关接口、指示灯接插件、扩展槽、主板及插卡的直流电源供电接插件等元器件。常见的主板结构规范主要有 AT、Full AT、Baby AT、ATX、Mini-ITX、Micro ATX、LPX、NLX、Flex ATX 及 BTX 等结构。

1. AT 结构

AT 结构是一种工业标准，推出时间较早。AT 主板尺寸较大，板上可放置较多元件和扩充插槽，主板的左上方有 8 个 I/O 扩充插槽，使用 AT 电源，如图 2-4 所示。

图2-4   AT 结构主板

2. Full AT 结构

Full AT 结构即 AT 小板，使用 AT 电源。

3. Baby AT 结构

Baby AT 结构是 AT 主板的改良型，比 AT 主板内部元器件布局排列更紧凑，可以使用 AT/ATX 电源，如图 2-5 所示。

图2-5   Baby AT 结构主板

4. ATX 结构

ATX 将 Baby AT 与 LPX 两种结构规范的优点整合为一，它在 Baby AT 的基础上逆时针旋转了 90°，直接提供 COM、LPT、PS/2 Mouse、PS/2 Keyboard 接口。另外，在主板设计上，内存槽可以紧挨最右边的 I/O 槽，将 CPU 插槽位置设计得远离扩充槽，以便插入长卡时不会挡到 CPU，内存条的更换也更加方便。外设接口集成于主板上，减少了电磁辐射，节约空间。ATX 结构主板如图 2-6 所示。

图 2-6　ATX 结构主板

5. Mini-ITX 主板

Mini-ITX 是由威盛电子主推的主板规格。Mini-ITX 主板能用于 Micro ATX 或 ATX 机箱，尺寸为 17×17 厘米，刚刚好能包括四颗固定螺丝和一条扩充插槽。由于扩充性不大，Mini-ITX 主要用于嵌入式系统。

6. Micro ATX 结构

Micro ATX 是依据 ATX 规格所改进而成的一种新标准，它的主要特性包括：支持目前的 CPU 技术，拥有更小的主板尺寸，使用更小的电源。但是 Micro ATX 主板上可以使用的 I/O 扩充槽也相对减少了，Micro ATX 支持最多 4 个扩充槽。Micro ATX 规范的主板可以使用 ATX 机箱与电源，如图 2-7 所示。

图 2-7　Micro ATX 结构主板

7. LPX 结构

LPX 结构使用称为 RISER 的插槽来将扩展槽的方向转向与主板平行，也就是说主板上不直接插扩展卡，而是将扩展卡插在 RISER 上，使用这种方式可缩小电脑外形尺寸，但可

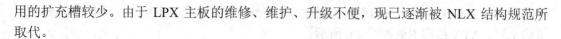

用的扩充槽较少。由于 LPX 主板的维修、维护、升级不便，现已逐渐被 NLX 结构规范所取代。

8. NLX 结构

NLX 通过重置机箱内的各种接口，将扩展槽从主板上分割开。把竖卡移到主板边上的方法，为较大的处理器留下了更多的空间，使机箱内的通风散热更加良好，系统扩展和升级、维护也更方便。节约的空间可将更多的多媒体扩展卡直接集成到主板上，从而降低成本。在许多情况下，所有的电线和电缆，包括电源在内，都能被连到竖卡上，主板通过 NLX 指定的接口插到竖卡上。因此，可以不拆卸电缆、电源，就能拆卸配件。NLX 主板需使用专用的 NLX 电源。

9. Flex ATX 结构

Intel 最新研制的 Flex ATX 主板比 Micro ATX 主板面积小 1/3，主要用于类似 iMAC 的高度整合电脑中，配合 133 MHz 外频的 Coppermine 处理器使用。

在这些结构的主板中，AT 和 Baby-AT 是多年前的老主板结构；而 LPX、NLX、Flex ATX 则是 ATX 的变种，多见于国外的品牌机，国内尚不多见；EATX 和 WATX 则多用于服务器/工作站主板；ATX 是目前市场上最常见的主板结构，扩展插槽较多，PCI 插槽数量在 4～6 个，大多数主板都采用此结构；Micro ATX 又称微型 ATX 主板，是 ATX 结构的简化版，就是常说的"小板"，扩展插槽较少，PCI 插槽数量在 3 个或 3 个以下，多用于品牌机并配备小型机箱；而 BTX 则是 Intel 制定的最新一代主板结构。

2.3.3 南北桥体系结构

从英特尔奔腾到奔腾四，再到酷睿，主板上的芯片组的结构和作用都没有太大的变化，一般分为两部分，由两块集成芯片组成，通过专用总线进行连接，这就是我们所称的"桥"。简单来说，桥就是一个总线转换器和控制器，它实现各类微处理器总线通过一个 PCI 总线进行连接的标准，可见，桥是不对称的。在桥的内部包含有兼容协议以及总线信号线和数据的缓冲电路，以便把一条总线映射到另一条总线上。

目前流行的主板上有两块桥，一块负责与 CPU、内存、显卡连接，另一块与 ISA、PCI 总线上的各种板卡、键盘、鼠标、USB 接口等输入/输出设备进行连接。我们习惯上将与 CPU 连接的芯片称为北桥，与 I/O 设备连接的芯片称为南桥。

但是随着酷睿 i3、i5、i7 处理器的出现，由于芯片集成技术的提高，CPU 生产商将内存控制器及显示控制器都集成到了 CPU 内部，这使得主板上已没有传统意义上的"北桥"，而只有一个相当于"南桥"的芯片了，典型的例子如 H55 主板。

2.3.4 主板上的总线及主要技术参数

1. 主板上的总线

所谓总线，笼统地说就是一组进行互连和传输信息(指令、数据和地址)的信号线。计算机的总线都有特定的含义，如"局部总线""系统总线"等。

按性质和应用来划分，一般可将总线划分为以下 3 类。

1) 局部总线

在以 Windows 为代表的图形用户接口(GUI)进入 PC 之后，要求有高速的图形描绘能力和 I/O 处理能力。这不仅要求图形适配卡要改善其性能，也对总线的速度提出了挑战。实际上当时外设的速度已有了很大的提高，如硬磁盘与控制器之间的数据传输率已达 10 MB/s 以上，图形控制器和显示器之间的数据传输率也达到 69 MB/s。通常认为 I/O 总线的速度应为外设速度的 3～5 倍。因此原有的 ISA、EISA 总线已远远不能适应要求，而成为整个系统的主要瓶颈。

局部总线是 PC 体系结构的重大发展。它打破了数据 I/O 的瓶颈，使高性能 CPU 的功能得以充分发挥。从结构上看，所谓局部总线是在 ISA 总线和 CPU 总线之间增加的一级总线或管理层。这样可将一些高速外设(如图形卡、硬盘控制器等)从 ISA 总线上卸下，而通过局部总线直接挂接到 CPU 总线上，使之与高速的 CPU 总线相匹配。

而采用 PCI 总线后，数据宽度升级到 64 位，总线工作频率为 33.3 MHz，数据传输率(带宽)可达 266 MB/s。所以采用 PCI 总线大大解决了数据的 I/O 瓶颈，使计算机能够更好地发挥性能。

现在的 PC 主板上都提供了新的总线插槽——PCI-E(PCI-Express)。PCI-E 是最新的总线和接口标准，它原来的名称为 3GIO，喻义为第三代输入/输出接口，是由 Intel 公司提出的，交由 PCI-SIG(PCI 特殊兴趣组织)认证发布后才改名为 PCI-Express。这个新标准将全面取代现行的 PCI 和 AGP，最终实现总线标准的统一。

PCI-E 采用了目前业内流行的点对点串行连接，比起 PCI 以及更早期的计算机总线的共享并行架构，每个设备都有自己的专用连接，不需要向整个总线请求带宽，而且可以把数据传输率提高到一个很高的频率，达到 PCI 所不能提供的高带宽。相对于传统 PCI 总线在单一时间周期内只能实现单向传输，PCI-E 的双单工连接能提供更高的传输速率和质量，它们之间的差异跟半双工和全双工类似。

PCI-E 的接口根据总线位宽不同而有所差异，包括×1、×2、×4、×8 以及×16，而×2 模式将用于内部接口而非插槽模式。PCI-E 规格从 1 条通道连接到 32 条通道连接，有非常强的伸缩性，以满足不同系统设备对数据传输带宽不同的需求。此外，较短的 PCI-E 卡可以插入较长的 PCI-E 插槽中使用，PCI-E 接口还能够支持热插拔，这也是个不小的飞跃。PCI-E ×1 的 250 MB/s 传输速度已经可以满足主流声效芯片、网卡芯片和存储设备对数据传输带宽的需求，但是远远无法满足图形芯片对数据传输带宽的需求。因此，用于取代 AGP 接口的 PCI-E 接口位宽为×16，能够提供 5 GB/s 的带宽，即便有编码上的损耗，仍能够提供约为 4 GB/s 的实际带宽，远远超过 AGP 8×的 2.1 GB/s 的带宽。

尽管 PCI-E 技术规格允许实现×1(250 MB/s)、×2、×4、×8、×12、×16 和×32 通道规格，但是依目前形式来看，PCI-E ×1 和 PCI-E ×16 已成为 PCI-E 主流规格，同时很多芯片组厂商在南桥芯片中添加了对 PCI-E ×1 的支持，在北桥芯片中添加了对 PCI-E ×16 的支持。除去提供极高数据传输带宽之外，PCI-E 因为采用串行数据包方式传递数据，所以 PCI-E 接口每个针脚可以获得比传统 I/O 标准更多的带宽，这样就可以降低 PCI-E 设备的生产成本和体积。另外，PCI-E 也支持高阶电源管理，支持热插拔，支持数据同步传输，可为优先传输数据进行带宽优化。

PCI-E 插槽一般较好区分，它与 PCI 插槽的颜色、结构都不一样，无须担心会插错。图 2-8 所示为 PCI 插槽及 PCI-E ×1 和 PCI-E ×16 两种规格的 PCI-E 插槽。

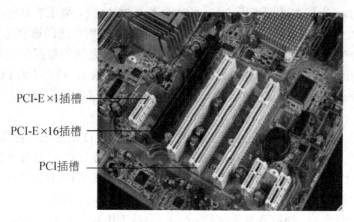

PCI-E ×1插槽

PCI-E ×16插槽

PCI插槽

图 2-8 PCI 插槽及两种规格的 PCI-E 插槽

2) 系统总线

系统总线是微机系统内部各部件(插板)之间进行连接和传输信息的一组信号线，如 ISA 总线。由于 ISA 总线只具有 16 位数据宽度，最高工作频率为 8 MHz，所以数据传输速率只能达到 16 MB/s。通过比较 ISA 总线与 PCI 总线的带宽(数据传输率)，就可以知道主板淘汰 ISA 插槽的原因了，如升技 BF6 主板上有 6 个 PCI 插槽，只有 1 个 ISA 插槽。

3) 通信总线

通信总线是系统之间或微机系统与设备之间进行通信的一组信号线。

2. 主板的主要技术参数

1) 速度

现在的多媒体应用使得 CPU 要处理的数据和外设之间交换的数据量大为增加，而 CPU 与内存、CPU 与外设(显示卡、IDE 设备等)、外设与外设的数据通道都集成在主板上。主板的速度制约着整机系统的速度。

2) 稳定性

计算机的各部件都可能出现性能不够稳定的情况，但都不如主板对系统的影响大。一块稳定性欠佳的主板会在使用一段时间后暴露出其弱点，而这种不稳定性往往以较隐蔽的方式表现出来，例如找不到硬盘、显示器无显示、死机等，让人误以为是 CPU 或外设出了问题，而实际上是由于主板的性能不稳定所造成的。

3) 兼容性

兼容性好的主板会使你在选择部件和将来对计算机升级时有更大的灵活性。兼容性差的主板不容易和外设配套，一些优秀的板卡因为主板的限制不能使用，致使系统功能减少和性能降低。

4) 扩充能力

计算机在购买一段时间后都会出现要添置新设备的需求。有着良好扩充能力的主板将使用户不必为插槽空间的紧缺而伤脑筋。主板的扩充能力主要体现在有足够的凹插槽、内存插槽、CPU 插槽以及与多种产品兼容的软、硬驱接口和 USB 接口等。

CPU 的换代速度较快而主板相对稳定，也就是说，主板比 CPU 有着更长的生命周期。一块好的主板应为现在及未来的CPU技术提供支持，这样在CPU升级时就不用更换主板了。

 ## 2.4 主板芯片组

2.4.1 主板芯片组的结构

主板芯片组(Chipset)是主板的核心组成部分(见图 2-9)，可以比作 CPU 与周边设备沟通的桥梁。在电脑界称为设计芯片组的厂家为 Core Logic，Core 的中文意思是核心或中心，从字面的意义就足以看出其重要性。对于主板而言，芯片组几乎决定了这块主板的功能，进而影响到整个电脑系统性能的发挥，芯片组是主板的灵魂。芯片组性能的优劣，决定了主板性能的好坏与级别的高低。目前 CPU 的型号与种类繁多、功能特点不一，如果芯片组不能与 CPU 良好地协同工作，将严重地影响计算机的整体性能甚至不能正常工作。

图 2-9　主板功能图解

1. 北桥芯片

北桥芯片提供对 CPU 类型和主频、系统高速缓存、主板的系统总线频率、内存管理(内存类型、容量和性能)、显卡插槽规格、ISA/PCI/AGP 插槽、ECC 纠错等支持。

2. 南桥芯片

南桥芯片提供对 I/O 的支持，还提供对 KBC(键盘控制器)、RTC(实时时钟控制器)、

USB(通用串行总线)、Ultra DMA/33(66)EIDE 数据传输方式和 ACPI(高级能源管理)等的支持，以及决定扩展槽的种类与数量、扩展接口的类型和数量(如 USB 2.0/1.1、IEEE 1394、串口、并口、笔记本电脑的 VGA 输出接口)等。

　　一方面,芯片组的技术这几年来也是突飞猛进,从 ISA、PCI 到 AGP,从 ATA 到 SATA,Ultra DMA 技术,双通道内存技术,高速前端总线等,每一次新技术的进步都带来计算机性能的提高。2004 年,芯片组技术又有重大变革,最引人注目的就是 PCI Express 总线技术,它将取代 PCI 和 AGP,极大地提高了设备带宽,从而带来一场计算机技术的革命。另一方面,芯片组技术也在向着高整合性方向发展,例如 AMD Athlon 64 CPU 内部已经整合了内存控制器,这大大降低了芯片组厂家设计产品的难度,而且现在的芯片组产品已经整合了音频、网络、SATA、RAID 等功能,大大降低了用户的成本。对于不同的芯片组,在性能上的表现也存在差距。除了最通用的南北桥结构外,目前芯片组正向更高级的加速集线架构发展,Intel 的 8×× 系列芯片组就是这类芯片组的代表,它将一些子系统如 IDE 接口、音效、Modem 和 USB 直接接入主芯片,能够提供比 PCI 总线大一倍的带宽,达到了 266 MB/s。

2.4.2　主板与芯片组的关系

　　主板上的芯片组又称为控制芯片组,与主板的关系就好像 CPU 与计算机的关系一样,提供了主板所需的完整核心逻辑。正如人的大脑分为左脑和右脑一样,主板上的芯片组由北桥芯片和南桥芯片组成,它们的功能各不相同。芯片组的类型将直接影响主板甚至计算机的性能。

 ## 2.5　主板的选购

　　主板对计算机的性能来说,影响是很重大的。有人将主板比喻成建筑物的地基,其质量决定了建筑物是否坚固耐用;也有人形象地将主板比作高架桥,其好坏关系着交通的畅通力与流速。主板的重要性不言而喻!一块性能强劲的 CPU,如果没有一块做工扎实、用料足的好主板搭配,不但无法完全发挥出应有的性能,还会造成系统的极不稳定。因此,在攒机时,不仅仅要考虑选择一块性能出色的处理器,在主板的选购上也要引起足够的重视。在选择主板时,一线品牌的主推产品固然好用,但价格往往较高。人们总是希望用最少的钱买最实用的产品。那么在购买主板时,应该从哪几个方面入手才能选择一款好的产品呢?下面将从主板芯片组与 CPU 的搭配、主板的用料、做工、布线等各个细节入手,介绍主板选购的一般方法与技巧。

1. 主板芯片组与 CPU 型号合理搭配

　　在选购主板时,我们首先考虑的是为 CPU 搭配什么样的芯片组。由于芯片组是主板上的核心部件,即使主板做工用料再好,如果主板芯片组与 CPU 不匹配,照样也不能够发挥出处理器的所有性能,还会造成兼容性问题。因此,选好主板芯片组相当重要。目前,市场上主要有 Intel 和 AMD 两大类芯片组,它们分别支持 Intel CPU 和 AMD CPU。具体的芯片组型号与 CPU 型号又有多种，它们之间的搭配也有严格的要求。

2. 印刷电路板有学问，从 PCB 中找差距

确定好搭配的芯片组之后，接下来应该在主板的板型上下功夫。对于一块主板，我们最先看到的就是它的 PCB，即印刷电路板，它是主板的板基，是主板上所有元器件赖以"生存"的基础。PCB 由层数不等的树脂材料黏合在一起制作而成，内部采用铜箔走线。PCB 的层数越多，主板的根基越扎实，信号之间的干扰就会越少，能够保证主板上的电子元器件(芯片组、电容、IC 等)在恶劣的环境下正常工作不受干扰，使用寿命越长，在使用过程中发生物理故障的可能性越小，当然成本也就会越高。目前市场上见到的大多数主板是用的 6 层板或 10 层板。判断方法很简单，层数越多，PCB 也就越厚。

除了考虑层数外，PCB 的结构也很重要。目前的结构主要以 ATX、Mini ATX 为主。虽然就这两种板型结构，但不同的产品仍然存在一定的差异。例如，同样是 ATX 的大板型，就存在着宽板与窄板这两种不同的情况。一般认为，宽板更有利于各种元器件的合理布局，但成本较高；窄板结构不但不利于元器件的布局，而且散热方面也不如宽板好，但其成本没有宽板高。

3. 保证超频及稳定运行的关键——主板的供电设计

为了保证 CPU、内存以及显卡能够在快速的负荷变化中不会因为电流供应不上而出现不稳定的现象，供电电路要求具有非常快速的大电流响应能力。供电电路中的 MOSFET 管、电感线圈和电容都会影响到这一能力。因此，供电电路的设计对于保证系统的稳定性相当重要。目前，大部分主板的直接供电插座已经由早期的 20 针升至 24 针，为保证给 CPU 提供充足的电流，额外增加了 +12V 的 4/8 针供电电路。对处理器来说，3 相供电、4 相供电已经很常见。一般情况下，供电相数越多，主板供电能力越强，工作也越稳定，同时，价格也越高。在选购主板时可根据实际配置合理选择，并不是越多越好。

4. 提供更纯净的电流——主板上的电容

电容是保证主板质量的关键，也是衡量主板做工的重点。电容在主板中主要是用于保证电压和电流的稳定，起到储能、滤波、延迟等的作用，并要保证相关信号的稳定性，此外还有信号时序性的完整。对整块主板稳定性能影响最大的主要是电源部分所使用的电解电容以及 CPU 附近的高频陶瓷电容。电源部分的电容对外接电源所提供的市电进行第一次过滤，而 CPU 及内存旁边的电容则进行第二次过滤，力求完全消除掉其中的杂波。

在购买主板时，可以重点观察一下 CPU 供电部分使用的电容品牌及容量。目前，高精度、大容量的 Rubycon(红宝石)、SANYO、NICHICON、富士通等电容的口碑不错，但一般价格较高。日系的 KZG 电容也是不错的产品，价格则略低一些，在一些中低端的主板上经常看到。此外，台系厂商的电容在低端的主板上使用得比较多。

至于电容容量，大部分常见的为 2200 μF，不少上乘的主板上也采用 3500 μF 或 4500 μF 的产品，更有的使用了 5000 μF 以上的巨无霸级电容产品，以保证主板的工作稳定性。就单体电容而言，当然是容量越高，产品越好。但是，电容在板卡上一般是"成群结队"出现的，因此，总容量才是最关键的数据。

至于电容的临界温度指标，一般不应低于 105℃，即它所能承受的最高工作环境温度上限一般为 105℃左右；这一指标在家庭使用环境下是绰绰有余的。

当然，对于电容，我们除了注意以上几点之外，还要注意它的焊接工艺。如果主板的电容焊接得东倒西歪、不整齐，甚至出现虚焊的情况，应毫不犹豫地将它排除在选购范围之外。

5. 不容忽视的细节——插槽与接口

对于各种插槽与接口，主要应关注它的用料如何，看看是不是名牌、高品质的、广为用户认可的厂家的产品。这里要看的包括 CPU 插槽、显示卡插槽、PCI 插槽、内存插槽以及 SATA 接口等。一般大厂会使用 AMP、Molex、Foxconn 等知名厂商的产品，这些产品品质上乘、质量可靠。如果主板上的插槽与接口的质量低劣，在使用主板的过程中，计算机就会出现许多意想不到的故障，如内存报警、显卡报警、CPU 没有加电、主机加不上电等。如果内存插槽的质量低劣，在经常拔插的过程中就有可能使插槽的金属簧片完全损坏，最后导致整个主板报废。

6. 品牌与售后服务注意事项

DIY 电脑时，选择品牌并不是重点，而应把性价比放在第一位，但又不能完全抛开品牌的概念。主板制造工艺繁多复杂，主板的好坏是厂商实力的表现。有些主板虽然用料做工不错，但由于研发实力不强，生产的主板工作时极不稳定，更不用说超频了；而一些一线大厂的产品虽然用料一般，但由于工艺、研发实力强，所以超频性能相当不错。

实际中，选择哪个品牌的好呢？针对国内市场可以分为三个档次。第一档：华硕、技嘉、微星；第二档：升技、磐正、映泰、硕泰克、精英、富士康；第三档：华擎、盈通、昂达、七彩虹、双敏等。从做工和稳定性来看，首选华硕；从用料上来看，华硕却不如技嘉、微星。升技、磐正都是以超频能力强而出名。像映泰、硕泰克、精英都是中国台湾地区的大厂，性能还是信得过的。第三个档次主要面向低端市场，其出货量往往比一线品牌还要大。

另外，我们还要注意主板的附加功能。像目前很多的主板都提供光纤接口，价格相同，性价比更高。

 ## 2.6 回到工作场景

通过本章的学习，应该掌握主板的主要部件和结构规范，对主板芯片组的结构也要有清晰的认识。下面回到 2.1 节介绍的工作场景中，完成工作任务。

【工作过程一】 根据预算，确定主板种类

由于小钱的预算有限，对系统性价比要求又比较高(能流畅运行、绝地求生)，因此对主板、显卡、CPU、内存、硬盘的要求较高。

【工作过程二】　根据需求，确定主板芯片组

经过查询，几款主板的主要技术指标如表 2-1 所示。

从主板的参数说明并查询相关资料的主板测试结果可知，以下几款主板基本能满足小钱的需求，考虑到品牌效应可以考虑华硕系列主板。

表 2-1　几种主板的主要技术指标

指　标	品　牌				
	华　硕 (ASUS)B360M-A	华　硕 (ASUS)PRIME B250M-K M.2	技　嘉 (GIGABYTE)B250M -D3H	微星(MSI)B360M MORTAR	技　嘉 (GIGABYTE)Z370 HD3
同时期价格 (2018.4左右， 全书同)/元	799	649	599	769	1099
芯片组	Intel	Intel B250	B250	Intel B360	Z370
CPU 插槽	LGA 1151	LGA 1151	LGA 1151	LGA 1151	LGA 1151(8 代)
集成 显卡	需要搭配内建 GPU 的处理器	需要搭配内建 GPU 的处理器	需要搭配内建 GPU 的处理器	需要搭配内建 GPU 的处理器	需要搭配内建 GPU 的处理器
内存插槽	2×DDR4 DIMM	2×DDR4 DIMM	4×DDR4 DIMM	4×DDR4	4×DDR4 DIMM
内存容量	32GB	32GB	64GB	64GB	64GB
PCI-E 标准	PCI-E 3.0	PCI-E 3.0	PCI-E	—	PCI-E
PCI-E 插槽	—	1×PCI-E X16 显卡插槽，2×PCI-E X1 插槽	1×PCI-E X16 显卡插槽，1×PCI-E X4 插槽，2×PCI 插槽	—	1×PCI-E X16 插槽，2×PCI-E X4 插槽，3×PCI 插槽
SATA 接口	6×SATA 6 Gb/s 接口	6×SATA 3.0 接口	6×SATA 3.0 接口	—	6×SATA 3.0 接口
USB 接口	2×USB 2.0 接口， 4×USB 3.1 接口	6×USB 3.0 接口 (2 内置+4 背板)	2×USB 2.0 接口， 4×USB 3.0 接口	—	4×USB 3.1 接口， 2×USB 2.0 接口

【工作过程三】考察性价比，细节决定结果

经过查找资料及对比后，小钱决定选择华硕(ASUS)B360M-A 主板台式电脑主机电竞游戏主板，CPU 套装，支持 8 代 i3/i5/i7 标配，360M-A 接口齐全，4 根内存插槽(方便日后升级)并支持 2666 MHz 内存条，双 M.2 接口，支持傲腾内存(速度快)，该主板性价比较高。

【工作过程四】主板选购小技巧

一般来说，主板的做工和用料对主板的性能及寿命都有很大的影响。其中主板所用电容及主板的供电相数是很重要的因素。早期的主板所采用的电容都是电解电容，这种电容便宜，但使用寿命短，容易"爆浆"；目前主板一般采用固态电容，其使用寿命长，但价格较高。在选购主板时要尽量选用固态电容主板。主板的供电相数多，能为 CPU 提供充足的动力，使系统能够稳定、高效地工作。一般判断主板供电相数，可以通过看 CPU 插座附近电感和 MOS 管的数量大致了解。电感和 MOS 管越多的主板，其供电相数相对较多，主板品质也相对较好。

2.7 工作实训营

2.7.1 训练实例

1. 训练内容

计算机的主板出现了问题，现已购买了一个新的主板，需要把原有主板拆卸下来，并把新主板安装到机箱里。

2. 训练目的

学会对主板进行规范的安装和拆卸。

3. 训练过程

首先介绍主板的安装。当主板上安装好了 CPU 和内存条之后，就可以考虑在机箱里安装主板了，操作步骤如下。

(1) 先拆下机箱侧挡板，并把机箱平放在工作台(或桌子)上。

(2) 接下来是主板的拆卸。当要把主板从机箱中拆下时，应先拆下机箱侧挡板，接着把安装在主板上的显卡、声卡、网卡(或内置 Modem)等扩展卡取下，待把连接硬盘、光驱的数据线、电源线及机箱面板的插针拔下后，再用十字螺丝刀拧下固定主板的几颗螺钉，最后取出主板。注意操作时，一定要耐心、细致、谨慎。

(3) 把装好 CPU 和内存条的主板按正确的位置放入机箱，必要时可用尖嘴钳和螺丝刀对机箱背板上与键盘、鼠标及串口、并口接口对应插口处的条形钢板挡片进行清理，然后在机箱底部螺孔里装上定位螺钉(注意分两遍拧紧，第一次不要完全拧紧，待第二遍时再拧紧)。同时注意要让主板的键盘接口、鼠标接口、USB 接口等与机箱背面挡片的孔对齐。

(4) 连接电源线。现在装机全都使用 ATX 电源，其电源插座为一双排 20 芯插座，该插座有方向标志，若反插则插不进去。当电源安装好后，即应把 20 芯插头插入主板上的相应插座(注意一定要插紧、到位，若插不紧，以后容易出现频繁的死机故障)。

4. 技术要点

(1) CPU 与主板的搭配：一台计算机，要充分发挥 CPU 的性能，必须有相应的主板支持。不同规格的 CPU 需要主板提供不同的技术支持：Intel 系列 CPU 出现了超线程技术，最新的主板都必须支持；酷睿 i7 等总线频率较高的 CPU 的出现，促进了内存的 DDR4 技术；AMD 除了与 Intel 有不同的 CPU 插槽规格之外，在匹配主板上还有其他原则。

(2) 主板的升级和扩展：计算机的扩展能力主要取决于主板的升级潜力，主板的升级潜力主要表现在主板对 CPU 频率的支持、扩展槽和内存插槽的数量以及 BIOS 的可升级性，因此在选购时应尽量选择采用 ATX 大板设计、扩展和附加功能都较为齐全的产品，这样可以为今后升级内存、硬盘以及添加电视卡等 PCI 设备留有更多的余地。

2.7.2　工作实践常见问题解析

【常见问题 1】使用热风枪拆卸主板芯片时如何避免"伤及无辜"？

【回答】使用热风枪拆卸故障芯片时，为了不伤害主板及其周围的其他芯片，操作时应注意以下几点：第一，热风枪不能一直吹芯片或主板的一个地方，正确的方法是对准要拆卸芯片的引脚不停地旋转吹风；第二，在热吹过程中为防止"伤及无辜"，热风枪应垂直于主板吹风，尽量避免吹到其附近的其他怕热元件；第三，热吹风过程中主板应静止平放，防止熔化的焊锡乱流，并应用吸锡器进行吸除。

【常见问题 2】计算机自检过程中内存报错，产生这种现象的原因可能有哪些？如何解决？

【回答】出现这种现象的可能原因有：主板内存插槽质量较差，内存的金手指与插槽簧片接触不良；内存的金手指表面的镀金效果不好，表面出现了很厚的氧化层，导致内存接触不良；内存生产工艺不达标，内存与插槽接触不紧，受到震动而接触不良即会报错。

解决方法如下：重新插拔，更换内存插槽或主板。断电，打开机箱，重新插拔内存，并去除内存上的灰尘或氧化层；若是内存太薄的话，可以借助热熔胶，将插槽两侧的微小缝隙填平，确保内存条不左右晃动，也能避免金手指氧化；更换内存条。

2.8　习题

一、填空题

1. 流行的主板上有两块桥，其中_____负责与 CPU、内存连接，_____负责与 ISA、PCI 总线上的 I/O 设备相连接。

2. 主板的主要技术参数包括_____、_____、_____和_____。

二、选择题

1. _____是计算机系统中最大的一块电路板，是整个计算机的中枢。
   A. CPU
   B. 显示器
   C. 主板
   D. 声卡

2. 主板上的主要部件包括_____。
   A. 主存储器、Cache 存储器、ROM BIOS
   B. 鼠标、键盘、音响、打印机
   C. CPU 插座、内存插槽、主板芯片组、BIOS 系统
   D. CPU、内存、硬盘、电源

三、操作题

1. 拿出一块主板，说出主板上各个部件，并指出 CPU 插槽类型。

2. 什么是主板的南北桥？拿出一块主板，识别出主板的南北桥并查找其技术指标。

第 3 章

中央处理器

 本章要点

- CPU 的基本构成。
- CPU 的工作原理。
- CPU 的主要技术参数。

技能目标

- 掌握 CPU 的基本构成，理解其工作原理。
- 通过介绍 CPU 的主要技术参数，学会如何选购 CPU。

3.1 工作场景导入

【工作场景】

结合第 2 章选择的主板，再根据自己所玩的游戏及预算，小钱要在 Intel i5 8400、Intel i5 7500、锐龙 AMD Ryzen 5 1400、锐龙 AMD Ryzen 5 1600 几款 CPU 中进行选择。

【引导问题】

(1) CPU 的基本构成有哪些？

(2) CPU 的工作原理是什么？

(3) CPU 有哪些主要的技术参数？

(4) 如何选购 CPU？

3.2 中央处理器概述

中央处理器(Central Processing Unit，CPU)又称为微处理器(Microprocessor)。它是计算机中的核心配件，是一台计算机的运算核心和控制核心。

3.2.1 CPU 概述

中央处理器是电子计算机的主要硬件设备之一，是把计算机早期功能独立的运算器、控制器等集成到一块芯片上而成的。其功能主要是解释计算机指令以及处理计算机软件中的数据。所谓计算机的可编程性主要是指对 CPU 的编程。图 3-1 所示为 Intel CPU。

图 3-1 Intel CPU

随着半导体集成技术的发展与提高，现在的 CPU 体积越来越小，但集成的晶体管越来越多，功能也越来越强。CPU 是计算机中的核心部件之一，计算机中的所有操作都由 CPU

负责读取指令、对指令译码并执行指令。

CPU、内部存储器和输入/输出设备是电子计算机的三大核心部件。

3.2.2 CPU 的发展历史

20 世纪 70 年代，由于半导体集成技术的发展，出现了现代意义上的 CPU。其中 Intel 公司的 CPU 产品发展如表 3-1 所示。

表 3-1 Intel 公司 CPU 发展历史

时　间	位数	典型代表	特　点
1971 年	4	4004	采用 10 μm 工艺，集成 2300 个晶体管，工作频率 740 kHz。集成度低，功能相当有限，速度很慢
1972 年	8	8008	采用 10 μm 工艺，集成晶体管 3500 个，工作频率 0.5M～0.8MHz。是第一款 8 位处理器，性能是 4004 的两倍，此时的台式机雏形已基本上形成。该芯片原本是为 Computer Terminal Corporation (CTC)公司设计的，命名为 C8008
1978 年	16	8086	采用 3 μm HMOS 工艺，集成晶体管 29000 个，工作频率 5M～10MHz。8086 为 Intel 公司 x86 架构下的产品元老
1979 年	16	8088	集成 29000 个晶体管，时钟频率为 4.77 MHz，地址总线为 20 位，可使用 1 MB 内存。8088 内部数据总线都是 16 位，外部数据总线是 8 位，而 8086 是 16 位。1981 年 8088 芯片首次用于 IBM PC 中，开创了全新的微机时代
1982 年	16	80286	集成 13.4 万个晶体管，时钟频率由最初的 6 MHz 逐步提高到 20 MHz。其内部和外部数据总线皆为 16 位，地址总线 24 位，可寻址 16 MB 内存。从 80286 开始,CPU 的工作方式也演变出两种：实模式和保护模式
1985 年	32	80386	集成 27.5 万个晶体管，时钟频率为 12.5 MHz，后提高到 20 MHz、25 MHz、33 MHz。80386 的内部和外部数据总线都是 32 位，地址总线也是 32 位，可寻址高达 4 GB 内存。它除具有实模式和保护模式外，还增加了一种叫虚拟 86 的工作方式，可以通过同时模拟多个 8086 处理器来提供多任务能力
1989 年	32	80486	80486 处理器首次突破 100 万个晶体管限制，集成了 125 万个晶体管。时钟频率由 25 MHz 逐步提升到 33 MHz、40 MHz、50 MHz 及后来的 100 MHz。386 和 486 推向市场后，均大获成功，Intel 在芯片领域的霸主地位日益凸现。此后，Intel 开始告别微处理器数字编号时代，进入 Pentium 时代

时 间	位数	典型代表	特 点
1993 年	32	Pentium	采用 0.6 μm 工艺，集成晶体管 320 万个(0.35 μm，集成晶体管 330 万个)，工作频率 50 M～200 MHz。时钟频率由最初推出的 60 MHz 和 66MHz，后提高到 200 MHz。作为世界上第一个 586 级处理器，Pentium 也是第一个被人超频最多的处理器
1997年1月	32	Pentium MMX	在 x86 指令集的基础上加入了 57 条多媒体指令。这些指令专门用来处理视频、音频和图像数据，使 CPU 在多媒体操作上具有更强大的处理能力。另外，它还使用了许多新技术。单指令多数据流(SIMD)技术能够用一个指令并行处理多个数据，缩短了 CPU 在处理视频、音频、图形和动画时用于运算的时间；流水线从 5 级增加到 6 级，增加了片内 16 KB 数据缓存和 16 KB 指令缓存。该 CPU 还吸收了其他 CPU 的优秀处理技术，如分支预测技术和返回堆栈技术
1997年5月	32	Pentium Ⅱ	采用 Slot 1 架构，通过单边插接卡(SEC)与主板相连，SEC 卡盒将 CPU 内核和二级高速缓存封装在一起，二级高速缓存的工作速度是处理器内核工作速度的一半；处理器采用了与 Pentium Pro 相同的动态执行技术，可以加速软件的执行；通过双重独立总线与系统总线相连，可进行多重数据交换，提高了系统性能
2001年11月	32	Pentium Ⅳ	采用全新架构 NetBurst 设计的产品，与 Pentium Pro 的关联很小。它有着非常快速的 400 MHz 的前端总线，之后又提升到 533 MHz、800 MHz。事实上，它是 100 MHz 的四条并列总线(100 MHz×4 并列)，因此理论上可以传送比一般总线多四倍的容量，号称有 400 MHz 的速度
2005 年	64	Pentium D	首颗内含两个处理核心的处理器，正式揭开 x86 处理器多核心时代
2006 年	64	Core 2	第一个基于 Core 架构的处理器。最初酷睿处理器是面向移动平台的，它是 Intel 迅驰 3 的一个模块。后来苹果转向 Intel 平台后，推出的台式机开始采用酷睿处理器
2008 年	64	Core i7	采用 45 nm 工艺，是针对最高端的发烧友以及游戏玩家而推出的产品，面向高端市场，可以带来终极智能化性能。对于任何苛刻的应用以及游戏，Core i7 系列都可以轻松地面对。它采用了原生四核心设计
2009 年	64	Core i5	共有 45 nm 和 32 nm 两种工艺的产品，同时也有集成 GPU 和未集成 GPU 的版本。Core i5 是针对主流市场而推出的高性能产品，它的睿频智能加速技术可以在各种应用中提升处理器性能，尤其适合大型的图形图像处理、主流游戏以及视频处理任务。就 i5-700 系列而言，它们均采用了原生四核心设计；而酷睿 i5-600 系列则采用了原生双核，通过睿频智能加速技术的支持与否来划分产品的定位

续表

时　间	位数	典型代表	特　点
2010 年	64	Core i3	采用最新的 32 nm 工艺，集成了 GPU 功能，主要面对入门级的市场推出。它能为用户带来全新的智能化的性能体验，同时，低功耗、低温度以及出色的性能表现，都可以让它从容地面对主流应用。Core i3 系列产品采用原生双核，通过睿频智能加速技术的支持与否来划分产品的定位
2011 年	64	Core i3、i5、i7	使用 32 nm 工艺，采用了 i3、i5 和 i7 的产品分级架构。其中 i3 主攻低端市场，采用双核处理器架构，约 2 MB 二级缓存，售价 500～800 元人民币；i5 处理器主攻主流市场，采用四核处理器架构，4 MB 二级缓存，售价 900～1500 元人民币；i7 主攻高端市场，采用四核八线程或六核十二线程架构，二级缓存不少于 8 MB，售价 2100～7600 元人民币
2012 年	64	i7-3770	使用 22 nm 工艺的处理器，热功耗普遍小于 77 W，使得处理器的散热需求大幅下降，提升了大规模数据运算的可靠性，并降低了散热功耗
2014 年	64	i7-5960X	基于 22 nm 工艺的八核心桌面级处理器，拥有高达 20 MB 的三级缓存，主频达到 3.5 GHz，热功耗 140 W。此处理器的处理能力可谓超群，浮点数计算能力是普通办公电脑的 10 倍以上。随着这一"怪兽"处理器的问世，Intel 公司在处理器领域与 AMD 的差距越拉越大，已经完全形成了一家独大的局面
2015 年	64	Broadwell-U	Intel 14 nm 处理器终于迎来了第一轮的爆发，第五代 Core 系列处理器正式登场。新处理器除了拥有更强的性能和功耗优化外，同时支持 Intel RealSense 技术，带来更加强大的体感交互体验

　　在 Intel CPU 发展的过程中，AMD 公司 1995 年推出了 K5 系列的 CPU。它的频率一共有六种：75/90/100/120/133/166 MHz。内部总线的频率和 Pentium 差不多，都是 60 MHz 或者 66 MHz。虽然它在浮点运算方面比不上奔腾，但是由于 K5 系列 CPU 都内置了 24 KB 的一级缓存，比奔腾内置的 16 KB 多出了一半，因此在整数运算和系统整体性能方面甚至要高于同频率的 Pentium。当前，AMD 的 CPU 有 Athlon(速龙)和 Opteron(皓龙)两大系列。

3.2.3　CPU 的主要生产厂家

1. Intel 公司

　　Intel 公司是生产 CPU 的老大。个人电脑市场中，它占有绝大部分的市场份额。Intel 生产的 CPU 是事实上的 x86 CPU 技术规范和标准。个人电脑平台第七代 Core 处理器已成为市场主流，据悉，第九代处理器于 2018 年下半年上市，现时新一代主流级 Core i7 处理器将会升级至 8 核，在性能上也大幅领先于其他厂商的产品。图 3-2 所示为 Intel 产品的标志。

2. AMD 公司

AMD(超微)公司是世界上除 Intel 公司以外最大的 CPU 生产厂家，它是 Intel 公司有力的挑战者。图 3-3 所示为 AMD 产品的标志。

图 3-2　Intel 产品标志

图 3-3　AMD 产品标志

 ## 3.3　CPU 的工作原理

计算机中 90%以上的数据信息处理是由 CPU 来完成的，它的工作速度直接影响到整部计算机的运行速度。CPU 可以说是计算机里最重要的部件，它的性能直接决定了计算机的性能。

3.3.1　CPU 的基本构成

以前 CPU 主要由运算器和控制器两大部分组成，随着集成电路的发展，目前 CPU 芯片集成了一些逻辑功能部件来扩充 CPU 的功能，如浮点运算器、Cache 和 MMX 等。CPU 内部结构如图 3-4 所示。下面我们重点介绍控制器和运算器。

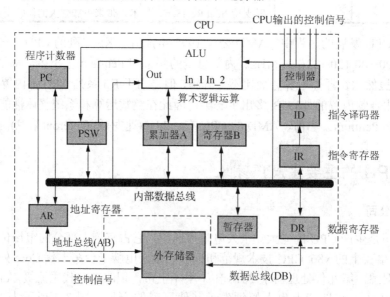

图 3-4　CPU 内部结构图

1. 控制器的组成和功能

控制器由指令寄存器、程序计数器、地址寄存器、指令译码器、时序产生器和操作控制器组成。它是计算机的指挥系统，完成计算机的指挥工作。尽管不同计算机的控制器在结构上有很大的区别，但就其基本功能而言，都具有以下功能。

(1) 取指令。从内存中取出当前指令，并生成下一条指令在内存中的地址。

(2) 分析指令。指令取出后，控制器还必须具有两种分析的功能。一是对指令进行译码或测试，并产生相应的操作控制信号，以便启动规定的动作。例如一次内存读/写操作、一个算术逻辑运算操作，或一个输入/输出操作。二是分析参与这次操作的各操作数所在的地址，即操作数的有效地址。

(3) 执行指令。控制器还必须具备执行指令的功能，指挥并控制 CPU、内存和输入/输出设备之间数据流动的方向，完成指令的各种功能。

(4) 发出各种微操作命令。在指令执行过程中，要求控制器按照操作性质要求，发出各种相应的微操作命令，使相应的部件完成各种功能。

(5) 改变指令的执行顺序。在编程过程中，分支结构、循环结构等非顺序结构的引用可以大大提高编程的工作效率。控制器的这种功能可以根据指令执行后的结果，确定下一步是继续按原程序的顺序执行，还是改变原来的执行顺序去执行其他的指令。

(6) 控制程序和数据的输入与结果输出。这实际也是一个人机对话的设计，通过编写程序，在适当的时候输入数据和输出程序的结果。

(7) 对异常情况和某些请求的处理。当计算机正在执行程序的过程中发生了一些异常的情况，例如除法出错、溢出中断、键盘中断等，应能够对此进行处理。

下面详细介绍控制器各组成部件的功能与结构。

(1) 指令寄存器(IR)。当 CPU 执行一条指令时，先把它从内部存储器取到缓冲寄存器中，然后再送到指令寄存器，接着送到指令译码器，产生各种微操作指令，控制其他组成部件工作，完成所需的功能。

(2) 程序计数器(PC)。为了保证程序能够周而复始、有条不紊地执行下去，CPU 必须具有某些功能以保证在执行完当前指令时能知道下一条指令的地址。而程序计数器(PC)正是起到这种作用，所以通常又称为指令计数器。程序计数器的工作分两种情况：一是顺序执行，二是转移执行。在程序开始执行前，将程序的起始地址送入 PC，这在程序加载到内存时已确定，因此 PC 的内容即是内存的第一条指令的地址。当执行指令时，CPU 将自动修改 PC 的内容，以便使其保持的总是将要执行的下一条指令的地址。由于大多数指令是按顺序来执行的，所以修改的过程通常只是简单地对 PC 加 1。当遇到转移指令如 JMP 指令时，后继指令的地址(即 PC 的内容)不能像通常一样按顺序来取得，而是根据当前指令的地址加上一个向前或向后转移的位移量的和得到，或者根据转移指令给出的直接转移的地址得到。因此程序计数器的结构应当是具有寄存信息和计数两种功能的结构。

(3) 地址寄存器(AR)。地址寄存器用来保存当前 CPU 所访问的内存单元的地址。由于在内存和 CPU 之间存在着操作速度上的差别，所以必须使用地址寄存器来保持地址信息，直到内存的读/写操作完成为止。地址线和数据线大多数是分时复用的，也需要地址存储器来暂时保存有关的地址数据。可以明显地看到，当 CPU 和内存进行信息交换，即 CPU 向内存存/取数据时，或者 CPU 从内存中读出指令时，都要使用地址寄存器和数据缓冲寄存器。

同样，如果把外围设备的设备地址作为内存的地址单元来看待，那么，当 CPU 和外围设备交换信息时，同样要使用地址寄存器和数据缓冲寄存器。地址寄存器的结构和数据缓冲寄存器、指令寄存器一样，通常使用单纯的寄存器结构。信息的存入一般采用电位- 脉冲方式，即电位输入端对应数据信息位，脉冲输入端对应控制信号，在控制信号的作用下，瞬时地将信息打入寄存器。

(4) 指令译码器(ID)。指令分为操作码和地址码两部分，为了能执行任何给定的指令，必须对操作码进行分析，以便识别所完成的操作。指令译码器的功能就是对指令中的操作码字段进行分析解释，识别该指令规定的操作，向操作控制器发出具体的控制信号，控制各部件工作，从而完成所需的功能。

2. 运算器的组成和功能

运算器由算术逻辑单元(ALU)、累加寄存器、数据缓冲寄存器和状态条件寄存器组成，它是数据加工处理部件，完成计算机的各种算术和逻辑运算。相对于控制器而言，运算器接受控制器的命令而进行动作，即运算器所进行的全部操作都是由控制器发出的控制信号来指挥的，所以它是执行部件。运算器有以下两个主要功能。

(1) 执行所有的算术运算，如加、减、乘、除等基本运算及附加运算。

(2) 执行所有的逻辑运算，并进行逻辑测试，如与、或、非、零值测试或两个值的比较等。

下面详细介绍运算器各组成部件的组成和功能。

(1) 算术逻辑单元(ALU)。算术逻辑单元是运算器的重要组成部件，负责处理数据，实现对数据的算术运算和逻辑运算。

(2) 累加寄存器(AC)。累加寄存器通常简称为累加器，它是一个通用寄存器。其功能是：当运算器的算术逻辑单元执行算术或逻辑运算时，为其提供一个工作区。例如，在执行一个减法运算前，先将被减数暂取出放在 AC 中，再从内存中取出减数，然后同 AC 的内容相减，所得的结果送回 AC 中。运算的结果是放在累加器中的，运算器中至少要有一个累加寄存器。目前 CPU 中的累加寄存器多达 16 个或 32 个，甚至更多。当使用多个累加器时，就变成通用寄存器堆结构，其中任何一个既可存放源操作数，也可存放结果操作数。在这种情况下，需要在指令格式中对寄存器号加以编址。

(3) 数据缓冲寄存器(DR)。在 CPU 中引脚大多是复用的，在不同的时间内具有不同的功能。在对内存进行读写操作时，数据缓冲寄存器用来暂时存放由内存读写的一条指令或一个数据字，将在不同的时间段内读写的数据隔离开来。数据缓冲寄存器的作用有以下几个：作为 CPU 和内存、外部设备之间数据传送的中转站；补偿 CPU 和内存、外围设备之间在操作速度上的差别；在单累加器结构的运算器中，数据缓冲寄存器还可兼作操作数寄存器。

(4) 状态条件寄存器(PSW)。状态条件寄存器保存由算术指令和逻辑指令运行或测试的结果建立的各种条件码内容，大体包括两种：一是状态标志，如运算结果进位标志(C)、运算结果溢出标志(V)、运算结果为零标志(Z)、运算结果为负标志(N)；二是控制标志，如中断标志(I)、方向标志(D)、单步标志等。这些标志位通常分别由 1 位触发器保存，它保存了当前指令执行完成之后的状态。通常，一个算术操作产生一个运算结果，而一个逻辑操作则产生一个判决。

3.3.2　CPU 的工作过程

CPU 的工作原理其实很简单，它的内部元件主要包括控制单元、逻辑单元、存储单元三大部分。指令由控制单元分配到逻辑单元，经过加工处理后，再送到存储单元里等待应用程序的使用。CPU 的工作原理就像一个工厂对产品的加工过程：进入工厂的原料(指令)，经过物资分配部门(控制单元)的调度分配，被送往生产线(逻辑单元)，生产出成品(处理后的数据)后，再存储到仓库(存储单元)中，最后等着拿到市场上去卖(交由应用程序使用)。图 3-5 所示为 CPU 的工作原理。

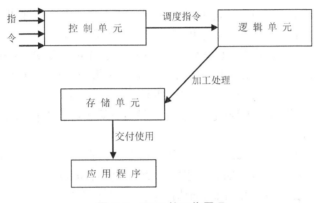

图 3-5　CPU 的工作原理

 ## 3.4　CPU 的主要技术参数

CPU 的主要技术参数包括以下几种。

1. 主频

主频是 CPU 的时钟频率(CPU Clock Speed)，即系统总线的工作频率。以吉赫兹(GHz)为单位。一般来说，主频越高，CPU 的速度越快。由于内部结构不同，并非所有时钟频率相同的 CPU 性能都一样。

2. 外部时钟频率

外部时钟频率(外频)表示 CPU 与外部数据的传输速度。早期 CPU 的内部时钟频率与外部时钟频率一致，后来出现了倍频技术，使得 CPU 的内部时钟频率和外部时钟频率可以不一致。由于在目前的各种主板上前端总线频率与内存总线频率相同，所以外频也可以是 CPU 与内存以及 L2 Cache(仅指 Socket 7 主板)之间交换数据的工作时钟。

3. 倍频系数

由上面的介绍可知，CPU 内部真正的工作时钟频率(主频)是外部时钟频率(外频)的倍数，这个所谓的"倍数"就是"倍频系数"。倍频系数越高，主频就越高。三者关系是：主频=

外频×倍频。

4. 高速缓存

缓存大小也是 CPU 的重要指标之一。高速缓存是一种速度比内存更快的存储设备，其功能是减少 CPU 因等待低速设备所导致的延迟，进而改善系统性能。它一般集成于 CPU 芯片内部，用于暂时存储 CPU 运算时的部分指令和数据。

高速缓存分为 L1 Cache(一级高速缓存)和 L2 Cache(二级高速缓存)。它们的容量和工作速率对提高计算机速度起着关键作用。

5. 指令集

MMX(Multi Media eXtension)技术是 Intel 公司开发的多媒体扩充指令集，共有 57 条指令，该技术一次能处理多个数据，通常用于视频处理和声音合成等。

3DNow!(3D no waiting)技术是 AMD 公司在 K6-2、K6-III 和 K7 处理器中采用的技术，也是为了处理多媒体而开发的。3DNow! 技术实际上是指一组机器码级的扩展指令集(共 21 条指令)。这些指令仍然以 SIMD(单指令多数据)技术的方式实现一些浮点运算、整数运算、数据预取等功能。而这些运算类型(尤其是浮点运算)是从成百上千种运算类型中精选出来的在 3D 处理中最常用的。

SSE(Streaming SIMD Extensions)指令是单指令多数据流扩展，是 Intel 在 Pentium III 处理器中率先推出的。其实，早在 Pentium III 正式推出之前，Intel 公司就曾经通过各种渠道公布过所谓的 KNI(Katmai New Instruction)指令集，这个指令集也就是 SSE 指令集的前身，并一度被很多传媒称为 MMX 指令集的下一个版本，即 MMX2 指令集。究其背景，原来 KNI 指令集是 Intel 公司最早为其下一代芯片命名的指令集名称，而所谓的 MMX2 则完全是硬件评论家们和媒体凭感觉和印象对 KNI 的评价，Intel 公司从未正式发布过关于 MMX2 的消息。而最终推出的 SSE 指令集也就是所谓胜出的"互联网 SSE"指令集。SSE 指令集包括 70 条指令，其中包含了提高 3D 图形运算效率的 50 条 SIMD 浮点运算指令、12 条 MMX 整数运算增强指令，以及 8 条优化内存中连续数据块的传输指令。

6. 工作电压

CPU 内核工作电压越低，则表示 CPU 制造工艺越先进，也表示 CPU 运行时耗电功率越小。在 Intel 的 Pentium MMX 之前，所有的 CPU 均采用单一的电压工作。自 Pentium MMX 开始，CPU 运行时需要由主板分别提供 I/O 电压($V_{i/o}$)和内核(V_{core})电压。直到目前为止，所有 Socket 架构的 CPU 仍然采用这种方式供电。Slot 1 架构的 CPU 同样也有 V_{core} 和 V_{cc} 两种工作电压，其中 V_{cc} 与 Socket 架构 CPU 的 $V_{i/o}$ 相似。

7. 地址总线宽度

地址总线宽度决定了 CPU 可以访问的物理地址空间，简单地说就是 CPU 到底能够使用多大容量的内存。一个 16 位宽度的地址总线(通常在 1970 年和 1980 年早期的 8 位处理器中使用)可寻址到 2^{16}=65536=64 KB 的内存地址，而一个 32 位单元地址总线(通常在 2004 年的 PC 处理器中)可以寻址到 4294967296=4GB 的地址。但现在很多计算机内存已经大于 4 GB(Windows XP 32 位系统最大只能识别 3.29 GB，所以要使用 4 GB 以上大内存就要用 Windows 64 位系统)。目前主流的计算机都是 64 位的处理器，也就是说可以寻址到

2^{64}=16×10^{18}=16 EB 的地址，在很长一段时间内这个数字是用不完的。

8. 数据总线宽度

数据总线宽度决定了 CPU 与二级高速缓存、内存以及输入/输出设备之间的一次数据传输的位数，386、486 为 32 位，Pentium Ⅱ、Pentium Ⅲ、Pentium Ⅳ也是 32 位的，现在的大部分产品都是 64 位的。

9. 制造工艺

通常可以在 CPU 性能列表上看到制造工艺一项，其中有 0.18 μm 或 0.13 μm 等，这些数值表示了集成电路中导线的宽度。制造工艺的数据越小，表明 CPU 的制造技术越先进，CPU 的功耗和发热也就越小，集成的晶体管也就越多，CPU 的主频也就能做得越高。

10. CPU 的封装

封装是指安装半导体集成电路芯片用的外壳，通过芯片上的接点用导线连接到封装外壳的引脚上，这些引脚又通过印刷电路板上的插槽与其他器件相连接。封装起着安装、固定、密封、保护芯片及增强电热性能等方面的作用，而且是沟通芯片内部与外部电路的桥梁，其复杂程度在很大程度上决定了处理器的结构特性。

处理器封装的发展主要有三个阶段：DIP(双列直插)封装时代、载体封装时代和 PGA (针栅阵列)封装或 BGA(球栅阵列)封装时代。

Intel 推出的 Prescott 和 Tejas 处理器都采用了 LGA(栅格阵列)封装。

11. 超线程技术

超线程(Hyper-Threading)技术是 Intel 的创新技术。它是指在一颗实体处理器中放入两个逻辑处理单元，让多线程软件可在系统平台上平行处理多项任务，并提升处理器执行资源的使用率。使用这项技术，处理器的资源利用率平均可提升 40%，这大大增加了处理器的可用性能。

3.5 CPU 的选购

目前，市场上的 CPU 主要是 Intel 和 AMD 两大厂家的产品，按理说选购应该很容易。但由于 CPU 的类型繁多，工艺不同，架构不同，频率不同，核心数不同等，因此，要选择一款合适的 CPU 并不是一件容易的事。初学者在选购 CPU 时，经常会为选择 Intel CPU 还是 AMD CPU 而犹豫不决，对于选择具体的型号更是无从下手。

另外，由于技术发展迅速，CPU 的更新换代速度很快，按照摩尔定律，往往当前价格高昂的新产品一段时间后就会出现明显降价。因此，除美工、编程等专业需求之外，选择过高的 CPU 档次并无太大必要。一般而言，普通用户应按最优的性能价格比来选择。同时，电脑的最佳使用时间为 3～5 年，往往远在寿命终结前，电脑性能就已经不能满足新的软件需求。从这个角度讲，选择"主流"是切合实用与支出的较好选择。

由于各人的实际情况不同，选购 CPU 没有一个万能的定律。在实际购买时，可参考以下几点进行。

1. 明确自身的应用需求，按需购买，够用即可

在购买 CPU 时，应该明确自己的应用需求，不同用户的应用肯定不同，而不同应用需求所匹配的 CPU 也肯定不同。

(1) 对于普通办公人员，电脑主要用来进行文字处理、简单的图像演示以及上网等，这些应用对 CPU 的要求不高，选择一些低端 CPU 即可。例如，当前情况下，AMD 的就买 Ryzen3，Intel 的买 Core i3 系列即可。

(2) 对于个人或家庭用户，电脑主要用来学习、上网、听歌、看电影以及玩游戏等，所以对 CPU 的要求要高一些，最好选择一款中端 CPU。例如，当前情况下，Intel 选 i5 系列，AMD 选 Ryzen5 即可。

(3) 对于设计人员和游戏玩家，由于游戏设计、3D 动画制作和工程绘图等专业设计软件以及大型 3D 游戏运行时对硬件的要求比较苛刻，所以应该选择比较高端的 CPU。例如 Intel 选 i7 系列，AMD 选六核的即可。

2. 注重产品的性价比，"只选对的，不选贵的"

性价比是指产品的性能价格之比，它是购买 CPU 时需要考虑的另一个要素。从市场规律来看，一般处于主流配置的 CPU 产品是性价比最高的产品。此外，在同等价位下，Intel CPU 的性能一般不及 AMD，但从整体性能表现来看，Intel CPU 的运算能力要优于 AMD CPU。经济情况较宽裕的用户可以选择 Intel 或高端 AMD，而对于学生或经济情况较紧张的用户可以选择 AMD 的产品，其性价比较高。

3. 防止买到假货

CPU 市场种类繁多，情况复杂，假货、水货较多，须提防不法商家以次充好或 Remark(芯片频率重标识)。这可以通过观察法或借助 CPU-Z 软件进行检测等。正品 CPU 上的字迹应清晰可辨，无打磨痕迹。盒装 CPU 包装完好，无拆封现象。软件测试法更能清楚地显示 CPU 的各项参数，能有效防止以次充好的情况。

4. 配置好的电源和风扇

如今一块 CPU 正常工作时的功率动辄几十瓦，超频后更是耗电大户。再加上主机里其他配件的功耗，要想机器运行稳定，最好选择额定功率在 350 W 左右的名牌电源，否则很容易出现一些莫名其妙的毛病。另外，考虑到一些 CPU 的发热量较高，选择一款散热强劲的 CPU 风扇必不可少，特别是在对 CPU 进行超频使用时。

 ## 3.6 回到工作场景

通过本章的学习，应该掌握 CPU 处理器的基本构成、工作原理和它的主要技术参数。下面回到 3.1 节介绍的工作场景中，完成工作任务。

【工作过程一】根据主板，确定 CPU 种类

工作场景中的几款 CPU 分属两大类：Intel 系列 CPU 和 AMD 系列 CPU。出于预算、性价比的考虑，在第 2 章中小钱选择了华硕(ASUS)B360M-A 主板。

【工作过程二】比较 CPU 性能参数，初选 CPU

几款 CPU 的技术指标如表 3-2 所示。

表 3-2　几款 CPU 的技术指标

参　数	CPU				
	Intel 酷睿 i3-8100	Intel i5 8400	Intel i5 7500	锐龙 AMD Ryzen 5 1400	锐龙 AMD Ryzen 5 1600
生产厂商	Intel	Intel	Intel	AMD	AMD
同时期价格/元	899	1499	1350	999	1399
插槽类型	LGA 1151	LGA 1151	LGA 1151	AM4	AM4
主频/GHz	3.6	2.8	3.4	3.2	3.2
核心数量	四核	六核	四核	四核	六核
CPU 缓存	6 MB 三级缓存	9 MB 三级缓存	6 MB 三级缓存	2 MB 二级缓存、8MB 三级缓存	3 MB 二级缓存、16 MB 三级缓存
制造工艺/nm	14	14	14	14	14
内存类型	DDR4-2400	DDR4-2666	DDR4-2133/2400	DDR4-2667	DDR4-2667
热设计功耗(TDP)/W	65	65	65	65	65
64 位支持	是	是	是	是	是

玩游戏一般选用多核心、高主频且采用新工艺的处理器为上策，如 Intel 四核或 AMD 六核或以上处理器。如何最终确定，还要看这些 CPU 的技术细节。

【工作过程三】应用及性价比，确定 CPU

表 3-2 中，同为 4 个核心的锐龙 AMD Ryzen 5 1400 要比 Intel 酷睿 i3-8100 性价比更好些，且锐龙 AMD Ryzen 5 1400 的 2 MB 二级缓存、8 MB 三级缓存要比 Intel 酷睿 i3-8100 强很多，锐龙 AMD Ryzen 5 1400 是四核心八线程的处理器，基准频率 3.2 GHz，加速频率 3.4 GHz，但是这个可以超频。所以 AMD Ryzen 5 1400 综合实力更强。

【工作过程四】选购总结

小钱选购 CPU 用于办公及玩游戏，在选购时，他只是根据游戏对硬件性能的要求进行选择，并没有考虑办公性能。这是因为，能满足游戏性能的机器一定能满足办公需求。在选购时应以最高性能要求为主要依据。若最高性能脱离实际，则将造成机器性能的浪费。

由于制造工艺水平及相关技术的差别，Intel CPU 和 AMD CPU 还是有很大差异的。一般来说，Intel CPU 工艺先进、性能稳定、发热量少，但价格较高，不适宜超频等；相对来说，AMD CPU 价格便宜、性价比高、适宜超频(甚至可以"开核")，但发热量较大。可根据两家 CPU 的特点进行合理定位。对于普通用户，只需选购两家的中低端 CPU，就能满足应用要求；而对于那些喜爱玩大型游戏的用户，宜选购高频双核产品，性价比较高；对于进行视频编辑者，特别是经常同时编辑多个视频窗口的用户，宜选择四核或多核的高端产品。

3.7 工作实训营

3.7.1 训练实例

1. 训练内容

CPU 是计算机的硬件核心。正确识别 CPU，了解其性能参数非常重要。

2. 训练目的

由于 CPU 的原因引起计算机出现异常是常见的一种故障现象，市场上假 CPU 的出现更是给消费者带来了诸多不便，本训练的目的即在于能够识别出 CPU 的真假。

3. 训练过程

目前市场上有许多采用 Remark 的手段，涂改生产厂商和时钟频率的假 CPU。假 CPU 在超频使用时会异常发热，如果散热不好，就会出现莫名其妙的死机或者随机运算错误。从外观上看，假 CPU 一般厚度较薄、四周斜边较小。我们可以用以下几种观察法进行鉴别。

(1) 刮磨法：正品的 Intel 水印采用了特殊工艺，无论用手如何刮擦，即便把封装的纸抠破也不会把字擦掉。

(2) 相面法：塑料封装纸上的 Intel 字迹应清晰可辨，而且最重要的是所有的水印字都应是工工整整的，而非横着、斜着、倒着的，无论正反两方面都如此。

(3) 搓揉法：用拇指肚以适当的力量搓揉塑料封装纸，正品不易出褶，而假货纸软，一搓就出褶。

(4) 看封线：正品的塑料封装纸的封装线不可能封在盒右侧条形码处，如果封在此的一般可断定为假货。

另外，我们还可以使用一些工具软件来识别各类 CPU 的真假，比如 WhatCPUIs、WCPUID、CPU Stability Test、Intel Processor Frequency ID Utility 等。下面是 WhatCPUIs 和 WCPUID 的介绍。

(1) WhatCPUIs 是一款免费软件，是一个专门测试 CPU 的应用程序。这个软件安装完以后会在桌面上添加一个 WhatCPUIs 的图标，只需双击它就可以运行了。它可以测出 CPU 类型、出厂厂家、MMX 支持与否、内部处理器时钟以及 CPU 其他一些功能支持等。

(2) WCPUID 这款免费软件出自一位日本程序员之手，可以测出各类 CPU 的厂家、主频速度，以及是否支持 MMX、3DNow！，是否采用了 KNI/SSE 技术。该应用程序操作界面简单明了，单击 Analyze 按钮，将分析 CPU 的综合信息；单击 Feature Flg 按钮，将给出该 CPU 是否支持 FPU、VME、PSE、XMM 等各项特性；单击 Cache Info 按钮，将给出 L1 Cache(一级缓存)的详细信息；单击 Cache Reg 按钮，将给出 L2 Cache(二级缓存)的详细信息；而单击 AGP Info 按钮，则会给出有关 AGP 的详细信息。

4. 技术要点

(1) 视觉识别 CPU：通过视觉仔细观察 CPU 上面的封装纸，用刮磨法、相面法、搓揉法、看封线等方法，可以从视觉上来对它的真伪进行适当辨认。

(2) 工具软件的安装和使用：WhatCPUIs 和 WCPUID 等软件都是免费用于识别 CPU 的测试软件，它们的安装和使用与其他软件类似，安装之后在桌面上找到软件的图标，双击即可使用。

3.7.2 工作实践常见问题解析

【常见问题 1】如何准确定位计算机的故障原因来自假 CPU？

【回答】计算机的故障表现方式繁多，也有可能为多种因素诱发的并发症。如果计算机出现异常发热(本来已经安装了散热器)，之后会死机或运算出错，这样的症状就很有可能是 CPU 带来的，此时，应该首先想到去测试 CPU 的真假。AMD 散装的 CPU 存在假货问题，而 Intel 的 CPU 却在盒装上出现假盒装的问题。与 AMD 不同，它的假并不是 CPU 假，而是盒装 CPU 所带的散热器是假的，质量与正品的散热器有一定的差距。事实上，CPU 的假指以次充好等不法行为，是通过 Remark 来实施做假的。由于技术的原因，"假" CPU 并不存在。

【常见问题 2】怎样实时监测 CPU 的温度？

【回答】CPU 内核实际温度的高低对 CPU 工作效率及稳定性有很大影响。在使用计算机的过程中，可以实时监测 CPU 的温度以了解其工作状态。实时监测的方法很多，其中之一是通过 BIOS 的 SETUP 程序进行监测。在有些主板的 BIOS SETUP 中有一个 PC HEALTH 选项，其中有 CPU 实时温度监测项；另外，也可以通过工具软件实时监测 CPU 温度，如 CPU-Z 等软件。

3.8 习题

一、填空题

1. CPU 即中央处理器，又叫微处理器，它的英文全称是_____。

2. CPU 的主频与外频的关系为：_____是 CPU 的频率，_____是主板的频率。

二、选择题

1. 中央处理器(CPU)包括_____。

    A. 内存和控制器   B. 控制器、运算器和内存

    C. 高速缓存和运算器   D. 控制器和运算器

2. 以下哪些是 CPU 的技术参数？_____

    A. 主频、外频、高速缓存、工作电压

    B. 字长、容量、运行频率、CAS 延迟时间

    C. 转速、平均寻道时间、数据传输速率、缓存

    D. 分辨率、点距、扫描方式、带宽

三、操作题

假如你刚应聘到一家公司当职员，老板为了测试你的专业知识，准备让你去为公司购买新的 CPU。

要求：

1. 你应该从哪些角度考虑购买？

2. 写出完整的购买方案。

第 4 章

内部存储器

 **本章要点**

- 内存的作用和分类。
- 内存的工作原理。
- 内存的主要技术指标。

技能目标

- 掌握内存的作用和它的分类方式。
- 通过学习内存的工作原理和主要技术指标，更详尽地认识内存。

4.1　工作场景导入

【工作场景】

要运行《绝地求生》游戏，推荐硬件配置要求内存容量在 8 GB 及以上。为了保证游戏运行流畅，玩得较爽，小钱要选择合适的内存条。现在有金士顿 DDR4 2400 8 GB、美商海盗船(USCORSAIR)复仇者 LPX DDR4 2400 8 GB、芝奇(G.Skill)Ripjaws 4 系列 DDR4 2400 8 GB、酷兽(CUSO)DDR4 2400 16 GB 等内存供小钱选购。

【引导问题】

(1)　内存是如何分类的？
(2)　内存的基本工作原理是什么？
(3)　内存的主要技术指标有哪些？

4.2　内存的作用及分类

内部存储器是 CPU 和硬盘之间数据交换的桥梁，简称内存，是计算机用于直接存取程序和数据的地方。计算机的程序和数据都是以二进制的代码形式存放在存储器中的，在执行程序和使用数据时必须先存放在内存的随机存储器中，因此计算机在执行程序前必须将程序装入内存中。内存的外观如图 4-1 所示。

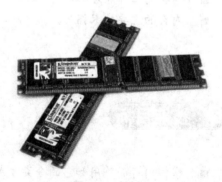

图 4-1　内存

4.2.1　内存的作用

内存负责存放当前 CPU 正在使用的数据和程序指令，以及处理后的结果数据。CPU 与内存之间通过高速的系统总线直接沟通。我们平常使用的程序，如 Windows 7 系统或 Windows 10 系统、打字软件、游戏软件等，一般是安装在硬盘等外存上的，但仅此是不能使用其功能的，必须把它们调入内存中运行，才能真正使用其功能。我们平时输入一段文字，或玩一个游戏，其实都是在内存中进行的。在计算机开始工作时，CPU 非常频繁地访问内存，通过程序指令进行数据运算和系统控制，而对硬盘等外存的操作却不太频繁，并且是通过内存间接地与硬盘等外存打交道。

内存泛指计算机系统中存放数据与指令的半导体存储单元，包括 RAM、ROM 和 Cache(高速缓冲存储器)。因为 RAM 是其中最主要的存储器，整个计算机系统的内存容量主要由它的容量决定，所以人们习惯将 RAM 直接称为内存，而后两种则仍称为 ROM 和 Cache。为了加快系统的速度，提高系统的整体性能，计算机中配置的内存容量越来越大，内存的种类也越来越多。

4.2.2 内存的分类

以下主要从内存的工作原理和它在计算机中的作用来对其进行分类。

1. 按工作原理分类

从内存的工作原理来看，内存可分为只读存储器(ROM)和随机存储器(RAM)。

1) 只读存储器

只读存储器是电脑厂商已经把系统程序烧制在芯片中，只能读取，不能改变的一种存储器，如 BIOS(基本输入/输出系统)、键盘 BIOS 程序等。系统程序一般都烧制在可编程只读存储器(EPROM)芯片中，有 128 KB、256 KB、512 KB、1 MB、2 MB 等容量的 EPROM。随着技术的发展，现在的 BIOS 芯片一般有以下两种。

(1) EPROM。EPROM 芯片上有一个窗口，烧制完毕后，会用不透明的标签贴住。如果揭掉标签，用紫外线照射 EPROM 的窗口，EPROM 中的内容就会丢失。

(2) 闪速存储器(Flash Memory)。以前电脑的 BIOS 都是烧制在 ROM 中，当要升级或修改 BIOS 时，便要重新购买芯片，既花钱又麻烦。Intel 开发的闪速存储器，可以将 BIOS 存储在其中，需要时可以利用软件来升级和修改 BIOS，非常方便。

2) 随机存储器

随机存储器与只读存储器不同，可以读取存储在其中的内容，也可以改变其中的内容。根据其制造原理不同，有以下几种。

(1) 静态 RAM(SRAM)。SRAM 的一个存储单元的基本结构是一个双稳态电路，由于读、写的转换由写电路控制，所以只要写电路不动作，电路有电，开关就保持现状，不需要刷新，所以称为静态 RAM。

(2) 动态 RAM(DRAM)。DRAM 就是通常所说的内存，它是针对静态 RAM(SRAM)来说的。SRAM 中存储的数据，只要不断电就不会丢失，也不需要进行刷新，而 DRAM 中的数据是需要不断地刷新的。

2. 按在计算机中的作用分类

从内存在计算机中的作用来看，可分为主存储器、Cache 存储器和 ROM BIOS。

1) 主存储器

主存储器是用来存放程序和数据的 RAM。由于主存储器的容量较大，为了降低费用、

减小体积，所以主存常采用 DRAM，也就是我们说的内存。

2) Cache 存储器

所谓 Cache，即高速缓冲存储器，是位于 CPU 和主存储器之间较小但速度很高的存储器，通常由 SRAM 组成。Cache 存储器系统由一组 SRAM 静态存储器芯片和 Cache 存储器控制电路组成。

3) ROM BIOS

ROM BIOS 有三类：系统 BIOS、显示 BIOS 和其他适配卡的 BIOS。接通电源后，BIOS 将运行 POST(Power On System Test，上电自检)，在对所有内部设备的自检、测试完成后，系统将从 C:\目录下寻找操作系统，并向 RAM 中装入 DOS。

4.3 内存的传输标准

内存是计算机内部最为关键的部件之一，其有很严格的制造要求。传输标准代表着对内存速度方面的标准。不同类型的内存，无论是 SDRAM、DDR SDRAM，还是 RDRAM 都有不同的规格，每种规格的内存在速度上是各不相同的。传输标准是内存的规范，只有完全符合该规范，才能说该内存采用了此传输标准。比如传输标准 PC3200 内存，代表着此内存的工作频率为 200 MHz，它等效于频率为 400 MHz 的 DDR 内存，也就是常说的 DDR 400。常见的传输标准有以下几种。

1. SDRAM 传输标准

1) PC100

PC100 是由 JEDEC(Joint Electron Device Engineering Council，电子设备工程联合委员会)和 Intel 共同制定的一个 SDRAM 内存条的标准，符合该标准的内存都称为 PC100，其中的 100 代表该内存的工作频率可达 100 MHz。大多数人认为的 PC100 内存，就是该内存能正常工作在前端总线(FSB)100 MHz 的系统中。其实，PC100 是一组很严格的规范，它包含有：内存时钟周期在 100 MHz 外频工作时为 10 ns；存取时间小于 6 ns；PCB 必须为六层板；内存上必须有 SPD 等多方面的规定。

PC100 中还详细地规定了内存条上电路的各部分线长最大值与最小值；电路线宽与间距的精确规格；保证六层 PCB 制作，具备完整的电源层与地线层；具备每层电路板间距离的详细规格；精确符合发送、载入、终止等请求的时间；详细的 EEPROM 编程规格；详细的 SDRAM 组成规格；特殊的标记要求；电磁干扰抑制；可选镀金印刷电路板等。由此可见，传输标准是一套相当复杂的内存标准，但我们没有必要去详细了解具体的内存规范定义，只要了解如果内存符合这个规范，那么它的数据传输能到达多大，它所能提供的性能怎么样就足够了。

从性能的角度来说，PC100 的内存在主板设置为 100 MHz 外频，且在 BIOS 选项中将 CL 设置为 2 时，此内存可以稳定地工作。

2) PC133

PC133 是威盛公司联合了三星、现代、日立、西门子、Micron 和 NEC 等数家著名 IT

厂商联合推出的内存标准，其中的 133 指的是该内存的工作频率可达 133 MHz。PC133 SDRAM 的数据传输速率可以达到 1.06 GB/s。

严格地说，PC133 和 PC100 内存在制造工艺上没有太大的不同，区别只是在制造 PC133 内存时多了一道"筛选"工序，把内存颗粒中外频超过 133 MHz 的挑选出来，焊接成高档一些的内存。

2. DDR 传输标准

DDR 的传输标准如表 4-1 所示。

表 4-1　DDR 的传输标准

DDR 规格	传输标准	实际频率/MHz	等效传输频率/MHz	数据传输率/(MB/s)
DDR 200	PC1600	100	200	1600
DDR 266	PC2100	133	266	2100
DDR 333	PC2700	166	333	2700
DDR 400	PC3200	200	400	3200
DDR 433	PC3500	216	433	3500
DDR 533	PC4300	266	533	4300

如果按照传统习惯传输标准的命名，PC1600(DDR 200)应该是 PC200。在当时，DDR 内存正在与 RDRAM 内存进行下一代内存标准之争，此时的 RDRAM 按照频率命名，应该叫 PC600 和 PC800。这样，对于不是很了解的人来说，自然会认为 PC200 远远落后于 PC600，而 JEDEC 基于市场竞争的考虑，将 DDR 内存的命名规范进行了调整。传统习惯是按照内存工作频率来命名，而 DDR 内存则以内存传输速率命名。因此，才有了今天的 PC1600、PC2100、PC2700、PC3200、PC3500 等。

PC1600 的实际工作频率是 100 MHz，而等效工作频率是 200 MHz。那么，它的数据传输率就为"数据传输率=频率×每次传输的数据位数"，也就是 200 MHz×64 bit=12800 Mb/s，再除以 8 就换算成 MB 单位，也就是 1600 MB/s，从而命名为 PC1600。

3. DDR2 传输标准

DDR2 可以看作是 DDR 技术标准的一种升级和扩展。DDR 的核心频率与时钟频率相等，但数据频率为时钟频率的两倍，也就是说，在一个时钟周期内，必须传输两次数据。而 DDR2 采用"4 bit Prefetch(4 位预取)"机制，核心频率仅为时钟频率的 1/2，时钟频率再为数据频率的 1/2。这样，即使核心频率还在 200 MHz，DDR2 内存的数据频率也能达到 800 MHz，也就是所谓的 DDR2 800。

已有的标准 DDR2 内存分为 DDR2 400、DDR2 533、DDR2 667 和 DDR2 800。其中 DDR2 667 和 DDR2 800 的核心频率分别为 100 MHz、133 MHz、166 MHz 和 200 MHz，其总线频率(时钟频率)分别为 200 MHz、266 MHz、333 MHz 和 400 MHz，等效的数据传输频率分别为 400 MHz、533 MHz、667 MHz 和 800 MHz，其对应的内存传输带宽分别为 3.2 GB/s、4.3 GB/s、5.3 GB/s 和 6.4 GB/s，按照其内存传输带宽分别标注为 PC2 3200、PC2 4300、PC2 5300 和 PC2 6400。DDR2 的传输标准如表 4-2 所示。

表 4-2　DDR2 的传输标准

DDR2 规格	传输标准	核心频率/MHz	总线频率/MHz	等效传输频率/MHz	数据传输率/(MB/s)
DDR2 400	PC2 3200	100	200	400	3200
DDR2 533	PC2 4300	133	266	533	4300
DDR2 667	PC2 5300	166	333	667	5300
DDR2 800	PC2 6400	200	400	800	6400

4. RDRAM 传输标准

1)　PC600

RDRAM 仍旧采用习惯的内存频率来命名。PC600 的工作频率为 300 MHz，而其也是在时钟上升沿和下降沿都传输数据，因此其等效频率为 600 MHz，所以命名为 PC600。

2)　PC800

PC800 的工作频率为 400 MHz，而其也是在时钟上升沿和下降沿都传输数据，因此其等效频率为 800 MHz，所以命名为 PC800。

3)　PC1066

PC1066 的工作频率为 533 MHz，而其也是在时钟上升沿和下降沿都传输数据，因此其等效频率为 1066 MHz，所以命名为 PC1066。

由于 RDRAM 内存具有良品率低、价格高等缺点，现在已经被淘汰，取而代之的是 DDR 内存。DDR 内存现在已经发展到 DDR4 时代。

DDR4 内存起始频率达到 2133MHz，每个针脚可提供 2 Gb/s 的带宽，内存容量可达到 128 GB，而其电压则降到 1.2 V。

 ## 4.4　内存的工作原理和主要指标

内存用于暂时存放程序和数据，一旦关闭电源或发生断电，其中的程序和数据就会丢失。下面讲述其工作原理和主要技术。

4.4.1　内存的基本工作原理

内存的基本工作原理包括内存寻址、内存传输、存取时间和内存延迟四个方面，下面来详细说明。

1. 内存寻址

首先，内存从 CPU 获得查找某个数据的指令，然后在找出存取资料的位置时(这个动作称为"寻址")，它先确定出横坐标(也就是列地址)，再确定出纵坐标(也就是行地址)，这就好像在地图上画个十字标记一样，能非常准确地定出这个地方。对于计算机系统而言，找出这个地方时还必须确定位置是否正确，因此计算机还必须判读该地址的信号，横坐标有横坐标的信号(也就是 RAS 信号，Row Address Strobe)，纵坐标有纵坐标的信号(也就是 CAS 信号，Column Address Strobe)，最后再进行读或写的动作。因此，内存在读写时至少必须有五个步骤：分别是画个十字，内有定地址两个操作以及判读地址两个信号的操作，共四个操作；以及或读或写的操作，才能完成内存的存取操作。

2. 内存传输

为了存储资料，或者是从内存内部读取资料，CPU 都会为这些读取或写入的资料编上地址(也就是我们所说的十字寻址方式)，这个时候，CPU 会通过地址总线(Address Bus)将地址送到内存，然后数据总线(Data Bus)就会把对应的正确数据送往微处理器，传回去给 CPU 使用。

3. 存取时间

所谓存取时间，指的是 CPU 读或写内存资料的过程时间，也称总线循环(Bus Cycle)。以读取为例，从 CPU 发出指令给内存时，便会要求内存取用特定地址的特定资料，内存响应 CPU 后便会将 CPU 所需要的资料送给 CPU，一直到 CPU 收到数据为止，便成为一个读取的流程。因此，这整个过程简单地说便是 CPU 给出读取指令，内存回复指令并丢出资料给 CPU 的过程。

4. 内存延迟

内存的延迟时间，也就是所谓的潜伏期。内存延迟一般涉及四个参数：CAS(Column Address Strobe，行地址控制器)延迟、RAS(Row Address Strobe，列地址控制器)-to-CAS 延迟、RAS Precharge(RAS 预冲电压)延迟、Act-to-Precharge(相对于时钟下沿的数据读取时间)延迟。其中 CAS 延迟比较重要，它反映了内存从接收指令到完成传输结果的过程中的延迟。

4.4.2　内存的主要性能指标

内存的主要性能指标包括内存容量、存取时间、延时周期、奇偶校验、ECC 校验、引脚数、工作电压、CL、工作频率、内存带宽，下面就对这些指标进行介绍。

1. 内存容量

内存容量是指内存存储单元的数量，单位是字节(B)，常用的是兆字节 MB 和吉字节 GB。容量这一指标是我们比较关心的，因为它直接制约系统的整体性能。内存条通常有 2 GB、4 GB、8 GB、16 GB 等容量级别，其中 8 GB、16 GB 内存已成为当前的主流配置，而用于诸如图形工作站的内存容量已高达 32 GB 或 64 GB。

2. 存取时间

存取时间即读写内存单元中的数据所需的时间，又称为存储周期。内存芯片的存取时间是内存的另一个重要指标，单位以纳秒($1\,ns=10^{-9}s$)来度量，一般为几纳秒至几十纳秒，常见的有 6 ns、7 ns、8 ns、10 ns 等几种，相应在内存条上标为-6、-7、-8、-10 等字样。显然数值越小意味着内存的存取速度越快，但价格也随之上升。在选配内存条时，应尽量挑选与 CPU 时钟周期相匹配的内存条，这将有利于最大限度地发挥内存条的效率。

3. 延时周期

当 CPU 需要内存中的数据时，它会发出一个由内存控制器所执行的要求，内存控制器接着将这个要求发送至内存，并在接收数据时向 CPU 报告整个周期(CPU 到内存控制器—内存控制器到内存—内存再回到 CPU)所需的时间。缩短延时周期是提高内存存取速度的关键。

4. 奇偶校验

奇偶校验(Parity Check)是系统检查数据的存取和传输错误的一项最简单的技术。内存条有无奇偶校验位是人们常常忽视的问题。奇偶校验对于保证数据的正确读写，尤其是在进行数据量非常大的计算中起着很关键的作用。因此在一些用于工程计算的大型工作站，都要求内存必须具备奇偶校验位。对于常见机型，有无奇偶校验位一般均可正常工作，但需要注意的是，在 CMOS 的 SETUP 中关于奇偶校验(Off/On)的设置必须与实际的内存条情况相一致；同时，在一台计算机中内存条的配置要么都带奇偶校验位，要么都不带，绝不可混用。内存条上是否有奇偶校验位，可以很容易地从外观上看出：每根内存条上有 9 个或 3 个芯片的含有奇偶校验位，而有 8 个或两个芯片的则没有奇偶校验位。

5. ECC 校验

ECC(Error Checking and Correction)即错误检测与纠正是一种对内存中的数据进行检验和纠错的技术。内存的数据传输量很大，难免发生错误，在要求较高时，需要有检验错误和修正错误的功能。而 ECC 不但可以查出内存中数据的错误，还可以纠正其他一些数据错误，使内存更稳定、更可靠。不过，带 ECC 校验的内存价格也因此比普通内存要高。

6. 引脚数

引脚数可以归为内存模组的接口类型，通常为 168 线及 184 线的 DIMM。

7. 工作电压

内存的工作电压也是需要注意的。FPM 内存和 EDO 内存均使用 5 V 电压，而 SDRAM 则使用 3.3 V 电压。因此，同时使用 SDRAM 和 EDO RAM 时，由于电压不同，很容易导致耐压低的 SDRAM 被烧毁。

8. CL

CL(CAS Latency，CAS 延迟时间)是内存性能的一个重要指标，它是 CAS(纵向地址脉冲)的延迟时间。当计算机需要向内存读取数据时，在实际读取之前一般都有一个缓冲期，而缓冲期的时间长度就是 CL。某些 SDRAM 能够运行在 CL 2 或 CL 3 模式下，也就是说它们读取数据所延迟的时间既可以是两个时钟周期，也可以是 3 个时钟周期。内存的 CL 值越低越好，因此，缩短 CAS 的周期有助于加快内存在同一频率下的工作速度。

9. 工作频率

工作频率表示内存能稳定运行的最大频率，例如 PC133 标准的 SDRAM 的工作频率为 133 MHz，DDR 266 的工作频率为 266 MHz，DDR2 的工作频率可以达到 800 MHz，DDR3 达到 2400 MHz，而 DDR4 可以达到 3000 MHz。对于内存而言，频率越高，传输数据的速度越快。

10. 内存带宽

内存带宽也称数据传输率，是指单位时间内通过内存的数据量。我们用一个简短的公式来说明内存带宽的计算方法：内存带宽=工作频率×位宽/8×n(位宽一般为 64 b，n 为时钟脉冲上下沿传输系数，DDR 的系数为 2，其他类型一般为 1)。如 DDR 266 的内存带宽为 2100 MB/s，所以又用 PC2100 来标示它，于是 DDR 333 就是 PC2700，DDR 400 就是 PC3200 了。

4.4.3　内存的时代划分

通常情况下我们将内存分为以下几代。

1. SDRAM 时代

第一代 SDRAM 内存为 PC66 规范，但由于 Intel 和 AMD 的频率之争将 CPU 外频提升到了 100 MHz，所以 PC66 内存很快就被 PC100 内存取代，接着 133 MHz 外频的 PIII 以及 K7 时代来临，PC133 规范也以相同的方式进一步提升 SDRAM 的整体性能，带宽提高到 1 GB/s 以上。由于 SDRAM 的带宽为 64 bit，正好对应 CPU 的 64 bit 数据总线宽度，因此它只需要一条内存便可工作，便捷性进一步提高。在性能方面，由于其输入输出信号保持与系统外频同步，因此速度明显超越 EDO 内存。

不可否认的是，SDRAM 内存由早期的 66 MHz，发展到后来的 100 MHz、133MHz，尽管没能彻底解决内存带宽的瓶颈问题，但此时 CPU 超频已经成为 DIY 用户永恒的话题，所以不少用户将品牌好的 PC100 品牌内存超频到 133 MHz 使用以获得 CPU 超频成功。值得一提的是，为了满足超频用户的需求，市场上出现了一些 PC150、PC166 规范的内存。

尽管 SDRAM PC133 内存的带宽可提高到 1064 MB/s，加上 Intel 已经着手最新的 Pentium Ⅳ 计划，SDRAM PC133 内存也不能满足日后的发展需求，此时，Intel 为了达到独占市场的目的，与 Rambus 联合在 PC 市场推广 Rambus DRAM 内存(称为 RDRAM 内存)。与 SDRAM 不同的是，其采用了新一代高速简单内存架构，基于一种类 RISC(Reduced Instruction Set Computing，精简指令集计算机)理论，这个理论可以减少数据的复杂性，使得整个系统性能得到提高。

在 AMD 与 Intel 的竞争中，CPU 的主频不断提升，Intel 为了超过 AMD，推出高频 Pentium Ⅲ 以及 Pentium Ⅳ 处理器。Rambus DRAM 内存以高时钟频率来简化每个时钟周期的数据量，因此内存带宽相当出色，如 PC1066 1066 MHz 32 bit 带宽可达到 4.2GB/s，Rambus DRAM 曾一度被认为是 Pentium Ⅳ 的绝配。

尽管如此，Rambus DRAM 内存生不逢时，后来依然被更高速度的 DDR "掠夺" 其宝座地位。在当时，PC600、PC700 的 Rambus DRAM 内存因出现 Intel 820 芯片组 "失误事件"、PC800 Rambus DRAM 因成本过高而让 Pentium Ⅳ 平台高高在上，无法获得大众的拥护和爱戴，种种问题让 Rambus DRAM 胎死腹中，Rambus 曾希望具有更高频率的 PC1066 规范 DRAM 来力挽狂澜，但最终也是拜倒在 DDR 内存面前。

2. DDR 时代

DDR SDRAM(Double Data Rate SDRAM)简称 DDR，也就是"双倍速率 SDRAM"的意思。DDR 可以说是 SDRAM 的升级版本。DDR 在时钟信号上升沿与下降沿各传输一次数据，这使得 DDR 的数据传输速度为传统 SDRAM 的两倍。由于较多采用了下降沿信号，因此并不会造成能耗增加。至于定址与控制信号则与传统 SDRAM 相同，仅在时钟上升沿传输。

DDR 内存是作为一种在性能与成本之间折中的解决方案，其目的是迅速建立起牢固的市场空间，继而一步步在频率上高歌猛进，最终弥补内存带宽上的不足。第一代 DDR 200 规范并没有得到普及，第二代 PC266 DDR SRAM(133 MHz 时钟×2 倍数据传输=266 MHz 带宽)是由 PC133 SDRAM 内存所衍生出的，它将 DDR 内存带向第一个高潮，另外还有不少赛扬和 AMD K7 处理器都采用 DDR 266 规格的内存，其后来的 DDR 333 内存也属于一种过渡，而 DDR 400 内存成为当下的主流平台选配，双通道 DDR 400 内存已经成为 800FSB 处理器搭配的基本标准，随后的 DDR 533 规范则成为超频用户的选择对象。

3. DDR2 时代

DDR2(Double Data Rate 2)SDRAM 是由 JEDEC 进行开发的新生代内存技术标准，它与上一代 DDR 内存技术标准最大的不同就是，虽然都是采用了在时钟的上升/下降沿同时进行数据传输的基本方式，但 DDR2 内存拥有两倍于上一代 DDR 内存预读取能力(即 4bit 数据预读取)。换句话说，DDR2 内存每个时钟能够以 4 倍外部总线的速度读/写数据，并且能够以内部控制总线 4 倍的速度运行。

此外，由于 DDR2 标准规定所有 DDR2 内存均采用 FBGA 封装形式，而不同于广泛应用的 TSOP/TSOP-II 封装形式，FBGA 封装提供了更为良好的电气性能与散热性，为 DDR 2 内存的稳定工作与未来频率的发展提供了坚实的基础。回想起 DDR 的发展历程，从第一代应用到个人电脑的 DDR 200 经过 DDR 266、DDR 333 到双通道 DDR 400 技术，第一代 DDR 的发展也走到了技术的极限，已经很难通过常规办法提高内存的工作速度；随着 Intel 最新处理器技术的发展，前端总线对内存带宽的要求越来越高，拥有更高更稳定运行频率的 DDR2 内存将是大势所趋。

随着 CPU 性能不断提高，用户对内存性能的要求也逐步升级。不可否认，仅仅依靠高频率提升带宽的 DDR 迟早会力不从心，因此 JEDEC 组织很早就开始酝酿 DDR2 标准，加上 LGA775 接口的 915/925 以及 945 等新平台开始对 DDR2 内存的支持，所以 DDR2 内存成为主流。

DDR2 能够在 100 MHz 的发信频率基础上提供每插脚最少 400 MB/s 的带宽，而且其接口将运行于 1.8V 电压上，从而进一步降低发热量，以便提高频率。此外，DDR2 还融入 CAS、OCD、ODT 等新性能指标和中断指令，提升了内存带宽的利用率。从 JEDEC 组织者阐述的 DDR2 标准来看，针对 PC 等市场的 DDR2 内存拥有 400 MHz、533 MHz、667 MHz 等不同的时钟频率。高端的 DDR2 内存拥有 800 MHz、1000 MHz 两种频率。DDR2 内存采用 200-、220-、240-针脚的 FBGA 封装形式。最初的 DDR2 内存采用 0.13 μm 的生产工艺，内存颗粒的电压为 1.8 V，容量密度为 512 MB。

PC100 的"接班人"除了 PC133 以外，VCM(Virtual Channel Memory)也是很重要的一员。VCM 即"虚拟通道存储器"，这也是大多数较新的芯片组支持的一种内存标准。VCM

内存主要根据由 NEC 公司开发的一种"缓存式 DRAM"技术制造而成，它集成了"通道缓存"，由高速寄存器进行配置和控制。在实现高速数据传输的同时，VCM 还维持着对传统 SDRAM 的高度兼容性，所以通常也把 VCM 内存称为 VCM SDRAM。VCM 与 SDRAM 的差别在于不论是否经过 CPU 处理的数据，都可先交于 VCM 进行处理，而普通的 SDRAM 就只能处理经 CPU 处理以后的数据，所以 VCM 要比 SDRAM 处理数据的速度快 20%以上。可以支持 VCM SDRAM 的芯片组很多，包括 Intel 的 815E、VIA 的 694X 等。

4. DDR3 时代

DDR3 相比起 DDR2 有更低的工作电压，从 DDR2 的 1.8V 降落到 1.5V，性能更好、更为省电；DDR2 的 4 bit 预读升级为 8 bit 预读。DDR3 最高能够以 2400 MHz 的速度工作，由于最为快速的 DDR2 内存速度已经提升到 800 MHz/1066 MHz，因而首批 DDR3 内存模组将会从 800 MHz 的速度起跳。

DDR3 在 DDR2 基础上采用的新型设计如下。

(1) 8 bit 预取设计，而 DDR2 为 4 bit 预取，这样 DRAM 内核的频率只有接口频率的 1/8，DDR3 800 的核心工作频率只有 100 MHz。

(2) 采用点对点的拓扑架构，以减轻地址/命令与控制总线的负担。

(3) 采用 100 nm 以下的生产工艺，将工作电压从 1.8 V 降至 1.5 V，增加异步重置(Reset)与 ZQ 校准功能。

5. DDR4 时代

DDR4 内存有两种规格。其中使用 Single-ended Signaling 信号的 DDR4 内存其传输速率已经被确认为 1.6 G～3.2 Gb/s，而基于差分信号技术的 DDR4 内存其传输速率则达到 6.4 Gb/s。由于通过一个 DRAM 实现两种接口基本上是不可能的，因此 DDR4 内存同时存在基于传统 SE 信号和差分信号的两种规格产品。

4.5　内存的选购

如今市面上存在众多的内存品牌，而且价格相差很大。如果不太熟悉市场或内存产品，在购买时往往就不知道如何挑选。下面介绍选购内存时需要注意的一些基本问题。

1. 认清内存类型，确定平台是否支持

目前桌面平台所采用的内存主要为 DDR2、DDR3 和 DDR4 三种，其中 DDR3 和 DDR4 内存是目前的主流产品。DDR3 对 DDR2 的兼容性较好，其针脚、封装等关键特性不变，但金手指上的缺口位置不同，导致它们也不能互换使用，如图 4-2 所示。

由于三种类型的 DDR 内存之间从内存控制器到内存插槽都互不兼容，而且即使是在一些同时支持两种类型内存的主板上，两种规格的内存也不能同时工作，所以在选购内存之前，首先要确定好自己的主板支持的内存类型。

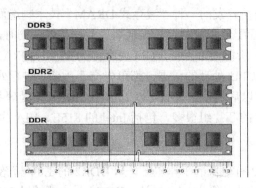

图 4-2　三代 DDR 内存缺口位置图

2. 选择合适的内存容量和频率

内存的容量大小不但影响内存价格，同时也影响整机系统性能。对于 Windows 7 系统没有 4 GB 左右的内存就不能保证操作的流畅度，8 GB 内存已很常见。

和 CPU 一样，内存也有自己的工作频率，频率以 MHz 为单位。内存主频越高，在一定程度上代表着内存所能达到的速度越快。内存主频决定着该内存最高能在什么样的频率下正常工作，目前最为主流的内存频率为 DDR3 1333 和 DDR4 2400。

3. 看产品做工是否精良

对于选择内存来说，最重要的是稳定性和性能，而内存的做工水平会直接影响到它的性能、稳定性以及超频能力。

内存颗粒是内存最重要的核心元件，它的好坏直接影响到内存的性能。所以在选购时，尽量选择大厂生产出来的内存颗粒。一般常见的内存颗粒厂商有三星、现代、美光等，采用这些顶级大厂内存颗粒的内存条的品质性能必然会比采用其他杂牌内存颗粒的产品要高。

内存 PCB 的作用是连接内存芯片引脚与主板信号线，因此其做工好坏直接关系到系统的稳定性。目前主流内存 PCB 层数一般是 6 层，这类电路板具有良好的电气性能，可以有效屏蔽信号干扰。而更优秀的高规格内存往往配备 8 层 PCB，以起到更好的效能。电路板的做工要求板面光洁，色泽均匀；元件焊接要求整齐划一，绝对不允许错位；焊点要均匀有光泽；金手指要光亮，不能有发白或发黑的现象；板上应该印刷有厂商的标识。常见的劣质内存经常是芯片标识模糊或混乱，电路板毛糙，金手指色泽晦暗，电容歪歪扭扭如手焊一般，焊点不干净利落。

4. 关注 SPD 隐藏信息

SPD 信息非常重要，它能够直观反映出内存的性能及体制。由于每个厂商都能对 SPD 进行随意修改，因此很多杂牌内存厂商会将 SPD 参数进行修改或者直接复制名牌产品的 SPD，但是一旦上机用软件检测就会显露原形。因此，在选购内存时，可用常用的 Everest、CPU-Z 等软件进行测试。不过需要注意的是，对于大品牌内存来说，SPD 参数是非常重要的，对于杂牌内存来说，SPD 的信息并不值得完全相信。

5. 小心假冒或返修产品

目前有一些内存可能使用了不同品牌、型号的内存颗粒，仔细观察就可以看出区别。同时，有些厂家也会采用 Remark 手段，然后再加印上新的编号参数，以次充好。不过仔细观察，就会发现打磨过的芯片会暗淡无光，有起毛的感觉，而且加印上的字迹模糊不清。有这些状况的一般都是假冒的内存产品，需要注意。

一般信誉好的经销商出现这种情况的可能性不大，而且可以做到售后有保障，出了问题容易解决。

4.6　回到工作场景

通过本章的学习，应该掌握内存的分类、工作原理和它的主要性能，以及内存的正确选配方法。下面回到 4.1 节介绍的工作场景中，完成工作任务。

【工作过程一】根据芯片组，确定内存类型

在第 2 章中，小钱选择了华硕 B360M 主板，该主板的芯片组为 Intel 芯片 B360，适用 CPU 接口 Intel 1151，其支持的内存插槽为 DDR4 2400 8 GB。

【工作过程二】考察内存参数，确定内存

表 4-3 给出了几种常见品牌内存的具体参数，供选购时参考。

表 4-3　几种内存的参数对比表

参　数	内　存				
	金士顿 (Kingston)骇客神条 Fury 系列 DDR4 2400 8 GB	美商海盗船 (USCORSAIR) 复仇者 LPX DDR4 2400 8 GB	威刚 (ADATA)DDR4 2400 8 GB	金泰克(Tigo)烈焰风暴系列 X3 DDR4 2400 8 GB	芝奇(G.SKILL)幻光戟系列 DDR4 3000 8 GB
同时期价格/元	699	669	599	599	729
内存容量 /GB	8	8	8	8	8
内存类型	DDR4	DDR4	DDR4	DDR4	DDR4
工作频率 /MHz	2400	2400	2400	2400	3000
内存电压/V	1.2	1.2	1.2	1.2	1.35
接口类型 /PIN	288	288	288	288	288
CL 值	15	15	16	16/17	16/18

从参数上来看，表 4-3 中几种内存相差不大，但金士顿内存品牌较强。此处，小钱选择

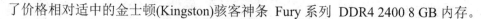

了价格相对适中的金士顿(Kingston)骇客神条 Fury 系列 DDR4 2400 8 GB 内存。

【工作过程三】CPU 外频与内存的工作频率匹配问题

在搭配 CPU 与内存时，要注意 CPU 的外频与内存的工作频率匹配问题。目前 DDR4 内存基本完全取代 DDR3 内存，DDR4 内存起始频率就达到了 2133 MHz，最高频率为 3200 MHz，最大支持 128 GB。DDR4 内存在带宽方面规格也明显比 DDR3 内存高，而影响内存性能的参数主要是容量和频率，因此相同容量的 DDR4 内存的性能(速度)比 DDR3 要好不少。

【工作过程四】内存选购经验小结

购买内存时，要注意以下几个问题。

其一，查看外表。要查看其外观，看它的做工，观看其表面是否光滑、整洁，金手指是否颜色鲜亮，富有光泽。还要观察内存条的颗粒，定位孔应该是发亮的，颗粒表面给人以磨砂的感觉，而且内存右侧应有 CRL 全国联保标签。

其二，核对主板。目前 DDR2 和 DDR3 已逐渐被淘汰，装机首选的基本上是 DDR4 内存，因为它的容量大、工作频率高。为了以后的升级着想，应选择高带宽的内存。

其三，要与 CPU 匹配。内存与 CPU 的匹配，主要是指内存的频率和 CPU 的外频相比较，同步或者异步。

4.7 工作实训营

4.7.1 训练实例

1. 训练内容

由于内存容量小，不能满足更多的任务同时完成，这样就需要购买大容量的内存来扩大其容量，加快计算机的速度。根据一些购买经验，买到一款新的内存后，安装内存条。

2. 训练目的

掌握台式机内存的安装方法与技巧。

3. 训练过程

不同类型计算机的内存条，其安装方式是不同的。以下介绍台式机上使用的内存条的安装过程。

(1) 将需要安装内存条的对应插槽两侧的塑胶夹脚(通常也称为"保险栓")往外侧扳动，使得内存条能够插入。

(2) 拿起内存条，将内存条引脚上的缺口对准内存插槽内的凸起；或者按照内存条的金手指边上标示的编号 1 的位置对准内存插槽中标示编号 1 的位置。

(3) 稍微用点力，垂直地将内存条插到内存插槽中并压紧，直到内存插槽两头的保险栓自动卡住内存条两侧的缺口。

4. 技术要点

(1) 内存条插槽的识别：内存条是插在主板上的内存插槽中的，虽然同为 240 针接触针脚，DDR4 模组上的卡槽与 DDR3 模组上的卡槽位置不同。两者的卡槽都位于插入侧，但 DDR4 卡槽的位置稍有差异，以便防止将模组安装到不兼容的主板或平台中。但是，两种内存不能同时启用。

(2) 调高虚拟内存：如果你的系统虚拟内存太低，可以用鼠标右击"计算机"图标，在弹出的快捷菜单中选择"属性"命令，打开"系统属性"对话框。在此对话框中切换到"高级"选项卡。在该选项卡内单击"性能"选项组中的"设置"按钮。在弹出的"性能选项"对话框中切换到"高级"选项卡，在该选项卡内单击"虚拟内存"选项组中的"更改"按钮，打开"虚拟内存"对话框。从中可以重新设置最大值和最小值，一般按物理内存的 1.5～2 倍来添加数值；同时还可以更改虚拟内存的存放位置，可以设置放到其他容量较大的硬盘分区，使系统虚拟内存有充足的空间，让系统运行更快。

4.7.2　工作实践常见问题解析

【常见问题 1】什么是虚拟内存？它有何作用？如何设置 Windows 10 的虚拟内存？

【回答】如果计算机缺少运行程序或操作所需的随机存取内存(RAM)，则 Windows 使用虚拟内存进行补偿。虚拟内存将计算机的 RAM 和硬盘上的临时空间组合在一起。当 RAM 运行速度缓慢时，虚拟内存将数据从 RAM 移动到称为"分页文件"的空间中。将数据移入与移出分页文件可以释放 RAM，以便完成工作。它的作用与物理内存基本相似，但它是作为物理内存的"后备力量"而存在的。但是，它并不是在只有物理内存不够用时才发挥作用，也就是说，在物理内存够用时也有可能使用虚拟内存，如果虚拟内存设置得过小，则系统会提示"虚拟内存不足"。

Windows 10 的虚拟内存的设置步骤如下：右击"计算机"图标，选择快捷菜单中的"属性"命令，在打开的"系统属性"对话框中切换到"高级"选项卡，单击"性能"选项组中的"设置"按钮。再在"性能选项"对话框中切换到"高级"选项卡。单击"虚拟内存"选项组中的"更改"按钮，在弹出的"虚拟内存"对话框中设置虚拟内存的大小及所在的磁盘，再单击"确定"按钮。最后，重启系统使设置生效。

【常见问题 2】计算机的内存和手机里的内存卡有何区别？

【回答】计算机的内存是 RAM，通电的时候存储，断电的时候清空，可以读写。手机里的内存卡类似于电脑的硬盘，只是工作方式不同，但是原理是一样的，都是存储数据，而且手机里的内存卡断电也不会消失，可以读写。

4.8　习题

一、填空题

1. 内存的实质是一组或多组_____的集成电路。

2. 从内存的工作原理来说，可以把它分为_____和_____。

二、选择题

1. 目前流行的内存容量是_____。

    A. 512 MB   B. 1 GB

    C. 4 GB   D. 160 GB

2. 内存的主要性能指标有_____。

    A. 存储容量、存取时间、奇偶校验、内存宽度

    B. 字长、容量、运行频率、CAS 延迟时间

    C. 转速、平均寻道时间、数据传输速率、缓存

    D. 主频、外频、高速缓存、工作电压

三、操作题

1. 将主机中的内存条拿出，说明其是何种内存条，并根据其标识说明其相关参数。

2. 将不同型号的内存条插到主板上，看主板支持哪一种接口类型的内存。

3. 用柔软的布擦拭内存条金手指上的灰尘。

第 5 章

外部存储器

本章要点

- 硬盘的工作原理和主要技术指标。
- CD-ROM 和 DVD-ROM。
- 移动硬盘和 U 盘。

技能目标

- 掌握外部存储器的结构,理解其工作原理。
- 了解各类外部存储器的主要技术参数,并合理选用。

5.1　工作场景导入

【工作场景】

小钱在选购主板、CPU、内存时，主要是从游戏的应用角度进行的。现在为满足存放高清电影的空间及游戏流畅度考虑，他要在销售经理推荐的西部数据蓝盘 2TB、希捷酷鱼 2TB、东芝 P300 2TB、金士顿 A400 系列 240GB、七彩虹 SL500 480GB 几款硬盘之间进行选购。

【引导问题】

(1)　如何选购一款合适的硬盘？
(2)　如何使用和保护常见的移动硬盘？

 ## 5.2　硬盘

1956 年 9 月，IBM 公司推出了第一块硬盘——IBM 350 RAMAC，给计算机技术带来了一场革命。1973 年，IBM 发明了采用温彻斯特技术的 Winchester 硬盘，使硬盘的发展有了正确的结构基础。从第一块硬盘到现在，硬盘存储系统的发展已经历了半个多世纪。

随着硬盘的容量从最初的 5 MB 发展到现在的几 TB，硬盘技术得到了飞速发展。虽然新的存储设备层出不穷，但硬盘以其容量大、体积小、速度快、价格便宜等优点，依然成为当今台式计算机最主要的外部存储设备。

5.2.1　硬盘的结构与分类

1．硬盘的结构

1)　硬盘的外部结构

硬盘的外部结构如图 5-1 所示。市场上的台式机硬盘除昆腾公司的 Bigfoot(大脚)系列为 5.25 英寸结构外，大多数都为 3.5 英寸产品，其中又有半高型和全高型之分。常用的 3.5 英寸硬盘的外形大同小异，在没有元件的一面贴有产品标签，标签上是一些与硬盘相关的内容。在硬盘的一端有电源插座、硬盘主从状态设置跳线和数据线连接插座。

(1)　数据接口、电源接口、跳线。数据接口、电源接口和跳线位于硬盘的同一个侧面，它们直接和硬盘电路板相连。数据接口通过数据线将硬盘和计算机主板连接起来，是硬盘和主板控制器之间进行传输交换的纽带。根据连接方式的差异，数据接口分为 IDE(PATA) 接口、SATA 接口、SCSI 接口等。电源接口则为硬盘提供工作电源。用户可以通过跳线将硬盘设置为主盘、从盘或安全模式等。

图 5-1　硬盘的外部结构

(2) 控制电路板。控制电路板大多采用贴片式元件焊接，包括主轴调速电路、磁头驱动与伺服定位电路、读写电路、控制与接口电路等。在电路板上还有一块高效的单片机 ROM 芯片，其固化的软件可以进行硬盘的初始化，执行加电和启动主轴电机，加电初始寻道、定位以及故障检测等。电路板上还安装有容量不等的高速缓存芯片。

(3) 固定盖板。固定盖板就是硬盘的面板，标注产品的型号、产地、设置数据等，和底板结合成一个密封的整体，保证硬盘盘片和机构的稳定运行。固定盖板和盘体侧面还设有安装孔，以方便安装。

2) 硬盘的内部结构

硬盘的内部结构如图 5-2 所示。硬盘内部由固定面板、控制电路板、盘头组件、接口及附件等几大部分组成，而盘头组件(Hard Disk Assembly，HDA)是构成硬盘的核心，封装在硬盘的净化腔体内，包括浮动磁头组件、磁头驱动机构、盘片和主轴组件、前置控制电路等。揭开外盖后的硬盘，结构一目了然。

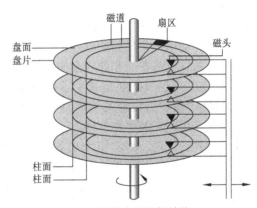

(a) 硬盘内部实物结构　　　　　　　　(b) 硬盘内部逻辑结构

图 5-2　硬盘的内部结构

(1) 浮动磁头组件。浮动磁头组件由读写磁头、传动手臂、传动轴三部分组成。磁头是硬盘技术最重要和关键的一环，实际上是集成工艺制成的多个磁头的组合，它采用了非接触式头、盘结构，加电后在高速旋转的磁盘表面飞行，飞高间隙只有 0.1～0.3 μm，可以获得极高的数据传输率。现在转速 7200 r/min 的硬盘飞高降低到 5nm 的级别，以利于读取较大的高信噪比信号，提供数据传输存储的可靠性。

(2) 磁头驱动机构。磁头驱动机构由音圈电机和磁头驱动小车组成，新型大容量硬盘还具有高效的防震动机构。高精度的轻型磁头驱动机构能够对磁头进行正确的驱动和定位，并在很短的时间内精确定位系统指令指定的磁道，保证数据读写的可靠性。

(3) 盘片和主轴组件。盘片是硬盘存储数据的载体，现在的盘片大都采用金属薄膜磁盘，这种金属薄膜较之软磁盘的不连续颗粒载体具有更高的记录密度，同时还具有高剩磁和高矫顽力的特点。主轴组件包括主轴部件，如轴瓦和驱动电机等。随着硬盘容量的扩大和速度的提高，主轴电机的速度也在不断提升，已有厂商开始采用精密机械工业的液态轴承电机技术。

(4) 前置控制电路。前置控制电路控制磁头感应的信号、主轴电机调速、磁头驱动和伺服定位等，由于磁头读取的信号微弱，将放大电路密封在腔体内可减少外来信号的干扰，提高操作指令的准确性。

2. 硬盘的分类

1) 按盘径大小分类

目前的硬盘产品，按内部的盘片尺寸可分为 5.25 英寸、3.5 英寸、2.5 英寸和 1.8 英寸几种，后两种常用于笔记本及部分袖珍精密仪器中。在台式机中使用最为广泛的是 3.5 英寸的硬盘。

2) 按安装的位置分类

按是否固定在计算机内部，硬盘可分为内置式硬盘与外置式硬盘(可移动硬盘)。

3) 按接口类型分类

按硬盘与计算机之间的数据接口，硬盘可分为 IDE 接口、SCSI 接口、SATA 接口等类型。

(1) IDE 接口。

IDE 又称 PATA 接口，是 Integrated Drive Electronics 的缩写，即电子集成驱动器。它的本意是指把硬盘控制器与盘体集成在一起的硬盘驱动器。把盘体与控制器集成在一起的好处是减少了硬盘接口的电缆数目和长度，使数据传输的可靠性得到了增强，制造更加容易，用户安装更加方便。

IDE(PATA)是并行接口，共有 40 个引脚，其中第 20 个引脚是空的，接口上框(标签面向上)有一个缺口，相应的硬盘数据线上有个凸起，用来标注连接数据线的方向，如图 5-3 所示。

图 5-3 IDE 接口

IDE(PATA)接口的数据线有两种，分别是 40 芯数据线和 80 芯数据线，其中 40 芯只适用于传输速率在 33 MB/s 以下的 IDE 驱动器，现在大多用于光驱。80 芯数据线适用于速率在 66 MB/s 以上的 IDE 驱动器，并且向下兼容。即 80 芯的同样可以适用 40 引脚的接口，原因是新增的都是地线，从而有效降低相邻信号线之间的电磁干扰。由于接口属性的固有原因，当前主流硬盘已不再采用该接口形式，取而代之的是 SATA 接口。

(2) SCSI 接口。

SCSI(Small Computer System Interface)即小型计算机系统接口(见图 5-4)，最早研制于

1979 年。作为一种专用接口，SCSI 有两大特点：一是可以驱动至少 6 个外部设备(SCSI-3 标准扩充为 32 个)；二是数据传输速率可达 40 MB/s(SCSI-3 标准达到 80 MB/s)。SCSI 广泛应用于硬盘、光驱与刻录机等设备上。它的优点主要表现在适应面广、多任务、宽带宽以及 CPU 占用少。但使用 SCSI 硬盘需要另外购买 SCSI 接口卡。SCSI 硬盘的价格比 IDE 硬盘高，主要用在网络服务器及高档计算机中。

(3)　SATA 接口。

SATA(见图 5-5)的全称是 Serial Advanced Technology Attachment，是由 Intel、IBM、Dell、APT、Maxtor 和 Seagate 公司共同提出的接口规范。

图 5-4　SCSI 接口

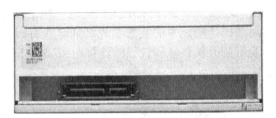

图 5-5　SATA 接口

SATA 是串行接口，逐渐取代了 IDE 接口规范，是当今计算机主流接口规范。主要原因是 IDE 接口的电缆属性、连接器和信号协议都已经达到了性能的极限，随着工作频率的提高，原来在低频下的 ATA 接口标准会受到交叉干扰、地线增多、信号混乱等因素的制约。SATA 接口标准不仅可以全面解决上述问题，而且数据传输率还有很大的提升空间，SATA 1.0 标准的数据传输率已经可达 150 MB/s，高于 ATA133 标准的 133 MB/s，后续版本按 150 MB/s 的倍数递增，从而为解决硬盘接口传输速度这一瓶颈打下了基础。现在的 SATA Revision 3.0 可在存储单元、磁盘驱动器、光学和磁带驱动器、主机总线适配器(HBA)之间提供 6 Gb/s 速度的链路速度，并保证新的网络性能水平。当然，6 Gb/s(750 MB/s)只是理论值，事实上 SATA 接口发送信息的速度为 600 MB/s，而受制于系统各部件的影响，实际速度会更低一些，而且不同环境下差异会很大。另外，由于 SATA 接口的硬盘数据线面积小，不会阻碍空气流动，因此有利于机箱内部的散热。

(4)　IEEE 1394 接口。

IEEE 1394 不是硬盘的专业接口，是为了增强外部多媒体设备与计算机连接性能而设计的高速串行总线，传输速率可以达到 400 Mb/s。利用 IEEE 1394 技术可以轻易地把计算机和摄像机、高速硬盘、音响设备等多媒体设备进行连接，可连接 63 个不同的设备。

新版的 IEEE 1394b 标准更是规定它的单信道带宽为 800 Mb/s，是原来的 IEEE 1394a 标准的两倍，IEEE 1394 接口标准具有即时数据传输(Real-Time Data Transfer)的特点，支持热插拔，驱动程序安装简易，数据传输速度快(IEEE 1394a 标准都可提供 400 Mb/s 的传输速率)，并且具备通用 I/O 连接头、点对点的通信架构，但技术成本较高，目前比较少见。

(5)　USB 接口。

USB(Universal Serial Bus)即"通用串行总线"，它是在 1994 年年底由 Compaq、IBM、Microsoft 等多家公司联合提出的。USB 是一种目前应用最为普遍的设备接口，不仅应用于硬盘驱动器，还用于 Modem(调制解调器)、打印机、扫描仪、数码相机等数码设备。

一个 USB 接口理论上可以连接 127 个 USB 设备,其中 USB 1.1 接口的最高传输速率可达 12 Mb/s,是串口的 100 多倍,USB 2.0 标准将 USB 带宽拓宽到了 480 Mb/s。USB 3.1 Gen2 是最新的 USB 规范,该规范由 Intel 等公司发起。数据传输速率可至 10 Gb/s,兼容现有 USB 3.0、USB 2.0 产品。

USB 接口具有价格低廉、连接简单快捷、兼容性强、良好的扩展性、支持即插即用、支持热插拔、高传输速率等优点。

(6) Fibre Channel 接口。

Fibre Channel 的中文名为"光纤通道"。以前它是专为网络设计的,常见于高档交换机、网卡中,但随着存储器对高带宽的需求,现在慢慢移植到存储系统上来了。光纤通道通常用于连接一个 SCSI RAID(或其他一些比较常用的 RAID 类型),以满足高端工作或服务器对高数据传输速率的要求。光纤通道具有极高的带宽(通常只有 1.06 Gb/s 以上的理论带宽)、良好的升级性能和较长的连接距离(光纤长度可以超过 10 km)等优点。但光纤通道的价格非常昂贵,并且组建复杂。

5.2.2　硬盘的工作原理

概括地说,硬盘的工作原理是利用特定的磁粒子的极性来记录数据。磁头在读取数据时,将磁粒子的不同极性转换成不同的电脉冲信号,再利用数据转换器将这些原始信号变成计算机可以使用的数据,写的操作正好与此相反。另外,硬盘中还有一个存储缓冲区,这是为了协调硬盘与主机在数据处理速度上的差异而设的。由于硬盘的结构比软盘复杂得多,所以它的格式化工作也比软盘要复杂,分为低级格式化、硬盘分区、高级格式化并建立文件管理系统。

硬盘驱动器加电正常工作后,利用控制电路中的单片机初始化模块进行初始化工作,此时磁头置于盘片中心位置。初始化完成后,主轴电机将启动并高速旋转,装载磁头的小车机构移动,将浮动磁头置于盘片表面的 0 磁道,处于等待指令的启动状态。当接口电路接收到微机系统传来的指令信号时,便通过前置放大控制电路,驱动音圈电机发出磁信号,根据感应阻值变化的磁头对盘片数据信息进行正确定位,并将接收后的数据信息解码,通过放大控制电路传输到接口电路,反馈给主机系统完成指令操作。断电状态时,在反力矩弹簧的作用下浮动磁头驻留到盘面中心。

盘片的每个记录表面都设有一个读写磁头,整个磁头组件由相应的驱动机构带动,可沿径向移动。硬盘与软盘一样,盘片上记录信息的圆形轨迹称为磁道。每个磁道分为多个扇区,由于硬盘由多个盘片构成,因此各个盘片上半径相同的所有磁道处于同一个圆柱面上,从而引进了硬盘柱面的概念。

硬盘系统在记录信息时将自动优先使用同一个或者最靠近的柱面,因为这样磁头组件的移动最少,既有利于提高读/写速度,也可减少运动机构的磨损。在硬盘中磁道进一步划分为扇区,每一扇区是 512 字节,这一点与软盘相同。

5.2.3　硬盘的主要技术指标

硬盘和内存不同,在计算机断电之后,其存储的内容在一般情况下可以长期保存,所以说它们才是计算机真正的存储部件。硬盘的性能参数和技术术语很多，如容量、磁头数、磁头形式、柱面数、扇区、盘片数、转速、缓冲区、S.M.A.R.T 支持、平均寻道时间等。下面就介绍其中一些主要的技术指标。

1. 硬盘容量

硬盘内部往往有多个叠起来的磁盘片，所以说硬盘容量=单碟容量×碟片数，单位为 GB。硬盘容量当然是越大越好，可以装下更多的数据。要特别说明的是，单碟容量对硬盘的性能也有一定的影响：单碟容量越大，硬盘的密度越高，磁头在相同时间内可以读取到更多的信息，这就意味着读取速度得以提高。目前市场上主流机械硬盘的容量为 1 TB、2 TB 和 3 TB 等，固态硬盘容量为 240 GB、320 GB、500 GB 等。

2. 转速

硬盘转速(Rotation Speed)是指硬盘盘片每分钟转动的圈数，单位为 rmp，即转每分钟，对硬盘的数据传输率有直接的影响。从理论上说，转速越快越好，因为较高的转速可缩短硬盘的平均寻道时间和实际读写时间，从而提高在硬盘上的读写速度；可任何事物都有两面性，在转速提高的同时，硬盘的发热量也会增加，它的稳定性就会有一定程度的降低。所以应该在技术成熟的情况下，尽量选用高转速的硬盘。

个人计算机上的硬盘转速一般是 7200 rmp。由于服务器对硬盘性能要求最高，服务器中使用的 SCSI 硬盘转速一般为 10000 rmp，甚至高达 15000 rmp。

3. 缓存

一般硬盘的平均访问时间为十几毫秒，但 RAM(内存)的速度要比硬盘快几百倍。所以 RAM 通常会花大量的时间去等待硬盘读出数据，从而使 CPU 效率下降。于是，人们采用了高速缓冲存储器(又叫高速缓存)技术来解决这个矛盾。缓存是衡量一块硬盘的重要标准，一般缓存越大，硬盘性能越好。缓存单位为 MB，硬盘上的缓存大小有 8 MB、16 MB 等种类。现在市场上主流硬盘的缓存为 32 MB 或 64 MB 甚至更大。

缓存的作用主要体现在以下三个方面。

(1) 预读。在一般情况下，计算机在读取数据时，至少有 50%的读取操作是连续的。预读相当于硬盘"私自"扩大读取范围，在缓冲区向主机发送指定扇区数据之后，磁头接着读取相邻的若干扇区数据并送入缓冲区，如果后面的数据操作正好是已经预读的相邻扇区，则直接从缓存读取，不需要磁头寻址，从而提高了计算机的访问速度。

(2) 写缓存。一般情况下，在执行写操作时，要先将数据写入缓冲区再发送到磁头，当磁头写入完毕后再报告主机写完毕，主机才能处理下一个任务。但是具有写缓存的硬盘在数据写入缓冲区后立即向主机报告写完毕，让主机提前处理其他任务，主机不用等待剩下的磁头写入操作，从而提高了效率。

(3) 读缓存。将读取的数据暂时存放在缓冲区中，如果主机再次需要访问，可直接从缓存中读取，加快数据读取速度。

4. 平均寻道时间

平均寻道时间(Average Seek Time)是指读取数据时的寻道时间，单位为毫秒(ms)。它是指硬盘接到读取命令后，磁头移动到指定磁道上方所需时间的平均值。同时还有道间寻道时间和全程寻道时间。

道间寻道时间是指磁头从当前磁道上方移动到相邻磁道上方所需的时间。

全程寻道时间是指磁头从最外圈磁道上方移动到最内圈磁道上方，或从最内圈磁道上方移动到最外圈磁道上方所需的时间。

平均寻道时间是其中最重要的参数，它与磁头的移动速度有关，与硬盘转速无关。目前硬盘平均寻道时间通常为 7.5～14 ms。平均寻道时间越短，硬盘性能越好。

5. 平均潜伏期

平均潜伏期(Average Latency Time)是指当磁头移动到扇区所在的磁道后，等待所要访问的扇区块继续转动到磁头下的时间。它一般是盘片旋转一周所需时间的一半。盘片转速越快，平均潜伏期越短。相同转速的硬盘其平均潜伏期相同。例如，对于 7200 rmp 的硬盘，1 min=60000 ms，60000/7200=8.33 ms，所以平均潜伏期为 8.33/2=4.17 ms。

6. 平均访问时间

平均访问时间(Average Access Time)指磁头找到指定数据的平均时间，通常是平均寻道时间和平均潜伏期之和。平均访问时间最能够代表硬盘找到某一数据所用的时间，平均访问时间越短越好，一般为 11～18 ms。注意：现在不少硬盘广告中所说的平均访问时间大部分都是用平均寻道时间所代替的。

7. 数据传输率

数据传输率(Data Transfer Rate)也称吞吐率，它表示在磁头定位后，硬盘读或写数据的速度。硬盘的数据传输率有以下两个指标。

(1) 突发数据传输率(Burst Data Transfer Rate)，也称为外部传输率(External Transfer Rate)或接口传输率，即微机系统总线与硬盘缓冲区之间的数据传输率，也就是计算机通过硬盘接口从缓存中将数据读出交给相应的控制器的速率。突发数据传输率与硬盘接口类型和硬盘缓冲区容量大小有关。平常硬盘所采用的ATA100、ATA133、SATA Revision 3.0 等接口，就是以硬盘在理论上的最大外部数据传输率来表示的。ATA100 中的 100 就代表着这块硬盘的外部数据传输率的最大理论值是 100 MB/s；ATA133 则代表外部数据传输率的最大理论值是 133 MB/s；而 SATA 接口的硬盘外部数据传输率的最大理论值可达 150 MB/s；SATA Revision 3.0 则代表外部数据传输率的最大理论值是 750 MB/s。这些只是硬盘理论上最大的外部数据传输率，在实际的日常工作中是无法达到这个数值的。

(2) 持续传输率(Sustained Transfer Rate)，也称为内部传输率(Internal Transfer Rate)，是指硬盘磁头与缓存之间的数据传输率，即是硬盘将数据从盘片上读取出来，然后存储在缓存内的速度。内部传输率可以明确地表现出硬盘的读写速度，它的高低才是评价一个硬盘整体性能的决定性因素，因为它是衡量硬盘性能的真正标准。有效地提高硬盘的内部传输率才能对磁盘子系统的性能有最直接、最明显的提升。目前各硬盘生产厂家努力提高硬盘的内部传输率，除了改进信号处理技术、提高转速以外，最主要的就是不断地提高单碟容量，以提高线性密度。由于单碟容量越大的硬盘线性密度越高，磁头的寻道频率与移动距离可以相应减少，从而减少了平均寻道时间，内部传输率也就提高了。虽然硬盘技术发展得很快，但内部传输率还是在一个比较低(相对)的层次上，内部数据传输率低已经成为硬盘性能的最大瓶颈。目前主流的家用级硬盘，内部数据传输率基本上还停留在 150 MB/s 左右，而且连续工作时，该数据会降到更低。

8．发热量

数据的连续读写会使硬盘产生热量，硬盘发热量的大小对于硬盘的使用寿命也有一定影响，一般电子元件在达到限定温度后就会产生不良影响，出现不稳定情况。硬盘工作时产生的热量过高将影响磁头的数据读取灵敏度，因此硬盘工作表面温度较低时有更好的数据读写稳定性。

5.2.4 SCSI 系统简介

SCSI 的全名是 Small Computer System Interface，直译是"小型计算机系统专用接口"。顾名思义，这是为小型计算机设计的扩充接口，它可以让计算机加装其他外部设备以提高系统性能或增加新的功能，如硬盘、光驱、扫描仪等。由于其性能好，所以在服务器上普遍采用此类硬盘产品，但同时它的价格不菲，所以在普通 PC 上不常看到 SCSI 的踪影。

SCSI 的特点如下。

(1) 最多可连接 7 部 SCSI 外围设备。

SCSI 卡共有 8 个设备编号，但 SCSI 接口卡本身必须占用 1 个，因此真正可用来串接设备的只有 7 个。

(2) 具备多任务输出/输入数据的能力。

SCSI 与一般接口主要的不同点之一就是 SCSI 设备在准备传输数据的空闲(尚未真正开始利用通道传送数据或中途需停下来传输操作以进行其他运算)时，别的外设可以趁机先插队。如此可完全运用通道，减少通道空置不用的时间，充分发挥系统的性能。

(3) 多任务模式。

在此模式下，相同时间可以完成更多工作，且通道的使用率完全不浪费。

(4) 非多任务模式。

在此模式下，每件工作必须等前一件完成才可以开始，不仅效率低，且通道大部分时间都空闲着。

(5) 可同步传输数据。

数据实际传输的方式有异步(Asynchronous)与同步(Synchronous)之分。所谓异步就是来源端要传数据时，需先通知目的端"我要传数据了，请准备"，等收到目的端的回应"好了，可以开始了"之后，才开始传送数据到通道上；而同步则可先直接传送数据，省去等待确认的过程，所以速度会比较快。

5.2.5 选购硬盘

1．需求与市场分析

购买硬盘前要了解一下市场上的动向，知道主流硬盘的一些性能参数和硬盘主要生产厂家及其售后服务等情况。然后分析自己的需求，根据预算决定应该买多大容量的硬盘。考虑到现在计算机的操作系统、应用软件、游戏、影视、音乐占用空间越来越大，推荐选择 2 TB 以上的机械硬盘，或 320 GB 的固态硬盘。

确定了容量之后，就要考虑硬盘的速度。商家一般喜欢用高速和低速来区分同等容量、不同速度的硬盘，但他们所说的往往是硬盘的转速，这不是选择硬盘的唯一因素。在转速方面推荐选择 7200 rmp 的硬盘。

2. 单碟容量

硬盘是由盘片组成的，单碟容量是其中一张盘片上、下两面的容量。单碟容量越大，就越有利于数据的寻找。同样的容量，在一张盘上去寻找数据肯定比在两张盘上找要快，所以推荐选择单碟容量大的硬盘。

3. 缓存大小

缓存是决定硬盘性能的一个重要指标，缓存越大，硬盘性能越好。推荐选择缓存为 64 MB 的硬盘，也可根据市场动向选择主流缓存的硬盘。

4. 外部数据传输率

内部数据传输率是硬盘速率的瓶颈，目前在这方面仍没有好的解决方案，各厂家区别不大，所以选择硬盘时可以不予考虑，只需要考虑硬盘的外部数据传输率即可，而外部数据传输率取决于硬盘的接口方式，推荐选择 SATA3 接口的硬盘。

另外还有平均寻道时间(越小越好)、平均无故障时间(越大越好)等参数。关于噪声和发热量可以查阅相关的评测报告。

5. 怎样识别正品硬盘

硬盘中也有水货，水货是没有经过厂商正式授权的厂商进口或是私人从国外带回的产品，有一部分是走私品。水货在价格上比正品要低一些，若购买时发现报价比媒体上的报价低很多的话，需要注意。

另外就是保修问题，正品硬盘的保修一般是三个月包换，一年保修。好的厂商甚至实行全国联保，一年包换，三年保修。水货产品，其承诺保修期可能不同。

若要购买正品硬盘，就要注意以下两点。

(1) 购买地点。应到信誉好的商家购买，最好是经过总代理商授权的商家，购买时最好问清楚。

(2) 产品包装。由于水货是国外进口的产品，因此其包装盒基本是该产品所在国的语言文字。而正品的代理商一般把包装换成中文包装，产品上会标注"限中国境内销售"字样。

5.3 光盘驱动器

我们经常要与各种光盘打交道，这就离不开光盘驱动器(简称光驱)。光盘包括 CD-ROM、DVD-ROM、CD-RW、DVD-RW 等，用户可以根据需要进行选择。

5.3.1 CD-ROM

CD-ROM 称为光盘只读存储器，是一种能够存储大量数据的外部存储媒体。一张压缩光盘的直径大约是 4.5 英寸，1/8 英寸厚，能容纳约 660 MB 的数据。识别光盘的设备称为光驱，如图 5-6 所示。按下光驱前面板右边的按钮，就可以打开光驱。光驱上有 CD 立体声插孔，可输出 CD 音乐，在播放音乐光盘时可以从这里通过耳机或者音响播放；播放 VCD 时，从这里听不到声音。光驱上还有调节音量和控制播放的按钮，以及光驱指示灯。

CD-ROM 驱动器的速率以"X 倍速"表示，其速率的标准有 2 倍速、4 倍速、8 倍速等，目前可达到 52 倍速。随着技术的发展，已出现了数字多功能磁盘(DVD)，它的存储容量更大，现已达到 9.4 GB，甚至更高，而且图像清晰度更好，高保真效果也很好。

图 5-6　光盘和光驱

CD-ROM 光盘由聚碳酸酯做成，中心带有直径 15 mm 的孔洞。在盘基上浇铸了一个螺旋状的物理磁道，从光盘的内部一直螺旋到最外圈。磁道内部排列着一个个蚀刻的"凹陷"，由这些"凹坑"和"平地"构成了存储的数据信息。由于读光盘的激光会穿过塑料层，因此需要在其上面覆盖一层金属反射层(通常为铝合金)使它可以反射光，然后再在铝合金层上覆盖一层丙烯酸的保护层。

需要注意的是，CD-ROM 光盘的表面变脏和划伤时都会降低其可读性。尽管光盘是从下方读取的，还是应该尽量避免使用圆珠笔之类的硬制笔在光盘正面写字，这样容易划伤保护层下的数据层。

5.3.2 DVD-ROM

DVD-ROM 就是 DVD 光驱，如图 5-7 所示。它是一种可以读取 DVD 碟片的光驱，除了兼容 DVD-ROM、DVD-VIDEO、DVD-R、CD-ROM 等常见的格式外，对于 CD-R/RW、CD-I、VIDEO-CD、CD-G 等都能很好地支持。

DVD-ROM 盘片即 DVD Read Only Memory 只读盘，是存储电脑资料的只读光盘，用途类似 CD-ROM，也就是 CD-ROM 光盘的换代产品。任何数据信息都可以存放在 DVD-ROM 光盘上，如电子出版物、多媒体软件以及电脑游戏等。DVD 光盘的大容量特性为软件创作者提供了巨大的想象空间和施展才能的舞台，可以利用它开发出更加丰富多彩的节目。利用其大容量的特点来存放多媒体数据信息，将会给多媒体带来巨大的发展前景。用它来存储游戏，可在游戏中融入更多的情节及场景来增强虚拟现实的真实性。

图 5-7　DVD-ROM 光驱

由于 DVD 光盘依记录方式区分有单面单/双层与双面单/双层的规格，所以依照规格的不同，会有不同的容量。根据容量的不同，可将 DVD 分成四种规格，分别是 DVD-5、DVD-9、DVD-10 与 DVD-18。目前市面上比较常见的是 DVD-5 和 DVD-9 盘片，DVD-10 和 DVD-18 盘片则要过一段时间才会大量上市。因为后者(双层 DVD)涉及盘片换面的工作，而且容量也太大，毕竟目前还很少有这么大的容量需求。

5.3.3　光盘驱动器的基本工作原理

光盘驱动器(光驱)是一个结合光学、机械及电子技术的产品。在光学和电子结合方面，激光光源来自一个激光二极管，它可以产生波长为 0.54～0.68 μm 的光束，经过处理后光束更集中且能精确控制。光束首先打在光盘上，再由光盘反射回来，经过光检测器捕获信号。

光盘上有两种状态，即凹点和空白，它们的反射信号相反，很容易经过光检测器进行识别。检测器所得到的信息只是光盘上凹凸点的排列方式，驱动器中有专门的部件对其转换并进行校验，然后才得到实际数据。光盘在光驱中高速转动，激光头在伺服电机的控制下前后移动读取数据。

5.3.4　光盘驱动器的主要技术指标

性能参数是生产厂商在产品推出过程中的标称值，包括接口类型、数据传输率、平均寻道时间、内部数据缓冲、多种光盘格式支持等。

1. 接口类型

CD-ROM 的接口方式有两种：IDE 接口和 SATA 接口。SATA 是 Serial ATA 的缩写，即串行 ATA。它是一种电脑总线，主要功能是用作主板和大量存储设备(如硬盘及光盘驱动器)之间的数据传输之用，已成为主流。

2. 速度和读取方式

我们平常所说的 50 倍速、52 倍速，指的是光驱的读取速度。在制定 CD-ROM 标准时，把 150 KB/s 的传输率定为标准，即一倍速。现在说的速度都是以这个为基准的，所以 50X 的 CD-ROM 的传输率为 150×50=7500 KB/s。但由于数据读取方式的限制，高倍速光驱并不能总是运行在其标称的速度下，只是在读取某一位置时达到最大的数据传输率。为了获得较高的数据传输率，当前高倍速光驱多采用 CAV 和 PCAV 的数据读取技术。

CAV(Constant Angular Velocity，恒定角速度)技术采用始终恒定的马达速度读取光盘数据，使其外圈的数据传输率大大提高，缩短了平均寻道时间。高倍速光驱的标称值如 32X，是指 CAV 技术所能达到的数据传输率为 32 倍速，即 4800 KB/s。PCAV(Partial-CAV，部分恒定角速度)技术则是早期低速(12 倍速以下)光驱采用的 CLV(Constant Linear Velocity，恒定线速度)技术和 CAV 技术的结合，读取内圈数据时采用 CLV 方式，而当马达达到一定速度向外圈读取时，采用 CAV 方式达到最大的速度，保持内外圈数据读取的稳定性和改善其随机寻道时间。如今 24X 以上的光驱都普遍采用 CAV 和 PCAV 的数据读取方式，平均寻道时间都小于 90 ms。

3. 容错能力

任何光驱的性能指标中都没有标出容错能力的参数，但这却是一个实在的光驱评判标准。在高倍速光驱设计中，高速旋转的马达使激光头在读取数据的准确定位性上相对于低倍速光驱要逊色许多，同时劣质的光盘更增加了对光驱容错能力的需求，因而许多厂家都加强了对容错能力的设计。其中，中国台湾光驱产品的读取能力相对而言要好于日本、韩国等的产品，但在性能上却是良莠不齐。一些小厂家只是单纯加大激光头的发射功率，初期使用时读盘容错能力非常好，但在两三个月之后，其容错性能将明显下降。而名牌大厂通常以提高光驱的整体性能为出发点，采用先进的机芯电路设计，改善数据读取过程中的准确性和稳定性，或者根据光盘数据类型自动调整读取速度，以达到容错纠错的目的。因此在选择光驱时除了要有较好的容错能力外，还要注意其整体性能的优良。必须注意的是，为了保证数据读取的严密性，光驱产品不可能具有同 VCD 影碟机一样的超强纠错能力，两者设计的出发点和使用目的都不相同。

4. 缓存和格式支持

光驱本身所带的缓存在一定程度上能够提高数据传输速率，理论上缓存越大速度越快，如三星系列光驱的数据缓存已达到 512 KB。但是影响光驱性能的原因很多，因而多数产品仍使用 128 KB 和 256 KB 的缓存。另外随着可擦写光盘驱动器的普及，对包括 CD-R/RW 盘片在内的多种光盘类型的支持也显得非常重要，这无疑扩大了光驱作为多媒体部件的使用范围。

5. 其他

光驱高速旋转的主轴马达带来的震动、噪声、发热对光盘有一定的影响，选择有防震机构、静噪性能的产品对光驱和光盘都有好处。另外，具备高速音轨捕捉的光驱产品，借助软件可以直接在 CD 上抓取高效压缩、音质纯正的 MP3 数字音乐文件。

5.4 移动存储设备

移动存储设备很早以前就有了，例如软盘和光盘，但现在软盘已经被淘汰了，光盘已在 5.3 节中进行了详细说明，所以这里不再赘述。下面将对迅速发展起来的 USB 接口的移动硬盘、U 盘和闪存卡进行详细介绍。

5.4.1 USB 移动硬盘

1. 认识移动硬盘

移动硬盘相对于其他移动存储设备来说，最大的好处就是容量大，可以在不同地点间快速转移和共享大容量文件。目前市面上的移动硬盘产品的种类众多，不同品牌、不同接口的移动硬盘在价格上都有差异。

图 5-8 所示为一款某品牌的移动硬盘，两侧设计有散热装置，采用强化抗震及防尘防滑设计，其正面有一个信号指示灯，在进行数据传输时会闪动提示；尾部则带有一个 USB 接口，同时还有一个 5 V 的 PS/2 接头电源接口，支持 320 GB～8 TB 的容量，适用于安装了 Windows 7/Windows 10 等各主流操作系统的各种 PC、工控机、服务器等，无须专门安装驱动程序。

图 5-8　移动硬盘

2. 移动硬盘的使用

USB 移动硬盘最大的一个特点就是使用方便，且完全支持 USB 标准，提供带电热插拔，无须关机，即插即用；二是它的全面免安装驱动设计，只要把它的 USB 线缆与计算机的 USB 接口进行连接，计算机就会自动识别出硬盘并显示一个移动硬盘的盘符，不用设置便可以进行操作。

5.4.2 U 盘

USB Flash Disk(闪盘或优盘)是采用闪存(Flash Memory)作为存储器的移动存储设备。由于掉电后能保持存储的数据不丢失，因此成为移动存储设备的理想选择。

1. 认识 U 盘

U 盘具有以下特点。
(1) 不需要驱动器，无外接电源。
(2) 容量大(2 GB～1 TB)。
(3) 体积小，重量轻。
(4) 使用简便，即插即用，带电插拔。
(5) 存取速度快，约为软盘速度的 20 倍。

(6)　可靠性好，可擦写达 100 万次，数据至少可保存 10 年。

(7)　抗震，防潮，耐高、低温，携带十分方便。

(8)　USB 接口，带写保护功能。

(9)　掉电后数据不丢失。

图 5-9 所示为一款金士顿 DataTraveler(逸盘)，其最大的特色就是时尚亮丽，活泼可人。除了外形亮丽，以内功为长的金士顿更是在产品设计上下足了功夫。

(a) 正面　　　　　　　　　　　　　　　　　　　(b) 背面

图 5-9　金士顿 U 盘

2. U 盘的使用方法

U 盘的使用非常简单方便，任何支持 Windows 2008/Windows 7 /Windows 10/Linux /Mac OS 和 USB 的电脑，都可以使用 U 盘。步骤如下：先将 U 盘插到电脑的 USB 接口上；接着系统将自动识别并产生一个可移动磁盘，然后就可以像使用硬盘一样使用 U 盘了。

3. 利用 U 盘制作启动盘的方法

(1)　制作前准备及注意事项。

①　下载一键 U 盘装系统软件：下载时注意：电脑内存不能小于 512 MB；U 盘的容量最好不小于 1 GB)。

②　准备要安装的 GHOST 系统，如果你没有系统，可在百度上根据自己的需求(Windows 7/Windows 8/Windows XP 等)搜索下载。

(2)　安装一键 U 盘装系统软件制作启动盘(注意：是把软件安装在你的电脑中任意一个盘中，不是安装在 U 盘中)。

(3)　安装完成后，双击打开一键 U 盘装系统工具，界面如图 5-10 所示，插入移动存储设备，单击"一键制作 USB 启动盘"按钮后，便开始制作启动盘(注意：操作前备份 U 盘重要数据)。

图 5-10　一键 U 盘装系统界面

(4) 等待片刻提示制作成功, 如图 5-11 所示。

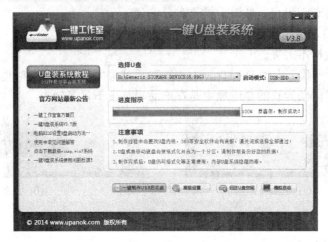

图 5-11　提示制作成功界面

注意: 由于 U 盘系统文件隐藏, 打开 U 盘后会发现里面没有什么文件。请不要担心此时没有制作成功。你也可以单击软件界面上的"模拟启动"按钮进行测试是否成功。如果出现图 5-12 所示界面, 说明制作成功。

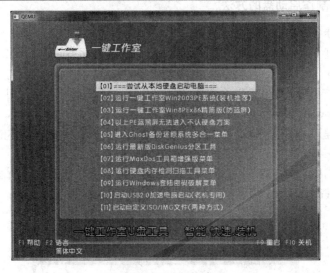

图 5-12　测试制作成功

5.4.3　闪存卡

闪存卡(Flash Card)是利用闪存(Flash Memory)技术达到存储电子信息的存储器, 一般应用在数码相机、掌上电脑、MP3 等小型数码产品中作为存储介质, 所以样子小巧, 犹如一张卡片, 所以称之为闪存卡。根据不同的生产厂商和不同的应用, 闪存卡曾经出现过 Smart Media(SM 卡)、Compact Flash(CF 卡)、Multi Media Card(MMC 卡)、Secure Digital(SD 卡)、Memory Stick(记忆棒)、XD-Picture Card(XD 卡)和微硬盘(Micro Drive)。随着技术的发展,目前市场主流为 Micro SD 卡和 SD 卡。

1. Micro SD 卡

Micro SD Card，原名 Trans-Flash Card(TF 卡)，2004 年正式更名为 Micro SD Card，由 SanDisk(闪迪)公司发明，主要用于移动电话。

Micro SD 卡是一种极细小的快闪存储器卡，其格式源自 SanDisk 创造，原本这种记忆卡被称为 T-Flash，之后改称为 Trans Flash；而重新命名为 Micro SD 的原因是被 SD 协会(SDA)采用。另一些被 SDA 采用的记忆卡包括 Mini SD 和 SD 卡。其主要应用于移动电话，但因它的体积微小和储存容量的不断提高，已经使用于 GPS 设备、便携式音乐播放器和一些快闪存储器盘中。它的体积为 15mm × 11mm × 1mm，差不多相等于手指甲的大小，是现时最细小的记忆卡。它也能通过 SD 转接卡来接驳于 SD 卡插槽中使用。现时 Micro SD 卡提供 128 MB、256 MB、512 MB、1 GB、2 GB、4 GB、8 GB、16 GB、32 GB、64 GB、128 GB 的容量(MWC 2014 世界移动通信大会期间，SanDisk 打破了储存卡最高 64 GB 容量的传统，正式发布了一款容量高达 128 GB 的 Micro SD XC 储存卡)。

2. SD 卡

SD 卡(Secure Digital Memory Card)是一种基于半导体快闪记忆器的新一代记忆设备。SD 卡由日本松下、东芝及美国 SanDisk 公司于 1999 年 8 月共同开发研制。其大小犹如一张邮票的 SD 记忆卡，重量只有 2 克，但拥有高记忆容量、快速数据传输率、极大的移动灵活性以及很好的安全性。SD 卡在 24mm×32mm×2.1mm 的体积内，结合了 SanDisk 快闪记忆卡控制与 MLC(Multilevel Cell)技术和 Toshiba(东芝)0.16 μm 及 0.13 μm 的 NAND 技术，通过 9 针的接口界面与专门的驱动器相连接，不需要额外的电源来保持其上记忆的信息。它是一体化固体介质，没有任何移动部分，所以不用担心机械运动的损坏。

SD 卡容量目前有 3 个级别，那就是 SD、SDHC 和 SDXC。

SD 容量有 8 MB、16 MB、32 MB、64 MB、128 MB、256 MB、512 MB、1 GB、2 GB 种类。

SDHC 容量有 2 GB、4 GB、8 GB、16 GB、32 GB 种类。

SDXC 容量有 32 GB、48 GB、64 GB、128 GB、256 GB、512 GB、1 TB、2 TB 种类。

5.5　回到工作场景

通过本章的学习，应该掌握硬盘和光盘的工作原理和主要技术指标，熟悉移动硬盘和 U 盘的使用。下面回到 5.1 节介绍的工作场景中，完成工作任务。

【工作过程一】分析传统硬盘与固态硬盘的特点

5.1 节介绍的工作场景中的几款硬盘，实际上分为两类。前三种为传统的硬盘，即温盘；后两种为新型硬盘，即固态硬盘 SSD。传统硬盘技术成熟、容量大、价格低，但由于采用机械部件，故数据传输速度慢，数据安全性不高，抗震性差，噪声大；而固态硬盘是使用闪存颗粒(即目前的内存、MP3、U 盘等存储介质)制作而成，所以内部不存在任何机械部件，在发生碰撞和震荡时能够将数据丢失的可能性降低到最小。和常规硬盘相比，固态硬盘具有抗震动、低功耗、无噪声、低热量的特点。这些特点不仅使得数据能更加安全地被保存，而且也延长了靠电磁供电的设备的连续运转时间。但SSD的容量小，价格高。

【工作过程二】根据需求，选购硬盘

各款硬盘的参数比较如表5-1所示。

表5-1　硬盘参数表

参　数	硬　盘				
	西部数据(WD) 蓝盘2 TB	希捷(Seagate) 酷鱼系列2 TB 7200	东芝(Toshiba) P300系列 2 TB 7200转	金士顿 (Kingston)A 400系列	七彩虹 (Colorful) SL500
类型	普通硬盘	普通硬盘	普通硬盘	固态硬盘	固态硬盘
同时期价格/元	369	399	399	459	599
容量	2 TB	2 TB	2 TB	240 GB	480 GB
接口	SATA 6Gb/s	SATA3	SATA3	SATA Rev. 3.0	SATA3.0
转速/rpm	5400	7200	7200	—	—
缓存/MB	64	64	64	—	—
规格/英寸	3.5	—	3.5	—	—
适用系统	台式机/ 一体电脑	台式机/ 一体电脑	台式机	台式机/ 笔记本	台式机/ 笔记本

现在的传统硬盘技术比较成熟，相同容量的硬盘价格、性能等参数相差都不大。根据小钱的需求及预算，此处推荐他选择希捷(Seagate)酷鱼系列2 TB 7200硬盘。2 TB的大容量为保存高清电影解除了后顾之忧，另外为了游戏更加流畅建议加装一块320 GB的固态硬盘。

【工作过程三】选购硬盘小结

硬盘选购应从容量、速度、接口、稳定性、缓存大小、售后服务等多方面考虑。容量是硬盘最为直观的参数，也是我们最为关注的焦点。硬盘的转速对计算机整体性能的提高是息息相关的，更高的主轴速率可以缩短硬盘的寻道时间并提高数据传输速率。现在7200 rpm的硬盘是主流，在性能方面，7200 rpm比5400 rpm有着明显的提升，而在价格方面前者并不比后者贵多少，因此7200 rpm的硬盘是目前最合适的选择。SATA接口的硬盘依旧是市场的主流。硬盘的容量增大了，转速加快了，稳定性的问题就尤其重要。选购硬盘之前要多参考一些权威机构的测试数据。缓存容量的大小与转速一样，与硬盘的性能有着密切的关系，大容量的缓存对硬盘性能的提高有着明显的帮助。另外，无论购买哪一款商品，售后服务一定要多加留意。硬盘由于读写操作比较频繁，是比较容易出现故障的计算机部件，所以保修问题更加突出。当然，在考虑这些问题的同时，价格是至关重要的一个方面。

5.6　工作实训营

5.6.1　训练实例

1．训练内容

购买一款新的硬盘，在使用前，测试它的性能。

2．训练目的

掌握使用测试工具测试硬盘的相关性能参数的方法。

3．训练过程

硬盘的性能参数对整个系统的性能影响很大，要知道硬盘性能参数，除可以通过硬盘标签了解外，还可以通过硬盘测试工具进行测试。下面分别介绍几种常用的硬盘测试工具。

1）　Ziff-Davis Winbench 99 2.0

Winbench 99 恐怕是硬盘测试中最常用，也被普遍认为是最权威的测试软件了。其实 Winbench 99 的测试范围包括整机、CPU、图形等多个方面，磁盘性能测试只是其中的一个主要功能。Winbench 99 的使用并不复杂，新手也可以很快掌握。

安装并打开主界面，由于测试的是硬盘，所以可以直接选择 Disk Inspection Tests 选项(包括硬盘寻道时间、CPU 占用率和数据传输速率测试)或 Disk WinMarks 选项(包括 Business Disk WinMark 和 High-End Disk WinMark)。当然最好用的还是它的 Selected 选项，用户可以自己定制测试项目。

在定制好磁盘测试项目后单击 Run 按钮(注意需要关闭其他无关的软件，并将任务栏设置为自动隐藏模式)，即可获得测试结果。其中包括我们最关心的数据传输速率、平均寻道时间和 CPU 占用率等参数，当然还有分别针对商用领域和高端领域的两个综合得分，比较全面地反映了磁盘的总体性能。

2）　HD-Tach

HD-Tach 也是一个比较全面的磁盘测试工具，它提供了硬盘的读/写数据传输曲线，最高、最低和平均数据传输速率及 CPU 占用率。比起 Winbench，HD-Tach 的使用要简单得多。如果有多个硬盘，只要在运行界面中选择要测试的硬盘，测试就开始运行。需要注意的是，如果被测试硬盘中存在分区信息，那么软件将会提示不能进行写测试，因此写测试通常对于新硬盘才会使用，而读测试则没有这样的限制。

测试结果中有清晰的数据传输曲线，所以特别适合数据传输速率的测试。而 CPU 占用率的测试结果往往不太准确，所以不推荐使用 CPU 占用率的测试结果。整体的测试结果相当直观，比较也十分方便。

3）　Sisoft Sandra

大家对 Sisoft Sandra 这个综合测试软件一定不会陌生，磁盘性能测试是其中的一个部分。尽管这个测试软件谈不上功能强大，但它简单的测试结果和清晰的测试界面还是较为

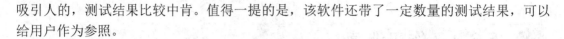

吸引人的,测试结果比较中肯。值得一提的是,该软件还带了一定数量的测试结果,可以给用户作为参照。

4. 技术要点

(1) 硬盘的日常维护。防震,特别是在硬盘工作时,严禁搬动和震动;防尘,保持环境卫生,减少空中的含尘量;防潮,注意保持环境干燥;防高温,在使用时要严格控制环境温度,必要时可安装专为硬盘散热的风扇;防磁场,磁场是损坏硬盘数据的隐形杀手,应尽量使硬盘远离磁场;防静电,硬盘外壳的接地插头必须接入计算机系统的地线,且不可带电随意插拔;防病毒,应利用防病毒软件对硬盘进行定期检测和清除病毒工作;切忌在硬盘工作时断电,突然断电对于正在工作的硬盘来说,磁头与盘面会猛烈摩擦,损坏会很严重。

(2) 硬盘的特点。现在的硬盘,采用的都是温彻斯特技术,具有以下特点:磁头、盘片及运动机构密封;固定并高速旋转的镀磁盘片表面平整光滑;磁头沿盘片径向移动;磁头对盘片接触式启停,但工作时呈飞行状态,不与盘片直接接触。

5.6.2 工作实践常见问题解析

【常见问题1】硬盘的实际容量为什么比标称容量小?

【回答】在购买硬盘之后,细心的人会发现,在操作系统中硬盘的容量与官方标称的容量不符,要少于标称容量,容量越大则这个差异越大。这并不是厂商或经销商以次充好欺骗消费者,而是硬盘厂商对容量的计算方法和操作系统的计算方法有所不同,是因不同的单位转换关系造成的。硬盘厂商在计算容量方面是以每 1000 为进制的,而不是以 1024 为进制,这两者进制上的差异造成了硬盘容量的"缩水"。

【常见问题2】硬盘损坏的种类有哪些?

【回答】一般来说,硬盘的损坏按大类可以分为硬损坏和软损坏。

1) 硬损坏

硬损坏包括磁头组件损坏、控制电路损坏、综合性损坏和扇区物理性损坏(一般称为物理坏道)四种。

(1) 磁头组件损坏:主要是指硬盘中磁头组件的某部分被损坏,造成部分或全部磁头无法正常读写。磁头组件损坏的方式和可能性非常多,主要包括磁头脏、磁头磨损、磁头悬臂变形、磁线圈受损、移位等。

(2) 控制电路损坏:是指硬盘的电子线路板中的某一部分线路断路或短路,或者某些电气元件或 IC 芯片损坏等,导致硬盘在通电后盘片不能正常起转,或者起转后磁头不能正确寻道等。

(3) 综合性损坏:主要是指因为一些微小的变化使硬盘产生种种问题。有些是硬盘在使用过程中因为发热或者其他关系导致部分芯片老化;有些是硬盘在受到震动后,外壳或盘面或马达主轴产生了微小的变化或位移;有些是硬盘本身在设计方面就在散热、摩擦或结构上存在缺陷。种种的原因导致硬盘性能不稳定,经常丢数据或者出现逻辑错误,工作噪声大,读写速度慢,有时能正常工作但有时又不能正常工作等。

(4) 扇区物理性损坏：是指因为碰撞、磁头摩擦或其他原因导致磁盘盘面出现的物理性损坏，譬如划伤、掉磁等。

2) 软损坏

软损坏包括磁道伺服信息出错、系统信息区出错和扇区逻辑错误(一般又被称为逻辑坏道)。

(1) 磁道伺服信息出错：是指因为某个物理磁道的伺服信息受损或失效，导致该物理磁道无法被访问。

(2) 系统信息区出错：是指硬盘的系统信息区(硬盘内部的一个系统保留区，里面又分成若干模块，保存了许多硬盘出厂的参数、设置信息和内部控制程序)在通电自检时读不出某些模块的信息或者校验不正常，导致硬盘无法进入准备状态。

(3) 扇区逻辑错误：是指因为校验错误(ECC 错误和 CRC 错误)、扇区标志错误(IDNF 错误)、地址信息错误(AMNF 错误)、坏块标记错误(BBM 错误)等原因导致该扇区失效。

5.7　习题

一、填空题

1. 硬盘的内部结构由_____、_____、_____、_____等几大部分组成。

2. 按硬盘安装的位置分类，可把它分为_____和_____。

3. USB 接口的移动存储设备有_____、_____、_____等。

二、选择题

1. 硬盘上的缓存容量越大越好，目前市面上的缓存容量大致是_____。

    A. 1 KB　　　　　　　　　　　　B. 100 MB

    C. 10 GB　　　　　　　　　　　　D. 64 MB

2. 以下哪些是硬盘的主要技术指标？_____

    A. 转速、平均寻道时间、数据传输速率、缓存

    B. 字长、容量、运行频率、CAS 延迟时间

    C. 容量、转速、平均寻道时间、数据传输率

    D. 分辨率、点距、扫描方式、带宽

三、操作题

1. 将准备好的硬盘拿出，仔细观察硬盘的正面与反面，阅读正面的说明书，了解硬盘的技术参数。

2. 观察硬盘的接口部分，识别它的接口，并说出属于哪一种接口。

3. 用螺丝刀将硬盘拆开，仔细观察它的内部结构，并说出其各个部分的名称和功能。

第6章

显示子系统

 本章要点

- ■ 显卡的结构、工作原理及主要技术指标。
- ■ 显示器的分类、工作原理及主要技术指标。

技能目标

- ■ 理解和掌握显卡的结构、基本工作原理及主要技术指标。
- ■ 理解和掌握显示器的分类、工作原理及主要技术指标。

6.1 工作场景导入

【工作场景】

针对绝地求生游戏及高清电影对硬件性能的要求，小钱要在优派 VA2478-H、三星 (SAMSUNG)C24F390FHC、PHILIPS 278E8QDSW、AOC C2791VHE/WS 几款显示器及华硕 (ASUS) RX550、技嘉(GIGABYTE)GeForce GTX 1050 OC、华硕(ASUS)PH-GT1030-O2G、铭速 GTX750ti 4G D5 等显卡中进行选择。

【引导问题】

(1) 显卡的基本工作原理是什么？
(2) 显卡的主要技术指标有哪些？
(3) 显示器的工作原理是什么？
(4) 显示器的主要技术指标有哪些？

 ## 6.2 显卡

显卡又称为视频卡、视频适配器、图形卡、图形适配器或显示适配器等，如图 6-1 所示。它是主机与显示器之间连接的"桥梁"，作用是控制电脑的图形输出，负责将 CPU 送来的图形数据处理成显示器认识的格式，再输送到显示器。显卡是一块独立的电路板，安装在主板的扩展槽中。在 All In One 结构的主板上，显卡直接集成在主板上。目前显卡已经成为继 CPU 之后发展变化最快的部件，计算机的图形性能是决定整机性能的一项重要因素。

图 6-1　显卡外观

显卡的主要作用就是在程序运行时根据 CPU 提供的指令和有关数据，将程序运行过程和结果进行相应的处理并转换成显示器能够接收的文字和图形显示信号后通过屏幕显示出来，以便为用户提供继续或中止程序运行的判断依据。换句话说，显示器必须依靠显卡提供的显示信号才能显示出各种字符和图像。

6.2.1 显卡的结构

显卡的结构主要包括显示芯片、显示内存、RAM DAC(数/模转换器)等。

1. 显示芯片

一般来说显卡上最大的芯片就是显示芯片，显示芯片的质量高低直接决定了显卡的优劣。作为处理数据的核心部件，显示芯片可以说是显卡上的 CPU 了，所以又简称 GPU。主流的显示芯片市场基本上被 AMD-ATi 和 nVIDIA 霸占，SiS、3DLabs、VIA 已难觅其踪。一般的显卡大多采用单芯片设计，而专业显卡则往往采用多个显示芯片。近年来由于三维浪潮席卷全球，很多厂家已经开始在非专业显卡上采用多芯片的制造技术，以求全面提高显卡的速度和档次。

2. 显示内存

与系统主内存一样，显示内存同样也是用来进行数据存放的，不过储存的只是图像数据而已。众所周知，系统内存容量越大，存储数据的速度就越快，整机性能就越好。同样道理，显存的大小也直接决定了显卡的整体性能，显存容量越大，分辨率就越高。当前也存在着显存与系统主存共用的现象，特别是在集成显卡的笔记本电脑中更是常见。有些高级加速卡不仅将图形数据存储在显存中，还利用显存进行计算，特别是具有 3D 加速功能的显卡更是需要显存进行 3D 函数的运算。最初使用的显存是 DRAM(基本绝迹)，后来出现了多位低端加速卡使用的 EDO DRAM，现在广泛采用 DDR SDRAM 显存。

显存的主要技术指标有容量、带宽和工作频率。显存的工作频率是显存的关键性能参数之一，直接影响显存的速度和带宽。相比显存容量而言，显存的位宽更为重要。比如一款 2GB/64b 显卡和相同产品的 2GB/128b 显卡相比，后者性能远远高于前者。显存带宽的计算方法是：带宽=工作频率×显存位宽/8。现在显存品牌主要有三星(SAMSUNG)、现代(HY)和珏创(Etrontech)等。

3. RAM DAC

RAM DAC 的作用是将显存中的数字信号转换成显示器能够识别的模拟信号，速度用 MHz 表示，速度越快，图像就越稳定，它决定了显卡能够支持的最高刷新频率。我们通常在显卡上看不到 RAM DAC 模块，那是因为很多厂商将 RAM DAC 整合到显示芯片中以降低成本，不过仍有部分高档显卡采用了独立的 RAM DAC 芯片。

4. 视频 BIOS

视频 BIOS 主要用于存放显示芯片与驱动程序之间接口的控制程序，另外还存有显卡的型号、规格、生产厂家及出厂时间等信息。打开计算机时，通过显示视频 BIOS 内的一段控制程序，会将这些信息反馈到计算机的显示器上。早期的视频 BIOS 固化在 ROM 中，不可以修改，而现在大多数显卡采用 EEPROM，即"快闪 BIOS"(Flash-BIOS)，可以通过专用的程序进行升级和改写。

5. 输出接口

计算机 CPU 所处理的信息通过显卡输出到显示器上，显卡的接口插座就是计算机与显示器之间的接口，它负责向显示器输出相应的图像等信号，也即显卡与显示器连接的输出接口。

6.2.2　显卡的基本工作原理

显卡的主要部件是主板连接设备、监视器连接设备、处理器和内存。不同显卡的工作原理基本相同，CPU 与软件应用程序协同工作，以便将有关图像的信息发送到显卡。显卡决定如何使用屏幕上的像素来生成图像。之后，它通过线缆将这些信息发送到监视器。

自从 IBM 于 1981 年推出第一块显卡以来，显卡已经有了很大的改进。第一块显卡称为单色显示适配器(MDA)，只能在黑色屏幕上显示绿色或白色文本。而现在，新型显卡的最低标准是视频图形阵列(VGA)，它能显示 256 种颜色。通过量子扩展图矩阵(Quantum Extended Graphics Array，QXGA)这样的高性能标准，显卡可以在最高达 2040×1536 像素的分辨率下显示数百万种颜色。

根据二进制数据生成图像是一个很费力的过程。为了生成三维图像，显卡首先要用直线创建一个线框。然后，它对图像进行光栅化处理(填充剩余的像素)。此外，显卡还需添加明暗光线、纹理和颜色。对于快节奏的游戏，电脑每秒钟必须执行此过程约 60 次。如果没有显卡来执行必要的计算，则电脑将无法承担如此大的工作负荷。

显卡主要靠四个部件互相协调来完成工作：主板连接设备用于传输数据和供电；处理器用于决定如何处理屏幕上的每个像素；内存用于存放有关每个像素的信息以及暂时存储已完成的图像；监视器连接设备便于我们查看最终结果。

1. 处理器和内存

像主板一样，显卡也是装有处理器和 RAM 的印刷电路板。此外，它还具有输入/输出系统(BIOS)芯片，该芯片用于存储显卡的设置以及在启动时对内存、输入和输出执行诊断。显卡的处理器称为图形处理单元(GPU)，它与电脑的 CPU 类似。但是，GPU 是专为执行复杂的数学和几何计算而设计的，这些计算是图形渲染所必需的。某些快速的 GPU 所具有的晶体管数甚至超过了普通 CPU。GPU 会产生大量热量，所以它的上方通常安装有散热器或风扇。

除了其处理能力以外，GPU 还使用特殊的程序设计来帮助自己分析和使用数据。市场上的绝大多数 GPU 都是 AMD 和 nVIDIA 生产的，并且这两家公司都开发出了自己的 GPU 性能增强功能。为了提高图像质量，这些处理器使用全景抗锯齿技术(它能让三维物体的边缘变得平滑)，以及各向异性过滤技术(它能使图像看上去更加鲜明)。

GPU 在生成图像时，需要有地方能存放信息和已完成的图像。这正是显卡 RAM 的用途所在，它用于存储有关每个像素的数据、每个像素的颜色及其在屏幕上的位置。有一部分 RAM 还可以起到帧缓冲器的作用，这意味着它将保存已完成的图像，直到显示它们。通常，显卡 RAM 以非常高的速度运行，且采取双端口设计，这意味着系统可以同时对其进行读取和写入操作。

RAM 直接连接到数模转换器(DAC)，这个转换器也称为 RAM DAC，用于将图像转换成监视器可以使用的模拟信号。有些显卡具有多个 RAM DAC，这可以提高性能及支持多台监视器。

2．显卡输入和输出

苹果公司曾经制造过使用专利产品 Apple Display Connector(ADC 连接器)的监视器。尽管这些监视器目前仍在使用，但苹果公司新出的监视器已改为使用 DVI 连接设备。显卡通过主板连接到电脑，主板为显卡供电，并使其可以与 CPU 通信。对于较高端的显卡，主板所提供的电能往往不足，所以显卡还直接连接到电脑的电源。

显卡与主板的连接通常是借助外设部件互连(PCI)、高级图形端口(AGP)、PCI-E 三种接口来实现的。最初的显卡采用 PCI 接口，但是由于 PCI 总线带宽太小，满足不了显卡的需要，后来采用 AGP 总线作为显卡的外部接口。随着计算机的发展，数据量越来越大，AGP 接口的显卡也逐渐满足不了显卡的需要，如今显卡的外部接口采用 PCI-E 的新型接口。例如，采用 PCI-E ×16 的 PCI-E 显卡的总线带宽可以达到 4 GB/s。

大多数人仅使用他们具有的两种监视器连接设备中的一种。需要使用两台监视器的用户可以购买具有双头输出功能的显卡，它能将画面分割并显示到两个屏幕上。理论上，如果电脑配有两块具有双头输出功能且提供 PCI-E 接口的显卡，则它能够支持四台监视器。除了用于主板和监视器的连接设备以外，有些显卡还具有用于以下用途的连接设备：电视显示(电视输出或 S-Video)、模拟摄像机、ViVo(视频输入/视频输出)、数码相机、火线或 USB。有些显卡还自带了电视调谐器。

6.2.3　显卡的主要技术指标

显卡的性能几乎决定了显示器显示图像的质量，而显卡的技术指标又决定了显卡性能的好坏，所以有必要对显卡的主要技术指标有所了解。

1．最大分辨率

当一幅图像被显示在屏幕上时，它是由无数小点组成的，它们被称为像素(Pixel)。最大分辨率是指显卡能在显示器上描绘点的最大数量，一般以"水平行点数(线数)×垂直行点数"来表示。分辨率越高，显示的画面就越细微、越清晰。例如分辨率为 1024×768，即指这幅图像由 1024 个水平点和 768 个垂直点组成。

2．色深

色深(Color Depth)也称为色彩深度，是指显卡在一定的分辨率下，每一个像素点可以由多少种色彩来描述，单位是 bit(位)。具体来说，8 位的色深是将所有的颜色分为 $256(2^8)$ 种，每一个像素点就可以取这 256 种颜色中的一种来描述。色深的位数越高，能显示的颜色就越多，屏幕上所显示的图像质量就越好。但当色深增加时，同时也加大了显卡所要处理的数据量，造成显示速度降低或屏幕刷新率降低。如 16 位色深可显示 65536 种颜色，称为增强色；24 位色深可以显示 16M 种颜色，称为真彩色。最高的已达到 32 位或 48 位。

3．刷新频率

刷新频率是指图像在显示器上更新的速度，也就是图像每秒在屏幕上出现的帧数，单位为 Hz。例如若刷新频率为 100Hz，表示显卡每秒将送出 100 张画面信号给显示器。刷新频率越高，屏幕上图像的闪烁感就越小，图像就越稳定，视觉效果也越好。一般刷新频率在 75Hz 以上时，人眼对影像的闪烁才不易察觉。这个性能指标主要取决于显卡上 RAM DAC 的转换速度。

当前随着三维显卡的流行，大多数的用户也配上了三维显卡，甚至部分厂商已将二维显卡停产。而三维显卡除了上述指标外，还有下列几个常见指标。

1) 三角形生成数量

在三维显卡主要指标中，有一项是"每秒钟可生成多少万个三角形"或"每秒可处理多少个三角形"。PC 显示三维图形时，首先是用多边形建立三维模型，然后再进行着色等其他处理，物体模型组成的三角形数量的多少，将直接影响重现后物体外观的真实性。显卡每秒生成三角形的数量越多，也就越能在保障图形显示帧速率的前提下，为物体模型建立更多的三角形，以提高三维模型的分辨率。

2) 像素填充率和纹理贴图量

像素填充率也是衡量三维显卡性能的主要指标之一。像素填充率决定了三维图形显示时可以达到的最高帧速率，直接影响三维显卡运行时的显示速度。有些显卡没有提供像素填充率，但提供了纹理贴图量，其意义和数据都与像素填充率相近。

3) 32 位彩色渲染

32 位彩色渲染指标表示显卡可以对所显示图形中的景物采用 32 位真彩色进行光线和纹理贴图处理。位数越大，表明渲染时所使用的颜色数量越多。

4) 32 位 Z 填充

在三维图形处理中，Z 参数用于表示景物在空间的纵深位置。Z 缓冲位数越大，表明处理时景物定位越精细、准确。

6.2.4 显卡的选购

第一，选择显卡的关键是显示芯片，我们称呼显卡依据的是其显示芯片的型号。例如"丽台 Geforce 4 Ti4600 显卡"，其中丽台是显卡生产厂家，后面则是显卡显示芯片的型号。所以购买显卡时既要看显卡的显示芯片，又要看显卡的生产厂家。看显卡的显示芯片主要是看显示芯片的技术参数，这些参数前面已经介绍过，在显卡的外包装或者说明书上都有，一些专业的媒体上也有很多评测。

第二，可以从外观上鉴别一款显卡的好坏。首先看其做工，品质好的显卡用料很足，非常干净，零件全是新颜色，焊点饱满，零件稳固，做工精细。其次，判断显卡制造工艺是否精良，标准是 PCB 上的元件应排列整齐，焊点干净均匀，电解电容双脚插到底，金手指镀得较厚，显卡边缘光滑。

第三，看显卡上是否有多余电容。优质显卡只在电源处有几个电容(电解或贴片式)，作用是过滤电流、稳定电压、保护电源电路。质量差的会在显存周边安置许多电解电容，说明其显存质量较差，必须通过外部电容过滤不稳定电波保护显存。

第四，判断显卡的显存是否做了手脚。方法一般是在购买时用橡皮擦擦掉显存上的字，看有没有留下字的刻痕，如果没有则这块显卡的显存一般是有问题的。

6.3　显示器

显示器又称监视器(Monitor)，是计算机系统中必不可少的输出设备。显示器主要用来将电信号转换成可视的信息。通过显示器的屏幕，可以看到计算机内部存储的各种文字、图形、图像等信息。显示器是进行人机对话的窗口，其外形如图 6-2 和图 6-3 所示。

图 6-2　CRT 显示器　　　　　　　图 6-3　液晶显示器

6.3.1　显示器的分类和工作原理

1. 显示器的分类

按照显示器的工作原理不同，可分为传统的 CRT(Cathode Ray Tube，阴极射线管)显示器和液晶显示器(Liquid Crystal Display，LCD)；按显示色彩，可分为单色显示器和彩色显示器，单色显示器已经成为历史；按显示屏幕大小，可以英寸为单位(1 英寸=2.54cm)，通常有 19 英寸和 27 英寸等。

2. CRT 显示器的工作原理

CRT 显示器的显示系统和电视机类似，主要部件是显示管。在彩色显示器中，通常是 3 个电子枪，如图 6-4 所示。

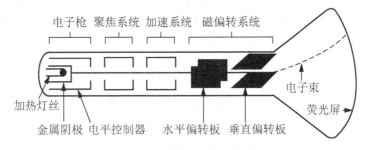

图 6-4　CRT 显示器简易结构图

显示管的屏幕上涂有一层荧光粉，电子枪发射出的电子击打在屏幕上，使被击打位置的荧光粉发光，从而产生图像，每一个发光点又由"红""绿""蓝"3 个小的发光点组成，这个发光点也就是一个像素。由于电子束是分为 3 条的，它们分别射向屏幕上的这 3 种不同的小发光点，从而在屏幕上出现绚丽多彩的画面。

3. 液晶显示器的工作原理

LCD 技术是把液晶灌入两个列有细槽的平面之间。这两个平面上的槽互相垂直(相交成90°)。也就是说，若一个平面上的分子南北向排列，则另一平面上的分子东西向排列，而位于两个平面之间的分子被强迫进入一种 90° 扭转的状态。由于光线顺着分子的排列方向传播，所以光线经过液晶时也被扭转 90°。但当液晶上加一个电压时，分子便会重新垂直排列，使光线能直射出去，而不发生任何扭转。

LCD 是依赖极化滤光器(片)(偏光板)和光线本身工作的。自然光线是朝四面八方随机发散的。极化滤光器实际是一系列越来越细的平行线。这些线形成一张网，阻断不与这些线平行的所有光线。只有两个滤光器的线完全平行，或者光线本身已扭转到与第二个极化滤光器相匹配，光线才得以穿透。

LCD 正是由这样两个相互垂直的极化滤光器构成，所以在正常情况下应该阻断所有试图穿透的光线。但是，由于两个滤光器之间充满了扭曲液晶，所以在光线穿出第一个滤光器后，会被液晶分子扭转 90°，最后从第二个滤光器中穿出。另外，若为液晶加一个电压，分子又会重新排列并完全平行，使光线不再扭转，所以正好被第二个滤光器挡住。总之，加电将光线阻断，不加电则使光线射出，如图 6-5 所示。

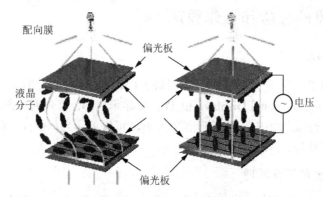

图 6-5　液晶显示器原理图

目前市场上液晶显示器已经是主流，相对 CRT 显示器而言，液晶显示器具有以下优势。

(1) 低辐射，低功耗，散热小。液晶显示器是通过扭转液晶像素中液晶分子的偏转角度来折射背景光而实现画面还原的，不像 CRT 那样内部有超高压元器件，而且液晶显示器结构电路简单，芯片高度集成化，从而使电路产生的辐射可降到最低，降低了电路功耗，发热量也很小。

(2) 体积小，质量轻。以 15 英寸的显示器为例，CRT 显示器的厚度一般接近 50cm，但是液晶显示器的厚度却不到 10cm。

(3) 精确显示图像。CRT 显示器容易出现画面的几何失真、线性失真等无法根本消除的现象。而液晶显示器则不存在这一问题，可以把画面完美地在屏幕上呈现出来，不会出现几何失真和线性失真。

(4) 文本显示质量高，画面稳定、不闪烁。液晶显示器上的每个像素发光均匀，没有

CRT 显示器固有的聚焦不良的弊病。液晶显示器文本显示效果质量更高，显示字体非常锐利，没有 CRT 显示器显示文本时出现的字体模糊、字体泛色等现象。液晶显示器通电后一直在发光，背光灯工作在高频下，显示画面稳定、不闪烁。

(5) 屏幕调节方便。液晶显示器可以通过芯片计算后自动把屏幕调节到最佳位置，只需要按一个键就可以完成屏幕调节，从而省去了 CRT 显示器烦琐调节的弊端。

6.3.2 显示器的主要技术指标

1. CRT 显示器的主要技术指标

1) 像素和分辨率

分辨率是指屏幕上像素的数目，像素是指组成图像的最小单位，也即上面提到的发光"点"。例如，1280×1024 的分辨率是在水平方向上有 1280 个像素，在垂直方向上有 1024 个像素。分辨率数值越大，图像越清晰。

2) 扫描方式

显示器的扫描方式分为隔行扫描和逐行扫描两种。隔行扫描的显示器比逐行扫描的闪烁感强，容易使用户的眼睛疲劳。

3) 点距

显像管水平方向上相邻同色荧光粉像素间的距离称为点距。点距越小，显示出来的图像就越细腻，在高分辨率下就越容易得到清晰的显示效果。目前主流显示器的点距在 0.24mm 以下。

4) 最大亮度和对比度

最大亮度的含义即屏幕显示白色图形时白块的最大亮度，其量值单位是 cd/m^2。对比度的含义是显示画面或字符(测试时用白块)与屏幕背景底色的亮度之比，对比度越大，则显示字符越清晰。

5) 色深

为了控制像素的亮度和色彩深度，每个像素需要用很多个二进制位来表示。色深就是指在某一分辨率下，每一个像素点可以用多少种色彩来描述，单位是 bit(位)。具体地说，24 位的色深是将所有颜色分为 16M(2^{24})种，那么每一个像素点就可以取这 16M 种颜色中的一种来描述。

6) 环保认证

由于 CRT 显示器在工作时会产生辐射，而长期辐射会对人体产生危害，因此各厂商都在开发新技术以降低辐射。国际上也有一些低辐射标准，从早期的 EMI 到现在的 MPRII 以及 TCO。如今的显示器大都能通过 TCO'99 标准，如图 6-6 所示，有一些还通过了更严格的 TCO'03 标准。在环保方面要求显示器都符合能源之星的标准，能源之星标准要求在待机状态下功率不超过 30W，在屏幕长时间没有图像变化时，显示器会自动关闭以节能等。

图 6-6 TCO'99 认证

2. LCD 显示器的主要技术指标

1) 液晶面板尺寸

液晶面板尺寸和 CRT 的不同之处在于：液晶面板是计算可视尺寸的。一般 17 英寸 CRT 显示器的可视面积为 15.6～15.9 英寸，因此 15 英寸液晶显示器的实际显示面积和 17 英寸的 CRT 显示器的显示面积相差无几。同理，一台 17 英寸的液晶显示器的实际显示面积也就和一个 19 英寸的 CRT 显示器差不多。

2) 亮度

液晶是一种介于液体和晶体之间的物质，它可以通过电流来控制光线的穿透度，从而显示出图像。但是，液晶本身并不会发光，因此所有的液晶显示器都需要背光照明，背光的亮度也就决定了显示器的亮度。亮度高，画面显示的层次也就更丰富，从而提高画面的显示质量。理论上，显示器的亮度是越高越好，不过太高的亮度对眼睛的刺激也比较强，因此没有特殊需求的用户不需要过于追求高亮度，亮度的单位是 cd/m^2(流明)。此外，需要注意的是：根据灯管的排列方式不同，有的液晶显示器会有亮度不均匀的现象。

3) 对比度

液晶显示器的背光源是持续亮着的，而液晶面板也不可能完全阻隔光线，因此液晶显示器实现全黑的画面非常困难。而同等亮度下，黑色越深，显示色彩的层次就越丰富，所以液晶显示器的对比度非常重要。人眼可以接受的对比度一般在 250∶1 左右，低于这个对比度就会感觉模糊或有灰蒙蒙的感觉。对比度越高，图像的锐利程度就越高，图像也就越清晰。一般 CRT 显示器可以轻易地达到 500∶1 甚至更高，而液晶显示器达到 400∶1 就算是很好了。通常，液晶显示器的对比度为 300∶1，随着技术的进步，高端的液晶显示器已远远高于这个数字。

4) 响应时间

响应时间是液晶显示器的一个重要参数，决定了显示器每秒所能显示的画面帧数。通常，当画面显示速度超过每秒 25 帧时，人眼会将快速变换的画面视为连续画面，不会有停顿的感觉，所以响应时间会直接影响人的视觉感受。当响应时间为 30ms 时，显示器每秒钟能显示 1/0.030=33 帧画面；而响应时间为 25ms 时，每秒钟就能显示 1/0.025=40 帧画面，响应时间越短，显示器每秒显示的画面就越多。现在市场上的主流液晶显示器的响应时间都在 8ms 以下。某些高端产品响应时间甚至为 5ms、4ms 等。

5) 分辨率

液晶面板的显示就好像排列好的一个个小门或开关来让光通过，液晶屏所能表现的像素便是由这些小门或开关的数量决定的，所以液晶显示器的物理分辨率是固定不变的。而在日常应用中不可能永远都是用一个相同的分辨率，对于 CRT 显示器，只要调整电子束枪的偏转电压，就可接收新的分辨率；但是对于液晶显示器就复杂得多了，必须通过运算来模拟出显示效果，而实际上的分辨率并不会因此而改变。由于所有的像素并不是同时放大(从 640×480 分辨率到 1024×768 分辨率的放大倍数为 1.5)，这就存在缩放误差。液晶显示器使用非标称分辨率时，文本显示的效果不尽如人意，因此这里推荐所有使用 15 英寸 LCD 的消费者都采用 1024×768 的分辨率。此外，由于受到响应时间的影响，液晶显示器的刷新率并不是越高越好，一般设为 60Hz 最好，也就是每秒钟换 60 次画面，调高了反而会影响画面的质量。所以选择时不必过分追求高的刷新率。

6)　可视角度

LCD 的显示是背光通过液晶和偏振玻璃射出，原理很像百叶窗帘，其中绝大多数的光都是垂直射出。这样，当我们从非垂直的方向观看液晶显示器的时候，往往会看到显示屏呈现一片漆黑或者是颜色失真。这就是液晶显示器的视角问题。日常使用中可能会几个人同时观看屏幕，所以可视角度应该是越大越好。

7)　功率

一般购买时很少有人注意功率，而通常液晶显示器的功率应该在 50W 以下。如雅美达 AS151EL 的功率仅有 36W，相对 CRT 显示器 100W 以上的功率是非常节能环保了。事实上这也是众多大机构全面采用液晶显示器的重要理由之一。

现在市面上常见的 LED 屏是一种固态的半导体器件，它可以直接把电转化为光。LED 的心脏是一个半导体的晶片，晶片的一端附在一个支架上，一端是负极，另一端连接电源的正极，使整个晶片被环氧树脂封装起来。半导体晶片由两部分组成，一部分是 P 型半导体，在它里面空穴占主导地位；另一部分是 N 型半导体，在这边主要是电子。但这两种半导体连接起来的时候，它们之间就形成一个"P-N 结"。当电流通过导线作用于这个晶片的时候，电子就会被推向 P 区，在 P 区里电子跟空穴复合，然后就会以光子的形式发出能量，这就是 LED 显示屏发光的原理。

6.3.3　显示器的选购

由于 CRT 显示器技术比较成熟，且已不是市场主流产品，因此这里主要介绍 LED 显示器的选购方法。

(1)　显示器尺寸。根据自己的经济条件选择合适尺寸的显示器。在经济条件允许的情况下，最好选择尺寸大一点的显示器。

(2)　亮度。一般 LED 显示器亮度值越高，画面越亮丽、清晰。

(3)　对比度。对比度越高，色彩越鲜艳、饱和。

(4)　可视角度。可视角度越大，可视范围越大，LED 的视觉效果越好。

(5)　信号反应时间。信号反应时间对动画和鼠标移动非常重要，反应时间越快，操作越方便。一般在移动鼠标时若能清楚地看到鼠标指针移动的痕迹，则信号反应时间基本能满足用户需要。

6.4　回到工作场景

通过本章的学习，应该掌握显卡的结构、原理及主要技术指标，同时也应该掌握显示器的分类、原理及主要技术指标，当两者出现故障时要知道如何解决。下面回到 6.1 节介绍的工作场景中，完成工作任务。

【工作过程一】初步分析

从"绝地求生"对显卡的要求推荐为华硕(ASUS)RX 550 7000 MHz 128 bit D5 PCI-E 游

戏显卡 2 GB 显存。对于看高清电影，显示器也可在预算允许的情况下选择较大的尺寸。同时，大的显示器在办公应用及玩游戏时也可以带来较好的视觉享受。

【工作过程二】显卡选购

表 6-1 给出了几款显卡的各种参数，可依据此表对其进行性能比较，这也为选购显卡提供了参考。

表 6-1　几款显卡的参数表

项　目	种　类			
	华硕 (ASUS)RX550	技嘉(GIGABYTE) GeForce GTX 1050 OC	华硕 ASUS PH-GT1030-O2G	铭速 GTX750ti 4G D5
同时期价格/元	799	999	699	758
显卡核芯	Radeon RX 550	—	Radeon HD 5670	—
核心频率/MHz	1183	1404～1518	1252～1506	—
显存频率/MHz	7000	7008	6008	—
显存类型	GDDR5	GDDR5	GDDR5	GDDR5
显存容量/GB	2	2	2	4
显存位宽/b	128	128	64	128
最高分辨率	5120×2800	7680×4320	1920×1200	—
散热方式	风扇+散热片	风扇+散热片	风扇+散热片	风扇+散热片
总线接口	PCI-E	PCI-E 3.0	PCI-E 3.0	—
接口	HDMI/DVI/DP 接口	HDMI/DVI/DP/VGA 接口	HDMI/DVI 接口	HDMI/DVI/VGA 接口

从表 6-1 中的比较可知，华硕(ASUS)RX550 在小钱的经济承受范围内。

【工作过程三】显示器选购

为了进行显示器的选购，表 6-2 给出了几款常见显示器的各种参数比较情况，作为考察性价比的依据。

表 6-2　几款显示器的参数表

参　数	显　示　器			
	优派 VA2478-H	三星 (SAMSUNG)C24F390FHC	PHILIPS 278E8QDSW	AOC C2791VHE/WS
同时期价格/元	749	949	1299	1199
屏幕尺寸/英寸	23.8	23.5	27	27
屏幕比例	16：9(宽屏)	16：9(曲面)	16：9(宽屏)	16：9(宽屏)

续表

参　数	显　示　器			
	优派 VA2478-H	三星 (SAMSUNG)C24F390FHC	PHILIPS 278E8QDSW	AOC C2791VHE/WS
最佳分辨率	1920×1080	1920×1080	1920×1080	1920×1080
背光类型	LED 背光	—	LED 背光	LED 背光
对比度	3000∶1	3000∶1	20000000∶1	80000000∶1
黑白响应 时间/ms	5	5	4	4
亮度/(cd/m²)	250	250	250	300
可视角度	178°/178°	178°/178°	178°/178°	178°/178°
显示色数	16.7M	16.7M	16.7M	16.7M
视频接口	VGA/ HDMI	VGA/ HDMI	DVI/ HDMI	VGA/ HDMI
机身颜色	黑色	黑色	白色	银色
保修服务	全国联保,享受三包服务,质保期为:三年质保	全国联保,享受三包服务,质保期为:一年质保	全国联保,享受三包服务,质保期为:全国联保一年	全国联保,享受三包服务,质保期为:AOC 会员 3年质保

从表 6-2 中的比较可见,三星(SAMSUNG)C24F390FHC 节能环保,低温,无辐射,寿命长,色彩表现优异,亮度均衡。且从官方得知该显示器机身超薄,能以千元左右销售,性价比较高。此处,选择该款显示器。

【工作过程四】整机配件齐备

至此,DIY 一台计算机所需的硬件基本齐备。只需再选购一个机箱、一个电源和一套键鼠即可组成一台完整的计算机硬件系统。机箱、电源和键鼠的选购,将在第 8 章介绍。

6.5　工作实训营

6.5.1　训练实例

1. 训练内容

安装显卡,并连接显示器。

2. 训练目的

了解计算机内部硬件,掌握如何安装显卡并正确连接显示器。

3. 训练过程

1)　安装显卡

在安装显卡前需要注意静电。显卡都是由许多精密的集成电路及其他元器件构成的,

这些集成电路很容易受到静电影响而损坏，所以在安装前要做好以下准备：将计算机的电源关闭，并且拔除电源插头；拿取显卡时尽量避免接触金属接线部分，且最好能够戴上防静电手套；当将主板中的 ATX 电源插座上的插头拔除时，需确认电源的开关已关闭，如图6-7 所示。

图 6-7　安装显卡

安装显卡主要分为硬件安装和驱动安装两部分。这里主要介绍硬件安装。硬件安装就是将显卡正确地安装到主板上的显卡插槽中，需要掌握的要点是：首先要注意 AGP 插槽的类型(AGP 接口的发展经历了 AGP1×/2×/Pro/4×/8× 等阶段，其传输速度也从最早的AGP1× 的 266 MB/s 的带宽发展到了 AGP8× 的 2 GB/s。AGP1×/AGP2×/AGP4×/AGP Pro等几种显卡插槽都不相同，排在后面的显卡规范插槽一般可以兼容前面的显卡规范插槽，例如 AGP4× 规范的显卡插槽可以使用 AGP2× 的显卡，而 AGP4× 的显卡就不能在 AGP2×的显卡插槽上正常使用)；其次，在安装显卡时一定要关掉电源，并注意要将显卡安装到位。基本步骤如下。

(1) 从机箱后壳上移除对应 AGP 插槽上的扩充挡板及螺丝。

(2) 将显卡很小心地对准 AGP 插槽并插入。注意：务必确认将显卡上金手指的金属触点很严实地与 AGP 插槽接触在一起。

(3) 用螺丝刀将螺丝锁上，使显卡牢牢固定在机箱壳上。

(4) 将显示器上的 15P 接脚 VGA 线插头插在显卡的 VGA 输出插头上。

(5) 确认无误后，重新开启电源，即完成显卡的硬件安装。

2) 连接显示器

(1) 把显示器侧放：在搬动显示器时，应先观察显示器，一般在显示器的两侧会有一个方便手拿的扣槽，用户只要扣这个扣槽就可以方便地搬动显示器了，我们首先把显示器侧放。

(2) 查看显示器底部的卡口：在显示器的底部有许多小孔，其中就有安装底座的安装孔。此外，你还可以看到显示器的底座上有几个突起的塑料弯钩，这几个塑料弯钩就是用来固定显示器底部的。

(3) 安装底座：第一步是将底座上突出的塑料弯钩与显示器底部的小孔对准，要注意插入的方向；第二步是将显示器底座按正确的方向插入显示器底部的插孔内；第三步是用力推动底座；第四步是听见"咔"的一声响，显示器底座就固定在显示器上了。

(4) 连接显示器的电源：从附袋里取出电源连接线，将显示器电源连接线的另外一端连接到电源插座上。

(5) 连接显示器的信号线：把显示器后部的信号线与机箱后面的显卡输出端相连接，显卡的输出端是一个 15 孔的三排插座，只要将显示器信号线的插头插到上面就行了。插的时候要注意方向，厂商在设计插头的时候为了防止插反，将插头的外框设计为梯形，因此一般情况下是不容易插反的。如果使用的显卡是主板集成的，那么一般情况下显示器的输出插孔位置是在 COM1 口的下方，如果不能确定，那么请按照说明书上的说明进行安装，如图 6-8 和图 6-9 所示。

图 6-8　视频线接显卡

图 6-9　视频线接显示器

6.5.2　工作实践常见问题解析

【常见问题 1】如何选择显卡？

【回答】显卡作为计算机的重要组成部件之一，承担着处理、输出显示信号的作用。选择一款合适的显卡能在保证显示性能的基础上，提高系统的性价比。选择显卡首先要看显卡的应用环境。就当前的显卡性能来说，若是办公、上网、普通家用，那么大部分价格不高的低端显卡或集成显卡即能胜任；若是专业图形图像处理、运行大型 3D 游戏等，则需要选择价格较高的高端显卡。在相同应用环境下选择显卡，则可从以下几个方面入手。①确定主板支持的显卡的接口及其规格。②确定显卡的厂商，市场上显卡有 A 卡和 N 卡之分，在显示性能相当的情况下，一般 A 卡价格相对便宜，功耗较大，发热量较高。③确定显卡的核心，在选择前应先了解各种显示核心的专业测评结果，选择那些测评性能较高的。④在相同的显示核心下，一款显存较大、显存位数较高的显卡一般性能较好。除了上面的内容之外，还应根据实际应用情况，考虑显卡提供的信号输出接口种类与数量。在价格相近的情况下尽量选择接口丰富的显卡。另外，显卡是计算机中功率较大的部件，其发热量较高。为了使显卡稳定工作，良好的散热部件至关重要。一般情况下，散热部件较好的显卡相对较重。在这一点上，一线厂商的显卡有可靠的保障，其售后服务与质保也较好。在选择显卡时，应有所偏重。

【常见问题2】显示器出现闪烁现象如何解决?

【回答】

(1) 如果已经将刷新率设为85Hz,显卡没问题,驱动没问题,则很可能是显示器的问题。

(2) 看显示器附近有没有什么强大的电场或者磁场,如手机、充电器、大功率的电器或者插座等能产生大的电磁场的物体。

(3) 可能是电压不稳定,买个稳压器。

(4) 可能是进入了超频保护状态。重启计算机后按F8键,然后进入VAG模式,调整分辨率为1024×768、刷新频率为85Hz。

(5) 可能是显卡和主板的兼容性问题或者接触不良。

6.6 习题

一、填空题

1. 显卡的结构主要包括_____、_____、_____。

2. 显卡工作的四个主要部件是_____、_____、_____、_____。

3. 显示器的主要技术指标有:_____、_____、_____、_____、_____、_____。

4. 按照显示器的工作原理对显示器分类,可分为_____、_____。

二、选择题

1. Pentium Ⅳ主板上安装显卡的插槽为_____。

    A. AGP   B. SISA

    C. PCI   D. VISA

2. 显卡几个主要的性能指标有_____。

    A. 刷新频率   B. 带宽

    C. 显存   D. 色深

3. 显卡的发展史主要包括_____等发展阶段。

    A. MDA单色显卡   B. CGA彩色图形显卡

    C. EGA增强型彩色图形显卡   D. VGA彩色显卡

4. 如果显示器加电后无屏幕显示,则可能是_____出现了故障。

    A. 集成块电路   B. 行输出管

    C. 振荡电路   D. 显像管灯丝

三、操作题

1. 如果你正在使用LCD显示器,请练习调节显示器的属性。

2. 重新安装显卡。

第 7 章

网络设备

 本章要点

- 几种常见的传输介质。
- 网络设备的介绍。

 技能目标

- 掌握三种常见的网络传输介质——双绞线、同轴电缆、光纤。
- 熟悉各种网络设备，特别是调制解调器的特点和使用。

7.1 工作场景导入

【工作场景】

某公司需要购买一批网络设备组建一个能容纳 30 人左右的小型局域网。需要你对网络建设所需设备和材料提出建议、规划，实施安装，并在有条件的情况下配合电信技术人员将公司网络连接至外网。

【引导问题】

(1) 常用的网络传输介质有哪些？
(2) 组建局域网时要用到的网络设备有哪些？

 7.2 传输介质

计算机之间进行通信，需要建立物理连接，所有的连接材料都可以称为介质。用于连接计算机的传输介质有很多种，包括电话线、双绞线、同轴电缆、光纤、卫星和微波等。这里我们介绍常用的几种有线介质。

7.2.1 双绞线

双绞线(Twisted-Pair)是目前使用最广的一种传输介质，它有价格便宜、易于安装、适用于多种网络拓扑结构等优点，如图 7-1 所示。

图 7-1 双绞线

双绞线一般有 3 种线序：直连线、交叉线、翻转线。直连线用得最多，主要用于计算机(或路由器)与集线器(或交换机)，以及有级联端口的交换机或集线器向上级联；交叉线主要用于连接同种设备；翻转线用在对路由器、交换机等网络设备进行初始设置时，连接计算机的串口与设备的控制台端口，通过超级终端进行设置。

双绞线是现在最普通的传输介质，它由两条相互绝缘的铜线组成，典型直径为 1mm。两根线绞接在一起是为了防止其电磁感应在邻近线对中产生干扰信号。现行双绞线电缆中一般包含 4 个双绞线对，具体为白橙 1/橙 2、白绿 3/绿 6、蓝 4/白蓝 5、白棕 7/棕白 8。计算机网络使用 1-2、3-6 两组线对分别来发送和接收数据。双绞线接头为具有国际标准的 RJ-45 插头和插座。

双绞线分为屏蔽(Shielded)双绞线(STP)和非屏蔽(Unshielded)双绞线(UTP)。其中，非屏蔽双绞线有线缆外皮作为屏蔽层，适用于网络流量不大的场合中；屏蔽双绞线具有一个金属甲套(Sheath)，对电磁干扰(Electromagnetic Interference，EMI)具有较强的抵抗能力，适用于网络流量较大的高速网络协议应用。双绞线根据性能又可分为 5 类、6 类和 7 类。现在常用的为 5 类非屏蔽双绞线，其频率带宽为 100 MHz，能够可靠地运行 4 MB、ICME 和 16 MB 的网络系统。当运行 100 MB 以太网时，可使用屏蔽双绞线以提高网络在高速传输时的抗干扰特性。6 类、7 类双绞线分别可工作于 200 MHz 和 600 MHz 的频率带宽之上，且采用特殊设计的 RJ-45 插头(座)。值得注意的是，频率带宽(MHz)与线缆所传输的数据的传输速率 (Mb/s)是有区别的——Mb/s 衡量的是单位时间内线路传输的二进制位的数量，MHz 衡量的则是单位时间内线路中电信号的振荡次数。双绞线最多应用于基于 CMSA/CD(Carrier Sense Multiple Access/Collission Detection，载波感应多路访问/冲突检测)技术，即 10 Base-T(10 Mb/s)和 100 Base-T(100 Mb/s)的以太网(Ethernet)中，具体规定如下。

- 一段双绞线的最大长度为 100 m，只能连接一台计算机。
- 双绞线的每端需要一个 RJ-45 插件(头或座)。
- 各段双绞线通过集线器(Hub 的 10 Base-T 重发器)互连，利用双绞线最多可以连接 64 个站点到重发器(Repeater)。
- 10 Base-T 重发器可以利用收发器电缆连到以太网同轴电缆上。

7.2.2　同轴电缆

同轴电缆(Coaxial)是指有两个同心导体，而导体和屏蔽层又共用同一轴心的电缆，如图 7-2 所示。

广泛使用的同轴电缆有两种：一种为 50 Ω(指沿电缆导体各点的电磁电压对电流之比)同轴电缆，用于数字信号的传输，即基带同轴电缆；另一种为 75 Ω 同轴电缆，用于宽带模拟信号的传输，即宽带同轴电缆。

图 7-2　同轴电缆

同轴电缆以单根铜导线为内芯，外裹一层绝缘材料，外覆密集网状导体，最外面是一层保护性塑料。金属屏蔽层能将磁场反射回中心导体，同时也使中心导体免受外界干扰，故同轴电缆比双绞线具有更高的带宽和更好的噪声抑制特性。

现行以太网同轴电缆的接法有两种：直径为 0.4 cm 的 RG-11 粗缆采用凿孔接头接法，以及直径为 0.2 cm 的 RG-58 细缆采用 T 型头接法。粗缆要符合 10 Base-5 介质标准，使用时需要一个外接收发器和收发器电缆，单根最大标准长度为 500 m，可靠性强，最多可接 100 台计算机，两台计算机的最小间距为 2.5 m。细缆按 10 Base-2 介质标准直接连到网卡的 T 型头连接器(即 BNC 连接器)上，单段最大长度为 185 m，最多可接 30 个工作站，最小站间距为 0.5 m。

同轴电缆的连接器主要有：T 型连接头，用于连接同轴电缆的 BNC 连接器和网络接口卡；BNC 连接器，安装在细线段的两端，联网时连接到 T 型连接头；终端匹配电阻，是一种特殊的连接器，细缆系统中为 BNC 50 Ω，它内部有一个精心选择的、匹配网络电缆特性的 50 Ω 电阻，在进行网络连接时必须接地。

7.2.3　光纤

光导纤维(Fiber Optic)简称为光纤。在它的中心部分包括了一根或多根玻璃纤维，通过从激光器或发光二极管发出的光波穿过中心纤维来进行数据传输，如图 7-3 所示。

光导纤维是软而细的，利用内部全反射原理来传导光束的传输介质，有单模和多模之分。单模(模即 Mode)光纤多用于通信业。多模光纤多用于网络布线系统。

光纤为圆柱状，由 3 个同心部分组成——纤芯、包层和护套。每一路光纤包括两根，一根接收，另一根发送。用光

图 7-3　光纤

纤作为网络介质的 LAN 技术主要是光纤分布式数据接口 (Fiber-optic Data Distributed Interface，FDDI)。与同轴电缆比较，光纤可提供极宽的频带且功率损耗小、传输距离长(2km 以上)、传输率高(可达数千 Mb/s)、抗干扰性强(不会受到电子监听)，是构建安全网络的理想选择。

光纤通信就是以光波为载波、光导纤维为传输介质的一种通信方式。在光纤通信系统中，起主导作用的是光源、光纤、光发送机和光接收机。光纤通信系统的基本构成如图 7-4 所示。

图 7-4　光纤通信系统构成

光纤具有以下优点。

(1)　抗干扰性能好。因为传输的形式是光，所以光纤不会引起电磁干扰也不会被干扰。

(2)　传输距离远。玻璃纤维内壁对光反射能力极强，所以光纤传输信号的距离比导线所能传输的距离要远得多。

(3)　传输速率高。光可以对更多的信息进行编码，所以光纤可在单位时间内传输比导线更多的信息。

光纤的缺点如下。

(1)　质地较脆、机械强度低是光纤的致命弱点，稍不注意就会折断。

(2)　光纤的安装需要专门设备，以保证光纤的端面平整，以便光能透过，施工人员要有比较好的切断、连接、分路和耦合技术。

(3)　当一根光纤在护套中断裂(如被弯成直角)，要确定其位置非常困难。

(4) 修复断裂光纤也很困难，需要专门的设备连接两根光纤以确保光能透过结合部。

7.3 网络设备

7.3.1 网卡

网卡是网络适配器(Network Interface Card，NIC)的简称，是连接计算机与网络的硬件设备。网卡插在计算机主板的扩展槽中，通过网线与网络共享资源和交换数据，是计算机用于联网的网络设备。通过网线连接网卡，可将多台计算机连接起来组成一个网络，网卡的外观如图 7-5 所示。一般通过双绞线将两台 PC 连接起来。当前常用的网卡是以太网卡，网卡主要有以下几种分类方法。

1. 按传输速率分类

按传输速率可将网卡分为 10 Mb/s 网卡、100 Mb/s 网卡、1000 Mb/s 网卡和 10/100 Mb/s 自适应网卡。

(1) 10 Mb/s 网卡：这是较早的一种网卡，其传输率较低，在一些较老的网络中还能见到，现已被淘汰。10 Mb/s 网卡的理论最大传输速率是 1.25 MB/s。

(2) 100Mb/s 网卡：从 10 Mb/s 网卡基础上升级而来，其传输速率是 12.5MB/s。

(3) 1000Mb/s 网卡：带宽可达到 1 Gb/s，千兆网卡的网络接口有两种主要类型，一种是普通的双绞线 RJ-45 接口，另一种是多模 SC 型标准光纤接口。

(4) 10/100 Mb/s 自适应网卡：可根据网络的传输速率自动调整本身的传输速率，使其在 10Mb/s 或 100 Mb/s 的网络中能自动适应。这是当前网络最常用的网卡。

2. 按支持的总线接口分类

根据网卡所支持的总线接口不同，可分为 ISA 网卡、PCI 网卡和 USB 网卡，分别如图 7-6～图 7-8 所示。ISA 总线和 PCI 总线网卡都是内置式的，USB 接口的网卡是外置式的。

图 7-5 网卡

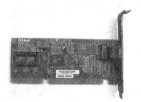

图 7-6 ISA 网卡

图 7-7 PCI 网卡

图 7-8 USB 网卡

3．按网卡的接口分类

按网卡的接口一般可以分为 RJ-45 接口网卡和 BNC 接口网卡两类，如图 7-9 和图 7-10 所示。RJ-45 接口网卡用于双绞线的连接，BNC 接口网卡用于同轴电缆的连接。

图 7-9　RJ-45 接口网卡

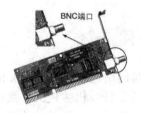

图 7-10　BNC 接口网卡

一般在小型局域网中用得较多的是 RJ-45 接口，并且大多数的 PC 也只提供 RJ-45 接口。而一些早期的网卡同时提供 BNC 和 RJ-45 双接口，由于 BNC 接口的细缆只能提供 10 Mb/s 的速率，所以已经淘汰。目前主流的 1000Mb/s 网卡只提供 RJ-45 接口，也有提供两种甚至三种接口的网卡。

4．按网卡的连接对象分类

按连接对象可将网卡分为普通网卡、笔记本网卡、服务器网卡和无线网卡。

(1) 普通网卡：是大多数计算机使用的一种网卡，它具有价格便宜、工作稳定等优点。

(2) 笔记本网卡：专门为笔记本电脑所设计，具有体积小巧、功耗低等优点，适合移动使用。

(3) 服务器网卡：是服务器上的关键部件，它传输速度快、CPU 占用率低、稳定性与安全性好、价格高。

(4) 无线网卡：该类网卡依靠无线传输介质(如红外线)等进行信号的传输，避免了网络布线。但由于此种网卡价格过高，一般在笔记本上使用较多。

7.3.2　集线器与交换机

1．集线器

集线器(见图 7-11)的英文名称为 Hub。"Hub"是"中心"的意思，集线器的主要功能是对接收到的信号进行再生整形放大，以扩大网络的传输距离，同时把所有节点集中在以它为中心的节点上。它工作于 OSI(开放系统互联)参考模型第二层，即"数据链路层"。集线器与网卡、网线等传输介质一样，属于局域网中的基础设备，采用 CSMA/CD(带有检测冲突的载波侦听多路访问协议，一种检测协议)访问方式。

集线器属于纯硬件网络底层设备，基本上不具有类似于交换机的"智能记忆"能力和"学习"能力。它也不具备交换机所具有的 MAC(媒体访问控制)地址表，所以它发送数据时都是没有针对性的，而是采用广播方式发送。也就是说，当它要向某节点发送数据时，不是直接把数据发送到目的节点，而是把数据包发送到与集线器相连的所有节点。

图 7-11　集线器

2．交换机

交换机(Switch)是按照通信两端传输信息的需要，用人工或设备自动完成的方法把要传输的信息送到符合要求的相应路由上的技术统称，是 OSI 模型中数据链路层上的网络设备,并且它与网桥一样，能够解析出 MAC 地址信息，如图 7-12 所示。交换机是集线器的升级换代产品，从外观

图 7-12　交换机

上来看，它与集线器基本上没有多大区别，都是带有多个端口的长方形盒状物，但实质上是一个具有流量控制功能的多端口网桥。

主流交换机按层数区分可分为：二层交换机和三层交换机。

二层交换技术的发展比较成熟，二层交换机属数据链路层设备，可以识别数据包中的 MAC 地址信息，根据 MAC 地址进行转发，并将这些 MAC 地址与对应的端口记录在自己内部的一个地址表中。

具体的工作流程如下。

(1) 当交换机从某个端口收到一个数据包，它先读取包头中的源 MAC 地址，这样它就知道源 MAC 地址的机器是连在哪个端口上的。

(2) 读取包头中的目的 MAC 地址，并在地址表中查找相应的端口。

(3) 如表中有与此目的 MAC 地址对应的端口，把数据包直接复制到此端口上。

(4) 如表中找不到相应的端口，则把数据包广播到所有端口上，当目的机器对源机器回应时，交换机又可以记录这一目的 MAC 地址与哪个端口对应，在下次传送数据时就不再需要对所有端口进行广播了。不断循环的这个过程，对于全网的 MAC 地址信息都可以学习到，二层交换机就是这样建立和维护自己的地址表。

下面通过一个简单的网络来介绍三层交换机的工作过程。

使用 IP 的设备 A------------------三层交换机------------------使用 IP 的设备 B

比如 A 要给 B 发送数据，已知目的 IP，那么 A 就用子网掩码取得网络地址，判断目的 IP 是否与自己在同一网段。如果在同一网段，但不知道转发数据所需的 MAC 地址，A 就发送一个 ARP 请求，B 返回其 MAC 地址，A 用此 MAC 封装数据包并发送给交换机，交换机启用二层交换模块，查找 MAC 地址表，将数据包转发到相应的端口。

如果目的 IP 地址显示不是同一网段的，那么 A 要实现和 B 的通信，在流缓存条目中没有对应 MAC 地址条目，就将第一个正常数据包发送给一个默认网关，这个默认网关一般在操作系统中已经设好，它的 IP 对应第三层路由模块，所以对于不是同一子网的数据，最先在 MAC 表中放的是默认网关的 MAC 地址(由源主机 A 完成)；然后就由三层模块接收到此数据包，查询路由表以确定到达 B 的路由，将构造一个新的帧头，其中以默认网关的 MAC 地址为源 MAC 地址，以主机 B 的 MAC 地址为目的 MAC 地址。通过一定的识别触发机制，确立主机 A 与主机 B 的 MAC 地址及转发端口的对应关系，并记录进流缓存条目表，以后的 A 到 B 的数据(三层交换机要确认是由 A 到 B 而不是到 C 的数据，还要读取帧中的 IP 地址)，就直接交由二层交换模块完成。这就是通常所说的一次路由多次转发。

以上就是对三层交换机工作过程的简单概括，可以看出三层交换的特点如下。

(1) 由硬件结合实现数据的高速转发。这就不是简单的二层交换机和路由器的叠加，三层路由模块直接叠加在二层交换的高速背板总线上，突破了传统路由器的接口速率限制，速率可达几十 Gb/s。算上背板带宽，这些是三层交换机性能的两个重要参数。

(2) 简洁的路由软件使路由过程简化。大部分的数据转发，除了必要的路由选择交由路由软件处理，其他都是由二层模块高速转发，路由软件大多数是经过处理的高效优化软件，并不是简单照搬路由器中的软件。

二层交换机和三层交换机的选择方案如下。

二层交换机用于小型局域网络。在小型局域网中，广播包影响不大，二层交换机的快速交换功能、多个接入端口和低廉的价格为小型网络用户提供了很完善的解决方案。

三层交换机的优点在于接口类型丰富，支持的三层功能强大，路由能力强大，适合用于大型的网络间的路由，它的优势在于选择最佳路由、负荷分担、链路备份及和其他网络进行路由信息的交换等路由器所具有的功能。

三层交换机最重要的功能是加快大型局域网络内部数据的快速转发，加入路由功能也是为这个目的服务的。如果把大型网络按照部门、地域等因素划分成一个个小局域网，这将导致大量的网际互访，单纯使用二层交换机不能实现网际互访；如单纯使用路由器，由于接口数量有限和路由转发速度慢，将限制网络的速度和网络规模，采用具有路由功能的快速转发的三层交换机就成为首选。

一般来说，在内网数据流量大、要求快速转发响应的网络中，如全部由三层交换机来做这个工作，会造成三层交换机负担过重，响应速度受影响，而将网间的路由交由路由器去完成，充分发挥不同设备的优点，不失为一种好的组网策略，当然，前提是客户的腰包很鼓，不然就退而求其次，让三层交换机也兼为网际互连。

3. 交换机与集线器的比较

交换机的外形与集线器很相似，但是两者的工作原理却大不相同。

集线器的工作机理是广播(Broadcast)，无论是从哪一个端口接收到什么类型的信包，都以广播的形式将信包发送给其余的所有端口，由连接在这些端口的网卡判断和处理这些信息，符合的留下处理，否则丢弃掉，这样很容易产生广播风暴，当网络规模较大时网络性能会受到很大的影响。从它的工作状态看，集线器的执行效率比较低，安全性差，而且一次只能处理一个信包，在多个端口同时出现信包的时候就出现碰撞，信包按照串行进行处理，不适合用于较大的网络主干中。

　　交换机的工作就完全不同，它通过分析 Internet 包的包头信息(包含了原 MAC 地址、目标 MAC 地址、信息长度等)，取得目标 MAC 地址后，查找交换机中存储的地址对照表(MAC 地址对应的端口)，确认具有此 MAC 地址的网卡连接在哪个端口上，然后仅将信包送到对应端口，可以有效地抑制广播风暴的产生。

7.3.3　路由器

　　所谓"路由"，是指把数据从一个地方传送到另一个地方的行为和动作，而路由器正是执行这种行为动作的机器。它的英文名称为 Router，是使用一种或者更多度量因素的网络层设备，它决定网络通信能够通过的最佳路径。路由器(见图 7-13)依据网络层信息将数据包从一个网络转发到另一个网络。

　　路由器是一种多端口设备，它可以连接不同传输速率并运行在不同环境下的局域网和广域网中。

图 7-13　路由器

　　路由器具有如下功能。

　　(1)　网络互连。路由器支持各种局域网和广域网接口，主要用于互连局域网和广域网，实现不同网络的互相通信。

　　(2)　数据处理。路由器提供分组过滤、分组转发、优先级、复用、加密、压缩和防火墙等功能。

　　(3)　网络管理。路由器提供配置管理、性能管理、容错管理和流量控制等功能。

7.3.4　调制解调器

　　现在常说的 Modem，其实是 Modulator(调制器)与 Demodulator(解调器)的简称，中文称为调制解调器，如图 7-14 所示。很多人又根据 Modem 的谐音，亲昵地称之为"猫"。计算机内的信息是由"0"和"1"组成的数字信号，而在电话线上传递的却只能是模拟电信号。于是，当两台计算机要通过电话线进行数据传输时，就需要一个设备负责数模与模数转换。这个数模/模数转换器就是 Modem。计算机在发送数据时，先由 Modem 把数字信号转换为相应的模拟信号，这个过程称为"调制"。经过调制的信号通过电话线传送到另一台计算机之前，经由接收方的 Modem 负责把模拟信号还原为

图 7-14　调制解调器

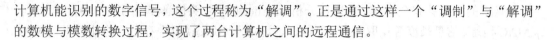

计算机能识别的数字信号，这个过程称为"解调"。正是通过这样一个"调制"与"解调"的数模与模数转换过程，实现了两台计算机之间的远程通信。

1. 调制解调器的分类

一般来说，根据 Modem 的形态和安装方式，可以大致分为以下四类。

1) 外置式 Modem

外置式 Modem 放置于机箱外，通过串行通信端口与主机连接。这种 Modem 方便灵巧、易于安装，闪烁的指示灯便于监视 Modem 的工作状况。但外置式 Modem 需要使用额外的电源与电缆。

2) 内置式 Modem

内置式 Modem 在安装时需要拆开机箱，并且要对中断和 COM 口进行设置，安装较为烦琐。这种 Modem 要占用主板上的扩展槽，但无须额外的电源与电缆，且价格比外置式 Modem 要便宜一些。

3) PCMCIA 插卡式 Modem

PCMCIA 插卡式 Modem 主要用于笔记本电脑，体积小巧。配合移动电话，可以方便地实现移动办公。

4) 机架式 Modem

机架式 Modem 相当于把一组 Modem 集中于一个箱体或外壳里，并由统一的电源进行供电。机架式 Modem 主要用于 Internet/Intranet、电信局、校园网、金融机构等网络的中心机房。

除以上四种常见的 Modem 外，现在还有 ISDN(综合业务数字网)调制解调器和一种称为 Cable Modem 的调制解调器，另外还有一种 ADSL 调制解调器。Cable Modem 利用有线电视的电缆进行信号传送，不但具有调制解调功能，还集路由器、集线器、桥接器于一身，理论传输速度更可达 10 Mb/s 以上。通过 Cable Modem 上网，每个用户都有独立的 IP 地址，相当于拥有了一条个人专线。而 ADSL Modem 则要用普通的电话线进行数据的传输，不过比普通的 Modem 有着更快的传输速率，并且不占用电话线，即在上网的同时也可以使用电话。光调制解调器(光猫)也称为单端口光端机，是针对特殊用户环境而研发的一种三件一套的光纤传输设备。该设备采用大规模集成芯片，电路简单，功耗低，可靠性高，具有完整的告警状态指示和完善的网管功能。

2. 调制解调器的传输模式

调制解调器最初只是用于数据传输，但随着用户需求的不断增加以及厂商之间的激烈竞争，市场上越来越多地出现了一些"二合一""三合一"的 Modem。这些 Modem 除了可以进行数据传输以外，还具有传真和语音传输功能。

1) 传真模式(Fax Modem)

通过 Modem 进行传真，除省下一台专用传真机的费用外，还有很多好处：可以直接把计算机内的文件传真到对方的计算机或传真机，而无须先把文件打印出来；可以对接收到的传真方便地进行保存或编辑；可以克服普通传真机由于使用热敏纸而造成字迹逐渐消退的问题；由于 Modem 使用了纠错的技术，传真质量比普通传真机要好，尤其是对于图形的传真更是如此。目前的 Fax Modem 大多遵循 V.29 和 V.17 传真协议。其中 V.29 支持 9600 b/s

传真速率，而 V.17 则可支持 14400 b/s 的传真速率。

  2) 语音模式(Voice Modem)

语音模式主要提供了电话录音留言和全双工免提通话功能，真正使电话与计算机融为一体。这里主要讨论的是一种新的语音传输模式——DSVD(Digital Simultaneous Voice and Data，数字同步语音和数据)。DSVD 是由 Hayes、Rockwell、U. S. Robotics、Intel 等公司在1995 年提出的一项语音传输标准，是现有的 V.42 纠错协议的扩充。DSVD 通过采用 Digi Talk 的数字式语音与数据同传技术，使 Modem 可以在普通电话线上一边进行数据传输一边进行通话。

DSVD Modem 保留了 8 Kb/s 的带宽(也有的 Modem 保留 8.5 Kb/s 的带宽)用于语音传送，其余的带宽则用于数据传输。语音在传输前会先进行压缩，然后与需要传送的数据综合在一起，通过电话载波传送到对方用户。在接收端，Modem 先把语音与数据分离开来，再把语音信号进行解压和数/模转换，从而实现数据/语音的同传。DSVD Modem 在远程教学、协同工作、网络游戏等方面有着广泛的应用前景。但在目前，由于 DSVD Modem 的价格比普通的 Voice Modem 要贵，而且要实现数据/语音同传功能时，需要对方也使用 DSVD Modem，从而在一定程度上阻碍了 DSVD Modem 的普及。

  3. 调制解调器的传输速率

Modem 的传输速率，指的是 Modem 每秒钟传送的数据量大小。平常说的 14.4K、28.8K、33.6K 等，指的就是 Modem 的传输速率。传输速率以 b/s 为单位。因此，一台 33.6K 的 Modem 每秒钟可以传输 33600 b 的数据。由于目前的 Modem 在传输时都对数据进行了压缩，因此33.6K 的 Modem 的数据吞吐量理论上可以达到 115200 b/s，甚至 230400 b/s。

Modem 的传输速率实际上是由 Modem 所支持的调制协议所决定的。平时在 Modem 的包装盒或说明书上看到的 V.32、V.32bis、V.34、V.34+、V.fc 等，指的就是 Modem 所采用的调制协议。其中 V.32 是非同步/同步 4800/9600 b/s 全双工标准协议；V.32bis 是 V.32 的增强版，支持 14400b/s 的传输速率；V.34 是同步 28800 b/s 全双工标准协议；而 V.34+则为同步全双工 33600 b/s 标准协议。以上标准都是由 ITU(国际通信联盟)所制定的，而 V.fc 则是由 Rockwell 提出的 28800 b/s 调制协议，但并未得到广泛支持。

以上所讲的传输速率，均是在理想状况下得出的。而在实际使用过程中，Modem 的速率往往不能达到标称值。实际的传输速率主要取决于以下几个因素。

  (1) 电话线路的质量。

因为调制后的信号是经由电话线进行传送的，如果电话线路质量不佳，Modem 将会降低速率以保证准确率。为此，在连接 Modem 时，要尽量减少连线长度，多余的连线要剪去，切勿绕成一圈堆放。另外，最好不要使用分机，连线也应避免在电视机等干扰源上经过。

  (2) 是否有足够的带宽。

如果在同一时间上网的人数很多，就会造成线路的拥挤和阻塞，Modem 的传输速率自然也会随之下降。因此，ISP 是否能提供足够的带宽非常关键。另外，避免在繁忙时段上网也是一个解决方法。尤其是在下载文件时，在繁忙时段与非繁忙时段下载所费的时间会相差几倍之多。

  (3) 对方的 Modem 速率。

Modem 所支持的调制协议是向下兼容的，实际的连接速率取决于速率较低的一方。因此，如果对方的 Modem 是 14.4 Kb/s 的，即使 56 Kb/s 的 Modem，也只能以 14400 b/s 的速率进行连接。

4. 调制解调器的传输协议

Modem 的传输协议包括调制协议(Modulation Protocols)、差错控制协议(Error Control Protocols)、数据压缩协议(Data Compression Protocols)和文件传输协议。调制协议较简单，下面着重讲述后三种传输协议。

1) 差错控制协议

随着 Modem 的传输速率不断提高，电话线路上的噪声、电流的异常突变等都会造成数据传输的出错。差错控制协议要解决的就是如何在高速传输中保证数据的准确率。目前的差错控制协议存在两个工业标准：MNP4 和 V4.2。其中 MNP(Microcom Network Protocols) 是 Microcom 公司制定的传输协议，包括了 MNP1～MNP10。由于商业原因，Microcom 目前只公布了 MNP1～MNP5，其中 MNP4 是目前被广泛使用的差错控制协议之一。而 V4.2 则是国际电信联盟制定的 MNP4 改良版，它包含了 MNP4 和 LAP-M 两种控制算法。因此，一个使用 V4.2 协议的 Modem 可以和一个只支持 MNP4 协议的 Modem 建立无差错控制连接，而反之则不能。所以在购买 Modem 时，最好选择支持 V4.2 协议的 Modem。

另外，市面上某些廉价的 Modem 卡为了降低成本，并不具备硬纠错功能，而是使用了软件纠错方式。大家在购买时要注意分清，不要为包装盒上的"带纠错功能"等字眼所迷惑。

2) 数据压缩协议

为了提高数据的传输量，缩短传输时间，现在大多数 Modem 在传输时都会先对数据进行压缩。与差错控制协议相似，数据压缩协议也存在两个工业标准：MNP5 和 V4.2bis。MNP5 采用了 run-Length 编码和 Huffman 编码两种压缩算法，最大压缩比为 2：1。而 V4.2bis 采用了 Lempel-Ziv 压缩技术，最大压缩比可达 4：1。这就是为什么说 V4.2bis 比 MNP5 要快的原因。要注意的是，数据压缩协议是建立在差错控制协议的基础上的，MNP5 需要 MNP4 的支持，V4.2bis 也需要 V4.2 的支持。虽然 V4.2 包含了 MNP4，但 V4.2bis 却不包含 MNP5。

3) 文件传输协议

文件传输是数据交换的主要形式。在进行文件传输时，为使文件能被正确识别和传送，就需要在两台计算机之间建立统一的传输协议。这个协议包括了文件的识别、传送的起止时间、错误的判断与纠正等内容。常见的传输协议有以下几种。

(1) ASCII：这是最快的传输协议，但只能传送文本文件。

(2) XModem：这种古老的传输协议速度较慢，但由于使用了 CRC(循环冗余检验)错误侦测方法，所以传输的准确率可高达 99.6%。

(3) YModem：这是 XModem 的改良版，使用了 1024 位区段传送，速度比 XModem 要快。

(4) ZModem：ZModem 采用了串流式(Streaming)传输方式，传输速度较快，而且还具有自动改变区段大小和断点续传、快速错误侦测等功能。这是目前最流行的文件传输协议。

除以上几种外，还有 IModem、JModem、BiModem、Kermit、Lynx 等协议，由于没有多数厂商支持，这里就不再赘述。

5．调制解调器的性能指标

1）　线路速率

线路速率的单位为 b/s，是指在连接调制解调器的电话线上数据传输的速率。

2）　最大吞吐量

Modem 传输数据时，为了提高传输效率，普遍采用数据压缩技术，当压缩达到最大限度时的数据传输速率即为该 Modem 的最大吞吐量。

3）　专线/拨号线

专线是指普通的两根无源(或有源)电线。拨号线就是普通电话线，常见的 Modem 都支持普通电话线。

4）　传输协议

Modem 涉及一套国际数据传输标准中的很多内容。Modem 外壳上标示的 V.32 及 V.42bis 等字符就是一个标准协议。

6．调制解调器的选购

在选购 Modem 时，一般应注意以下几点。

(1)　内置式还是外置式。

外置式 Modem 只需要占用很少的桌面空间，且安装方便，无须打开计算机机箱，更省去了烦人的设置，并节省宝贵的 IRQ(中断请求)。同样功能的外置式 Modem 通常要比内置式 Modem 贵，但外置式 Modem 的修理无须打开机箱从而更加方便，推荐使用外置式 Modem。

(2)　是否 Fax Modem。

大多数的 Modem 是 Fax/Modem，不过也有例外。Fax/Modem 不仅可传递数据，还可向任何传真机发送传真并接收任何传真机传来的传真，并可在显示器上观看传真内容，也可配备一台打印机，将其方便地打印出来。这样不仅可以节省一台传真机的费用，而且可以节省大量的耗材费。

(3)　速度。

速度是 Modem 最被看重的指标，速度越快，传递数据花费的时间越少，同时还节约了大量开支。

> ⚠ 注意：当高速度的调制解调器成为市场主流，用户在使用 Modem 时，经常会发现，在进行文件传输时，会反复地重发数据块，使文件传输效率降低，甚至有时不能正常进行文件传输。因此，在努力追求最高速度时，必须测试 Modem 在使用过程中的平均速度，看它是否能够始终保持较高的速度。

(4)　通信软件支持。

大多数 Modem 出售时都配有基本的通信软件,要注意随机附送的通信软件是否已汉化,以适合国内用户的需要。此外，一般随机附送的软件内容相当少，必须选择其他的软件，总之要以易用、好用为前提。另外，购买时应注意厂商是否有升级支持：软件升级还是硬件升级。

我国的 Modem 产品价格比较便宜，性能较佳，选购时不要注重外表，关键看内在品质。现在市场上的 Modem 外壳做得越来越花哨，色彩也越来越绚丽，不过在购买的时候千万别被外表所迷惑。不少厂家推出的所谓系列产品，在价格上差异很大，但实际上用的是一样的电路板，只不过是外壳不同罢了。买 Modem 没有必要为了外壳而多花上几百元钱。

7.4 回到工作场景

通过本章的学习，应掌握常见的几种传输介质和各种网络设备。下面回到 7.1 节介绍的工作场景中，完成工作任务。

【工作过程一】网络拓扑设计和规划

(1) 30 个信息点划在同一个网段，统一连线至交换机，再通过路由器连至外网，具体拓扑如图 7-15 所示。

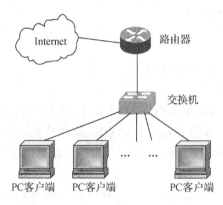

图 7-15　网络拓扑结构

(2) 连接交换机的计算机 IP 地址在 192.168.1.21/24～192.168.1.50/24，计算机网关(路由器内网口 IP)统一为 192.168.1.1/24，路由器连接外网的 IP 由运营商分配。

【工作过程二】设备及材料准备

选购 30 台电脑(含网卡)，24 口交换机 2 台，路由器 1 台，双绞线和水晶头若干，交换机柜 1 个。其中 24 口交换机用于网络互连，路由器用于连接外网。考虑到组建的网络范围较小，为控制成本，双绞线可采用 5 类线，为网速考虑此处采用超 5 类线。再购买一个机柜，用于设备的安放。

【工作过程三】网线制作及连线

连接电脑与交换机，由于是不同类设备，制作直通线即可。具体做法是将双绞线两端做成一样，即线序为：橙白、橙、绿白、蓝、蓝白、绿、棕白、棕。将制作好的直通线两端分别插入电脑及交换机。

【工作过程四】网络设置

(1) 设置电脑网络 IP 地址，使得连接在交换机上的电脑能够互相通信。设置 IP 地址的过程如下(Windows 7 中)：在桌面上右击"网络"图标，在弹出的快捷菜单中选择"属性"

命令，在打开的"网络和共享中心"窗口中单击左侧的"更改适配器设置"选项，在打开的"网络连接"窗口中右击"本地连接"图标，在弹出的快捷菜单中选择"属性"命令，弹出"本地连接 属性"对话框，切换到"网络"选项卡，在"此连接使用下列项目"列表框中选择"Internet 协议版本(TCP/IPv4)"选项，再单击"属性"按钮。在弹出的"Internet 协议版本 4 (TCP/IPv4)属性"对话框中，选中"使用下面的 IP 地址"单选按钮，填入 IP 地址 192.168.1.21，子网掩码 255.255.255.0，默认网关 192.168.1.1。其他电脑设置类似，IP 地址分别设为 22～50 中间的不重复的任意整数即可。

(2) 设置路由器的内外网 IP，以及上行和下行的两条静态路由。此项操作涉及专业网络知识，具体操作命令根据路由器型号有很大差别，专业程度较高，授课教师根据情况可选择讲授。

7.5 工作实训营

7.5.1 训练实例

1. 训练内容

国内计算机和网络技术的迅猛发展，使得互联网应用越来越广泛。假如你已申请了拨号上网的账号和密码，计算机网卡安装正确，网线连接无误，试设置该计算机上网冲浪。

2. 训练目的

学会选择个人用户和局域网用户的上网连接方式。

3. 训练过程

下面以 Windows XP 操作系统为例，介绍个人计算机宽带拨号上网的步骤。

(1) 在桌面上右击"网上邻居"图标，在弹出的快捷菜单中选择"属性"命令。弹出如图 7-16 所示的"网络连接"窗口。

(2) 在"网络连接"窗口左边的"网络任务"窗格中单击"创建一个新的连接"选项，在弹出的"新建连接向导"对话框中单击"下一步"按钮，打开如图 7-17 所示的"网络连接类型"界面。

(3) 选中"连接到 Internet"单选按钮，并单击"下一步"按钮，在弹出的"准备好"界面中选中"手动设置我的连接"单选按钮，如图 7-18 所示，单击"下一步"按钮。

(4) 在弹出的"Internet 连接"界面中选中"用要求用户名和密码的宽带连接来连接"单选按钮，并单击"下一步"按钮，如图 7-19 所示。

(5) 在弹出的"连接名"界面中填入 ISP 名称(可任意，如 aaa)，单击"下一步"按钮，如图 7-20 所示。

(6) 在弹出的"Internet 帐户信息"页面中填入 ISP 提供的用户名和密码，单击"下一步"按钮，如图 7-21 所示。

图 7-16　网络连接

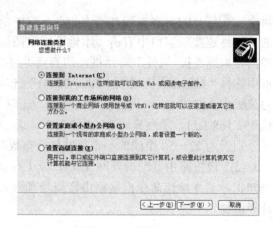

图 7-17　连接到 Internet

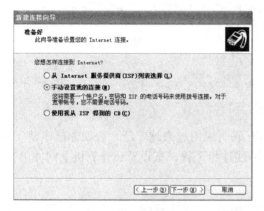

图 7-18　手动设置我的连接

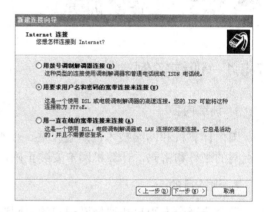

图 7-19　要求用户名的选项

图 7-20　填入 ISP 名称

图 7-21　填入用户名和密码

（7）在弹出的"正在完成新建连接向导"界面中选中"在我的桌面上添加一个到此连接的快捷方式"复选框，单击"完成"按钮，如图 7-22 所示。

（8）双击桌面上的 aaa 图标，在弹出的"连接 aaa"对话框中单击"连接"按钮，如图 7-23 所示。在物理连接正确的情况下即可上网冲浪。

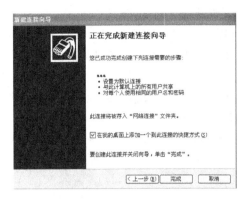

图 7-22 完成界面

图 7-23 拨号上网

4．技术要点

如果在创建过程中没有选中"在我的桌面上添加一个到此连接的快捷方式"复选框，想拨号上网时可按如下方法进行：右击桌面上的"网上邻居"图标，在弹出的快捷菜单中选择"属性"命令，打开"网络连接"窗口，双击其中的 aaa 图标，如图 7-24 所示，即可弹出如图 7-23 所示的对话框进行拨号上网。

图 7-24 双击 aaa 图标

7.5.2 工作实践常见问题解析

【常见问题 1】组建小型网络时，是使用路由器还是交换机？

【回答】网络的用户数目小的话用路由器就可以，把路由器接在调制解调器上，然后设置 PPPoE 的账号密码，再把所有计算机接在路由器上设置自动分配 IP 地址。这是星型网络结构，调试时分别在每台计算机的 cmd 里运行 ipconfig 命令，若可以检测出网卡 IP 以及 DNS，即证明网络布局成功。

如果网络用户数目过多，可以用交换机连接路由器，然后用计算机连接交换机，这样就建成一个二级结构。一般计算机超过 10 台最好设置固定 IP，小于 10 台的可以用路由器自动分配 IP。

【常见问题 2】购买网卡时有哪些注意事项？

【回答】(1) 看指示灯状况是否完好。通常 10 Mb/s、100 Mb/s 网卡都配有电源指示

(ACCT)、10Mb/s 传输状态指示(10)、100 Mb/s 传输状态指示(100)等。

(2) 看驱动程序是否完备。由于目前服务器和客户端的操作系统平台多种多样，用于不同操作系统的网卡其驱动程序必须完备，这样才能保证网卡与多种操作系统平台相兼容。

(3) 看是否具有自诊断能力。网卡是否具有自诊断程序以及自诊断程序是否能起到应有的作用，对于普通用户来说有着非常重要的意义。

(4) 应注意的一点是局域网内部使用的网卡要相互配合，选择同一种芯片的网卡甚至同一型号的网卡会使计算机间的连接快速且稳定。

 ## 7.6 习题

一、填空题

1. 双绞线的三种线序是_____、_____和_____。

2. 网卡按传输速率可分为_____、_____、_____和_____。

3. 调制解调器的传输协议包括_____、_____、_____和_____。

二、选择题

1. 局域网的有线传输介质有_____。

    A. 微波传输、卫星传输   B. 双绞线、微波传输、卫星传输

    C. 微波传输、红外传输、激光传输   D. 双绞线、同轴电缆、光缆

2. 按照网卡的连接对象，可把其分为_____。

    A. ISA 网卡、PCI 网卡、USB 网卡

    B. 10 Mb/s 网卡、100 Mb/s 网卡、1000 Mb/s 网卡、10/100 Mb/s 网卡

    C. 普通网卡、笔记本网卡、服务器网卡、无线网卡

    D. AUI 网卡、BNC 网卡、RJ-45 网卡

三、操作题

1. 分别用集线器和交换机组建一个由 5 台计算机连成的局域网。

2. 拿出准备好的网卡，指出厂家、型号和技术参数，并练习安装网卡驱动程序。

第 8 章

硬件组装及硬盘初始化

本章要点

- 装机之前的准备工作及流程。
- 装机的具体步骤。
- 硬盘的分区和高级格式化。

技能目标

- 熟悉装机之前的一些准备工作以及装机的具体流程和步骤。
- 熟练硬盘分区前的准备工作和具体的分区步骤。

8.1 工作场景导入

【工作场景】

在确定好 DIY 所需的主要硬件后，小钱又买来机箱、电源、键盘、鼠标，准备动手组装计算机。

【引导问题】

(1) 装机之前有哪些准备工作？
(2) 装机的流程是什么？
(3) 如何组装电脑？
(4) 如何对硬盘进行分区和高级格式化？

 8.2 装机准备工作

在装机前，除了要具备一定的相关硬件知识外，还需要掌握一些常用软件的使用和操作，因为在组装过程中一些硬件故障需要相关软件来帮助判断原因。本节主要介绍装机前的准备工作，包括装机的常用工具和注意事项。

在装机前需要准备一些常用工具，如图 8-1 所示。

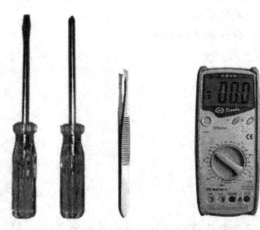

图 8-1　常用的装机工具

1. 螺丝刀

在装机过程中需要使用到两种类型的螺丝刀工具，一种是"十"字形的，另一种是"一"字形的。要尽量选用带磁性的螺丝刀，这样一方面方便安装，另一方面当有螺丝落入机箱内部狭小空间时也较容易取出。

2．镊子

在设置主板、硬盘等跳线时，由于机箱空间小的原因，无法直接用手设置跳线，这时就需要借助镊子来设置跳线。

如果有条件的话，还需要准备万用表、试电笔等其他工具。另外，由于在机箱里还需要安装固定主板的铜柱，所以一把尖嘴钳也是必需的。

在装机的过程中有以下注意事项。

(1) 由于人体带有静电，而静电对电子器件很容易造成损伤，所以在装机前，一定要先消除身上的静电。比如，用手触摸一下与地相接触的金属物体或者用水洗一下手，当然若有条件的话可以佩戴防静电环。

(2) 在装机过程中，一定要注意对计算机的各个部件轻拿轻放，不要碰撞，更不能掉到地上，尤其是硬盘和光驱等设备。

(3) 在安装主板时一定要稳固，防止主板变形，不然就有可能对主板上的电子线路造成损伤。

8.3 装机流程

在装机前，还要对装机的步骤有所了解，这样就可以有条不紊地进行装机。装机的一般步骤如下(当然也可以按照哪个操作方便，就先进行哪个操作)。

(1) 电源的安装。主要是将电源安放在机箱里。

(2) 主板的安装。将主板安装在机箱的主板上。

(3) CPU 与风扇的安装。在主板的处理器插槽装上 CPU，并且安装好散热风扇。

(4) 内存的安装。将内存条插入到主板的内存插槽中。

(5) 显卡、声卡与网卡的安装。在主板上找到合适的插槽后，将显卡、声卡与网卡插入。

(6) 驱动器的安装。这里主要是对硬盘驱动器和光盘驱动器进行安装。

(7) 连接线缆和输入/输出设备。主要进行机箱内部相关线缆的连接以及输入/输出设备与机箱之间的连接。

图 8-2 所示为装机的流程图。

8.4 组装电脑

在安装电源前，需要打开机箱的后盖。拧下机箱后面的固定螺丝，然后用手扣住机箱侧面板的凹处往外拉就可以打开机箱的

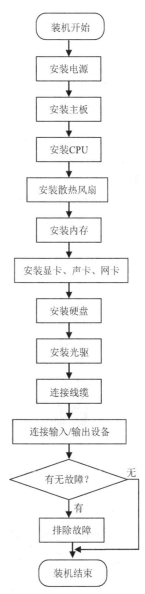

图 8-2 装机流程图

侧挡板。打开侧挡板就可以看到机箱的内部结构,如图 8-3 所示。

机箱的整个机架由金属组成。其中 2~3 个 5.25 寸驱动器槽用于搭载光驱和硬盘;电源固定架用来固定电源;机箱下边那块大的铁板用来固定主板,而上面的很多固定孔是用来上铜柱或塑料钉固定主板的,现在的机箱在出厂时一般就已经将固定柱安装好;而机箱背部的槽口是用来固定板卡及打印口和鼠标口的,在机箱的下面还有 4 个塑料脚垫。

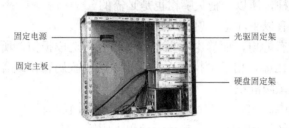

固定电源　　　　　　　　　　　光驱固定架

固定主板　　　　　　　　　　　硬盘固定架

图 8-3　机箱的内部结构

下面来讲解装机的具体步骤。

1. 安装电源

现在的计算机主要使用 ATX 电源(见图 8-4)。ATX 电源规范是 1995 年 Intel 公司制定的主板及电源结构标准,ATX 是英文 AT Extend 的缩写。ATX 电源规范经历了 ATX 1.1、ATX 2.0、ATX 2.01、ATX 2.02、ATX 2.03 和 ATX 12V 系列等阶段。选择电源时,除了要特别注意与所配的主板是否兼容、电源的额定功率是否合适,还要注意该产品是否符合 3C 认证,以及代表转换效率的 80PLUS 认证、RoHS 限制有害物质。

安装电源比较简单,把电源放在电源固定架上,使电源后的螺丝孔和机箱上的螺丝孔一一对应,然后拧上螺丝,如图 8-5 所示。

图 8-4　ATX 电源

图 8-5　电源的安装

2. 安装主板

在电源安装好以后,将进行主板的安装操作,在操作前先准备一块绝缘的泡沫塑料板来放置主板。安装主板的操作步骤如下。

(1) 在安装主板之前,先将机箱提供的主板垫脚螺母安放到机箱主板托架的对应位置(有些机箱购买时就已经安装),如图 8-6 所示。

(2) 双手托住主板，将主板放入机箱中，如图 8-7 所示。

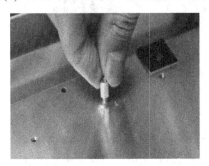

图 8-6　固定垫脚螺母

图 8-7　安放主板

(3) 将主板放入机箱，注意要将主板上的键盘口、鼠标口、串并口和机箱背面挡片的孔对齐，如图 8-8 所示。

(4) 将主板固定孔对准螺丝柱和塑料钉，然后用螺丝将主板固定好，如图 8-9 所示。

图 8-8　确定主板位置

图 8-9　固定主板

(5) 将电源插头插入主板上的电源插口上。

最后要注意的是，在主板安装好以后，一定要确保主板与机箱的底板平行，否则很容易造成短路。

3．安装 CPU

在主板上安装 CPU 也很容易，但安装时一定要找准方向，操作步骤如下。

(1) 用适当的力向下微压固定 CPU 的压杆，同时用力往外推压杆，使其脱离固定卡扣。稍向外/向上用力拉开 CPU 插槽上的锁杆与插槽呈 90°角，以便让 CPU 能够插入处理器插槽，如图 8-10 所示。

(2) 将 CPU 上针脚有缺针的部位对准插槽上的缺口，然后稍用力将 CPU 插入插槽中，如图 8-11 所示。注意 CPU 只有在方向正确时才能插入，所以在方向不正确时不能用蛮力，这样会损坏 CPU 的针脚。

(3) 在 CPU 插入插槽后，微用力扣下处理器的锁杆，如图 8-12 所示。

至此 CPU 便被稳稳地安装到主板上，安装过程结束。

4．安装 CPU 的散热风扇

CPU 安装完毕后，就需要安装 CPU 风扇了。相对于安装 CPU 来说，CPU 风扇的安装就要复杂一些了，其步骤如下。

图 8-10　CPU 安装——拉起锁杆

图 8-11　CPU 安装——放置 CPU

(1)　为了更有利于 CPU 的散热，一般在安装好的 CPU 表面涂上一层导热硅胶，如图 8-13 所示。

图 8-12　CPU 安装——放下锁杆

图 8-13　涂抹导热硅胶

(2)　将散热风扇安装在散热片的顶部，然后向下压风扇直到它的四个压杆卡入支撑机构对应的孔中。

(3)　将两个压杆压下以固定风扇，需要注意的是每个压杆都只能沿一个方向压下，如图 8-14 所示。

(4)　固定好散热风扇后，还要将散热风扇的电源接上。找到主板上风扇的 7 线电源接口(主板上的标识字符为 CPU_FAN)，将风扇插头插入即可，如图 8-15 所示。不用担心插反，因为在此电源接口处有一个导向小槽，方向不对是插不进去的。

图 8-14　CPU 风扇安装

图 8-15　风扇电源连接

5. 安装内存条

在安装内存条时要注意其金手指缺口和主板内存插槽的位置相对应，不同的内存条金手指缺口的位置是不同的，所以在购买内存时，一定要看好主板所支持的是哪种内存条。内存条反插是不能插入的，其安装步骤如下。

(1) 在内存插槽上，可以看到两个塑料卡扣。在安装内存时，要先用手将其外扳。

(2) 拿出内存条，将其金手指缺口与插槽上的缺口对应好，然后两只手捏住内存的两端均匀地向下用力按入内存，听到"啪"的一声响后，即说明内存安装到位，如图 8-16 所示。

(3) 在相同颜色的内存插槽中插入两条规格相同的内存，打开双通道功能，提高系统性能，如图 8-17 所示。

图 8-16　安装内存条

图 8-17　安装双通道内存条

6. 安装显卡、声卡、网卡

显卡、声卡与网卡三者的安装都比较简单，也非常相似，所以这三者的安装方法与步骤在下面就较为简单地进行介绍。

1) 显卡的安装

安装显卡时，首先要先确定显卡的类型，现在常见的是 AGP 显卡和 PCI-E 显卡。虽然 AGP 显卡已不再是市场的主力军，但因其发展时间长，在某些用户中还有应用，所以就简单介绍一下它的安装。

AGP 显卡的安装非常简单，只需要将其插入主板上的 AGP 插槽即可，此时 AGP 显卡的挡板应该面向主板端口一侧。很多主板的 AGP 插槽都有一个弹簧片，显卡正确插入后，该弹簧片就会牢牢地扣住显卡。

现在市场上的 PCI-E 显卡已经成为主力军，所以若用户新购机最好购买 PCI-E 接口的显卡。下面介绍其安装方法。

(1) 从机箱后壳上移除对应的 PCI-E 插槽(见图 8-18)上的扩充挡板及螺丝。

(2) 用手轻握显卡两端，垂直对准主板上的显卡插槽，将显卡向下轻压到位，使之插入 PCI-E 插槽中，如图 8-19 所示。

(3) 用螺丝刀将显卡固定在机箱上。

PCI-E接口

图 8-18　PCI-E 接口

图 8-19　安装显卡

⚠️ 注意：将显卡插入插槽时要保持显卡的平衡，使整个显卡同时插入，不要出现一端插
进了槽内，另一端还在槽外的现象。另外，拿显卡时不要捏着显卡芯片，也不
要触摸显卡的金手指部分。

2)　声卡的安装

声卡的安装方法和显卡类似，只不过它是安装在 PCI 插槽上的，具体操作步骤如下。

(1)　用螺丝刀拧下主板上任一 PCI 插槽所对应的条形防尘片的螺丝，卸下防尘片。

(2)　将声卡以垂直于主板的方向插入 PCI 插槽中，如图 8-20 所示。

(3)　上紧螺丝固定声卡。

(4)　声卡有音频线，通常音频线是 7 芯或者 4 芯的，如图 8-21 所示，其中红色、白色
的线是连接左右声道的，黑色的线是地线，不传输声音。可以按照说明书连接声卡和光驱。
如果连接错误就可能听不到 CD 音乐或者只有一个声道发声。

图 8-20　安装声卡

图 8-21　音频线

3)　网卡的安装

网卡的安装步骤如下。

(1)　将网卡插入机箱中某个空闲的 PCI 扩展槽中，插的时候注意要对准插槽。

(2)　用两只手的大拇指把网卡插入插槽内，一定要把网卡插紧，如图 8-22 所示。

(3)　上好螺钉并拧紧。

图 8-22　安装网卡

7. 安装硬盘

先从面板上取下一个 2 寸槽口的挡板，用来安装硬盘驱动器。硬盘的安装也比较简单，但在安装前，需要分清硬盘的正面与背面，其安装步骤如下。

(1)　安装硬盘前，先要设置好硬盘的跳线。如果只安装一个硬盘，那么这个硬盘就是主硬盘，将硬盘的跳线设置为 Master。如果还有另外一个硬盘，则设置为从硬盘，跳线设置为 Slave。跳线的设置方法应根据硬盘正面标签上的提示进行，如图 8-23 所示。

(2)　机箱中有一个固定 2.5 寸托架的扳手，拉动此扳手并取下 2.5 寸硬盘托架，如图 8-24 和图 8-25 所示。

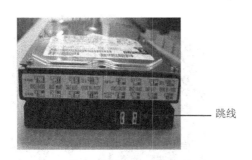

跳线

图 8-23　硬盘跳线标记

图 8-24　拉动扳手取下硬盘托架

(3)　将硬盘装入托架中，并拧紧螺丝，如图 8-26 和图 8-27 所示。

图 8-25　取出后的硬盘托架

图 8-26　将硬盘放入托架

(4) 将托架重新装入机箱，并将固定扳手拉回原位固定好托架，如图 8-28 所示。

图 8-27　安装硬盘螺丝

图 8-28　固定硬盘

至此，硬盘安装结束。

8. 安装光驱

安装光驱和安装硬盘的方法大致相同，不同的是光驱安装在 5 英寸的固定架上，所以在安装前需要把机箱中 5 英寸托架前的面板拆除，然后将光驱放入对应的位置，拧紧螺丝即可。

对于另外一种专为光驱设计的抽拉式托架(见图 8-29)，安装方法也比较简单，具体安装步骤如下。

(1) 在安装前，先将类似于抽屉设计的托架安装到光驱上，如图 8-30 所示。

图 8-29　抽拉式托架

图 8-30　安装光驱

(2) 像推拉抽屉一样，将光驱推入机箱托架中。

(3) 机箱安装到位，需要取下时，用两手按住两边的簧片，即可以拉出，简单方便。安装好的光驱如图 8-31 所示。

安装好的光驱从外观看来应该是平整光洁，以保持机箱前面板的整洁性。同时也要保持光驱表面的平整性，否则就会在安装后出现光驱读盘时读不出数据的现象，严重时还可能造成死机。

9. 连接线缆

各种线缆之间的连接虽然比较简单，但是由于接线比较多，过程比较烦琐，所以在进行线缆的连接操作时，一定要十分小心仔细，保证不出任何错误，因为只要有一根线连接错误就有可能导致相关部件或器件的毁坏。下面就对线缆之间的连接步骤做详细介绍。

1)　电源线的连接

目前大部分主板采用 24 针的供电电源设计，但仍有些主板为 20 针，在选购时应该清楚其设计，以便购买合适的电源。

电源线主要是指机箱内的 ATX 电源插头，把它接到主板的接口上，为整台计算机提供能量，具体安装方法如图 8-32 所示。

图 8-31　固定光驱

图 8-32　电源线连接

在机箱内还有一些其他的电源线，它们用来连接电源总开关(POWER SW)、总电源指示灯(POWER LED)、PC 喇叭(SPEAKER)、重启动(RESET)、硬盘指示灯(HDD LED)，如图 8-33 所示。需要将这些连线插到机箱内的主板插针上，如图 8-34 所示。

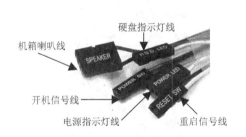

图 8-33　机箱连接线

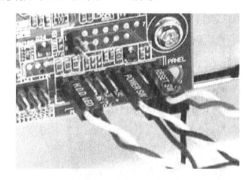

图 8-34　连好的机箱接线

上述各种电源线的连接方法分别如下。

(1)　连接 POWER SW。

从面板引入机箱中的连接接头中找到标有 POWER SW 字样的接头，这便是电源开关的连线了。在主板信号插针中找到标有 POWER SW 字样的插针，将接头插在主板上的插针中即可。插针的位置如果在主板上标记不清，最好查阅主板说明书上的相关说明。

(2)　连接 POWER LED。

将连接接头中标有 POWER LED 字样的接头找出来，将该接头插在主板上标有 POWER LED 的插针上。连接好后，当计算机启动时，电源指示灯就会亮着，表明电源已经打开了。

(3)　连接 SPEAKER。

将连接接头中标有 SPEAKER 字样的接头找出来，将该接头插在主板上标有 SPEAKER 的插针上。这个接头用来连接 PC 喇叭，使 PC 喇叭可以发出主板的警报声。

(4) 连接 RESET SW。

从连接接头中找到 RESET SW 字样的接头，将它接到主板的 RESET 插针上。主板上 RESET 针的作用是，当它们短路时，计算机就会重新启动。RESET 按钮是一个开关，按下时产生短路，松开时又恢复开路，瞬间的短路就可以使计算机重新启动。偶尔会有这样的情况，当按下 RESET 按钮并且松开时，它并没有弹起来，一直保持着短路状态，计算机就会不停地重新启动。

(5) 连接 HDD LED。

从连接接头中找到标有 HDD LED 字样的接头，将该接头插在主板上标记 HDD LED 字样的插针上。连接好后，当计算机在读写硬盘时，机箱上的硬盘指示灯会闪亮。

2) 其他线缆的连接

硬盘、光驱等驱动器安装好以后，还必须要为其连接硬件与主板间的数据线缆、硬件和电源间连线，方能正常工作，具体操作步骤如下。

(1) 安装硬盘电源与数据线接口，如图 8-35 所示，该硬盘为 SATA 接口，由于 SATA 接口全部采用防呆式设计，反方向无法插入，右边红色的为数据线，黑黄红交叉的是电源线，安装时将其插入即可。

(2) 安装光驱电源与数据线接口，如图 8-36 所示，该光驱为 SATA 接口，也采用防呆式设计，反方向无法插入。注意下方红色的为数据线，上方黑黄红交叉的是电源线，安装时将其插入即可。

图 8-35　安装硬盘电源线与数据线

图 8-36　安装光驱电源线与数据线

(3) 连接主板上的 SATA 接口数据线，如图 8-37 所示。

图 8-37　安装 SATA 数据线

10. 连接输入/输出设备

在主机基本组装完毕后，就需要把主机、显示器和键盘等部件连接起来了。

先来连接键盘，PS/2 键盘接口在主板的后部，是一个圆形的紫色接口。键盘插头上有向上的标记，连接时按照这个方向插好就行了。如果是 USB 键盘则可在使用时再安装。

PS/2 接口的鼠标也是同样的接法。它的接口就在 PS/2 键盘接口的旁边，是一个圆形的绿色接口，如图 8-38 所示。同样地，USB 接口的鼠标也可以在使用时安装。

显示器的接口为 D 形 15 针接口，它通常位于主机机箱后盖的底端。将显示器的 D 形 15 针连接线连接到显卡后的 D 形插头上，用固定螺栓将其固定紧，如图 8-39 所示。

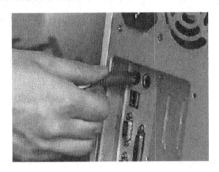
图 8-38　连接 PS/2 接口的键盘或鼠标

图 8-39　连接显示器

8.5　硬盘初始化

8.5.1　硬盘分区概述

随着硬盘容量的日趋增长，长时间使用的硬盘难免有时会出错，轻则数据丢失，重则整块硬盘报废，造成不可挽回的损失。一个完整硬盘的数据应该包括五部分：MBR 区、DBR 区、FAT 区、DIR 区和 DATA 区。

1. 分区术语

硬盘分区的术语介绍如下。

(1) 基本分区(主分区)：包含操作系统启动所必需的文件和数据的硬盘分区叫基本分区。系统将从这个分区查找和调用启动操作系统所必需的文件和数据。一个操作系统必须有一个基本分区，也只能有一个基本分区，一个硬盘可以有不超过四个的基本分区。

(2) 扩展分区：硬盘中扩展分区是可选的，即用户可以根据需要及操作系统的磁盘管理能力而设置扩展分区。

(3) 逻辑分区：扩展分区不能直接使用，要将其分成一个或多个逻辑驱动的区域，也叫逻辑驱动器，才能为操作系统识别和使用。

(4) 活动分区：当从硬盘启动系统时，有一个分区并且只有一个分区中的操作系统进入运行，这个运行的分区叫活动分区。当用 FDISK 做硬盘分区时，有一个步骤是将基本分区激活，含义就是将 DOS 基本分区定义为活动分区。

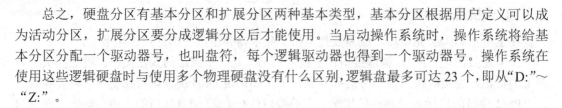

总之，硬盘分区有基本分区和扩展分区两种基本类型，基本分区根据用户定义可以成为活动分区，扩展分区要分成逻辑分区后才能使用。当启动操作系统时，操作系统将给基本分区分配一个驱动器号，也叫盘符，每个逻辑驱动器也得到一个驱动器号。操作系统在使用这些逻辑硬盘时与使用多个物理硬盘没有什么区别,逻辑盘最多可达 23 个,即从"D:"~"Z:"。

2．分区格式

在 Windows 操作系统中，常用的分区格式有 FAT32 和 NTFS 两种。FAT32 是采用 32 位的文件分配表，使其对磁盘的管理能力大大增强，突破了 FAT16 对每一个分区的容量只有 2 GB 的限制。由于 FAT32 分区内无法存放大于 4 GB 的单个文件，且性能不佳，易产生磁盘碎片，目前已被性能更优异的 NTFS 分区格式所取代。NTFS 方式的优点是安全性和稳定性极其出色，在使用中不易产生文件碎片。它能对用户的操作进行记录，通过对用户权限进行非常严格的限制，使每个用户只能按照系统赋予的权限进行操作，充分保护了系统与数据的安全。

8.5.2　分区前的准备工作

分区前首先要对硬盘分区做规划。随着技术的发展，大容量硬盘已经成为计算机的主流配置。下面以安装 Windows 7 系统的家用型电脑(500 GB)为例，讲解分区规划及理由。

(1)　C 盘：系统主分区，供安装操作系统，建议分区的大小是 100 GB，NTFS 格式。C 盘主要安装的是 Windows 7 操作系统和常用应用程序。NTFS 分区格式有很强的稳定性和安全性，特别是使得磁盘有更高的安全性。同时考虑到计算机操作的时候，系统需要把一些临时文件暂时存放在 C 盘进行处理，所以 C 盘一定要保持足够大的空间。

(2)　D 盘：系统逻辑分区，供常用软件和数据备份，建议分区的大小是 120 GB，NTFS 格式。D 盘主要用来存储个人经常使用的应用软件和工具(如 Photoshop、Premiere、After Effects、Visual Studio、Dev-Cpp、SQL Server、系统镜像文件)，以及个人数据(照片、视频等)。

(3)　E 盘：系统逻辑分区，供学习资料备份，建议分区大小是 120 GB，NTFS 格式。E 盘主要用来存储各种学习资料、教学视频等。

(4)　F 盘：系统逻辑分区，供娱乐数据备份，剩余全部空间 100 GB 左右，NTFS 格式。主要用来存储电影、游戏等文件。

当然，这只是大概的分区划分方法。读者可根据自己实际需求，进行更细致的分类、分区规划。但总的分区数量不宜过多，以免造成管理混乱。

8.5.3　分区实践

对硬盘进行分区、格式化，是每个硬盘都必须经过的步骤。DiskGenius 是一款集磁盘分区管理与数据恢复功能于一身的工具软件。它既是一款功能强大、灵活易用的分区软件，也是一款技术高超、功能全面的数据恢复软件。它不仅具备与分区管理有关的几乎全部功能，支持 MBR、GUID 分区表，支持各种硬盘、存储卡、虚拟硬盘、RAID 分区，提供独特的快速分区、整数分区等功能，还具备堪称经典的丢失分区恢复功能、完善的误删除文件恢复功能、各种原因导致的分区损坏文件恢复功能。

1．准备工作

准备一款能启动的工具(如深度 U 盘启动工具、老毛桃 U 盘启动工具或启动光盘)，应包含 DiskGenius 分区工具。在使用 DiskGenius 进行分区之前，应该首先按照前文所述对磁盘进行分区规划。如果还要安装多操作系统，可以多分一个主分区。

2．操作顺序

具体操作顺序为：建立主分区→建立扩展分区→在扩展分区中建立逻辑分区→保存更改。如果在建立分区前硬盘上已经有分区，需要将原分区删除后再重新进行分区。

> 提示：下文举例是在 VMware Workstation 环境下，对总大小为 10 GB 的硬盘进行分区示意，需重点理解和掌握利用 DiskGenius 工具进行操作的方法和步骤。

1) 创建主分区

主分区，也称为主磁盘分区，和扩展分区、逻辑分区一样，是一种分区类型。主分区中不能再划分其他类型的分区，因此每个主分区都相当于一个逻辑磁盘(在这一点上主分区和逻辑分区很相似，但主分区是直接在硬盘上划分的，逻辑分区则必须建立于扩展分区中)。早期 MBR 模式分区只能划分四个分区，现在的 GPT 分区至少可以划分 128 个主分区，未来很有可能将不存在扩展分区和逻辑分区的概念。

一个硬盘的主分区包含操作系统启动所必需的文件和数据的硬盘分区，要在硬盘上安装操作系统，则硬盘必须有一个主分区。

(1) 在硬盘水平柱状图上，右击鼠标，在弹出的快捷菜单中选择"建立新分区"命令，如图 8-40 所示。

图 8-40　选择"建立新分区"命令

(2) 在如图 8-41 所示的"建立新分区"对话框中，选中"主磁盘分区"单选按钮，将文件系统类型设置为 NTFS，新分区大小设置为 5 GB，单击"确定"按钮。

图 8-41　建立主磁盘分区

提示：图 8-41 中新分区大小，可根据需要输入具体大小，也可以输入百分比。

2)　创建扩展分区

所谓扩展分区，严格地讲它不是一个实际意义的分区，它仅仅是一个指向下一个分区的指针，这种指针结构将形成一个单向链表。这样在主引导扇区中除了主分区外，仅需要存储一个被称为扩展分区的分区数据，通过这个扩展分区的数据可以找到下一个分区(实际上也就是下一个逻辑磁盘)的起始位置，以此起始位置类推可以找到所有的分区。无论系统中建立多少个逻辑磁盘，在主引导扇区中通过一个扩展分区的参数就可以逐个找到每一个逻辑磁盘。每个物理磁盘只允许一个分区为扩展磁盘分区。

(1) 在磁盘水平柱状图空白区域，右击鼠标，在弹出的快捷菜单中选择"建立新分区"命令，如图 8-42 所示。

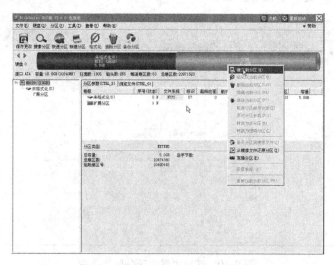

图 8-42　选择"建立新分区"命令

(2)　在如图 8-43 所示的"建立新分区"对话框中，选中"扩展磁盘分区"单选按钮，文件系统类型保持默认设置 Extend，新分区大小设置为 5 GB，单击"确定"按钮。

图 8-43　建立扩展分区

(3)　得到如图 8-44 所示的界面，其中显示了建立好的主分区和扩展分区。

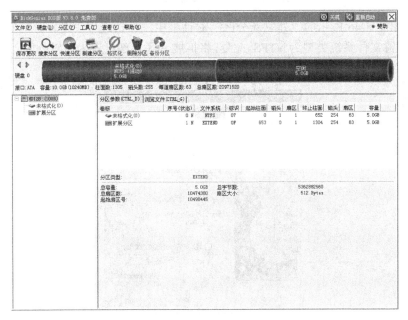

图 8-44　设置完成扩展分区

3)　建立逻辑分区

划分出主分区后，其余的部分可以分成扩展分区，但扩展分区是不能直接使用的，需要将扩展分区划分为若干逻辑分区再使用。扩展分区与逻辑分区是包含关系，所有的逻辑分区都是扩展分区的一部分。

(1)　在磁盘水平柱状图扩展分区区域，右击鼠标，在弹出的快捷菜单中选择"建立新分区"命令，如图 8-45 所示。

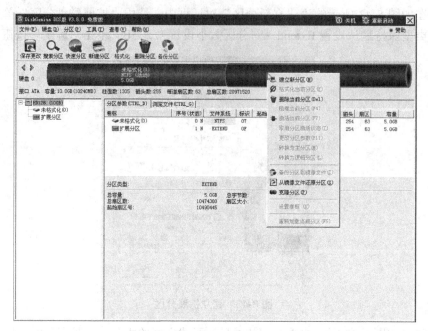

图 8-45　选择"建立新分区"命令

(2)　在如图 8-46 所示的"建立新分区"对话框中，默认选中"逻辑分区"单选按钮且不可修改，设置文件系统类型为 NTFS。此处，将扩展分区全部设置为逻辑分区，大小为 5 GB，单击"确定"按钮。

图 8-46　建立逻辑分区

(3)　得到如图 8-47 所示的界面，其中显示了建立好的主分区、扩展分区和逻辑分区。

4)　保存更改

保存更改，使得 DiskGenius 保存分区表、格式化分区，并激活主分区。完成分区所有操作，重新启动计算机以供后续使用。

(1)　在图 8-47 中，单击"保存更改"按钮，将弹出如图 8-48 所示的对话框，确定是否要保存对分区表的所有更改，所做更改将立即生效。

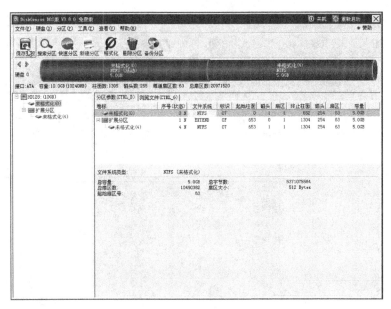

图 8-47　设置完成逻辑分区

(2) 在图 8-48 中，单击"是"按钮，将弹出如图 8-49 所示的对话框，确定是否立即格式化新建立的分区。

图 8-48　保存更改确认对话框(一)

(3) 在图 8-49 中，单击"是"按钮，DiskGenius 将自动对所建分区进行格式化操作，并默认激活主分区。经过几分钟后，将弹出如图 8-50 所示的对话框，单击"立即重启"按钮，计算机将重新启动。

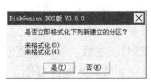

图 8-49　保存更改确认对话框(二)

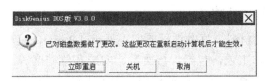

图 8-50　保存更改确认对话框(三)

(4) 重启计算机后，打开"我的电脑"或再次打开 DiskGenius 工具，可查看分区结果，如图 8-51 所示。

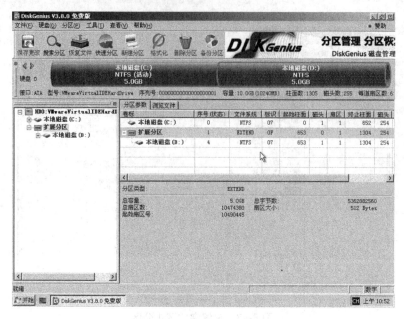

图 8-51　最终分区结果

完成硬盘分区后，如果对分区状况不满意，还可以利用 DiskGenius 对硬盘进行重新分区，但在重新分区之前必须删除原有的分区。

 ## 8.6　回到工作场景

通过本章的学习，应该掌握组装电脑的准备工作和具体组装步骤，以及硬盘的分区和高级格式化方法。下面回到 8.1 节介绍的工作场景，完成工作任务。

【工作过程一】电源的选购

电源作为整个电脑系统中的动力来源，有着举足轻重的作用。电源品质的好坏将直接影响电脑的稳定、使用寿命、后续扩展、超频等因素。如果选用了不合适的电源，将为整个系统埋下隐患。绝不能只看重 CPU、主板、显卡等配件的选择，而忽视了电源的选取。考虑到所选配件的功耗和今后的升级需要，此处选择额定功率为 300 W、最大功率为 500 W 的金河田智能芯 480GT 电源，1 年包换、3 年保修、通过 3C 认证。

【工作过程二】机箱的选购

首先，看机箱选用的材料，好的铁板厚度不低于 1.3 mm，直观选择是同体积下的机箱越重越好。其次，看制作工艺，包括焊接质量、安装孔位精度等。鉴别方法是观察机箱里面，冷轧板不喷漆(能看到镀锌层)，热轧板因为容易生锈，故机箱内面也喷漆，看不到镀锌层。安装孔的位置一定要准确，否则，会造成主板安装上的"勉强"，留下故障隐患。再次，看前面板所用的工程塑料的质量。此处选用金河田(Golden field)家悦 3302B 机箱，其支持 M-ATX 主板，采用 SSD/HDD/光驱混合驱动，提手式设计，做工严谨扎实，架构合理易用，抗腐蚀能力、防辐射好。

【工作过程三】键鼠的选购

对普通的用户，键鼠的选购主要是按需选购，适合自己才是最好的。此处，选用罗技 (Logitech)MK120。罗技 MK120 键鼠套装的键盘采用了 104 键的标准键位设计，罗技 MK120 键鼠套装的鼠标采用了标准的大小设计，支持 1000 DPI 的分辨率，使用 USB 接口。

【工作过程四】整机配置单

至此，整机配件选购完成。整机装配单如表 8-1 所示。

表 8-1　DIY 配置单

序号	配　件	产品名称	价格/元 (2018.04)
1	CPU	英特尔(Intel)i5 7500 酷睿四核	1319
2	主板	微星/MSI H110M PRO-VD	449
3	内存	金士顿(Kingston)8GB DDR4 2133 ×2	1398
4	硬盘	金士顿 UV400 240GB SSD	549
5	显卡	Geforce GT710 2GB DDR3	299
6	散热器	土狼 绿箭 GH400 CPU 散热器	69
7	显示器	AOC I2289FWH 21.5 英寸 IPS 高清广视角 1920×1080(全高清)	829
8	机箱	金河田(Golden field)家悦 3302B	129
9	电源	金河田智能芯 480GT 电源 300 W	109
10	键盘、鼠标	罗技(Logitech)MK120	75
	总价	5225 元	

整体来看，本套计算机配置性价比高，性能出众。

8.7　工作实训营

8.7.1　训练实例

1. 训练内容

使用分区工具 PartitionMagic 分区和格式化硬盘。

2. 训练目的

掌握使用成熟的软件工具对硬盘进行分区和格式化，方便用户操作，淡化命令的记忆。

3. 训练过程

1)　创建分区

PartitionMagic(以下简称 PM)硬盘动态分区大师是 Power Quest 公司编制的一套非常流

行的软件。该软件既有在 DOS 环境下运行的版本，也有在 Windows 98/NT/2000/XP 等环境下运行的版本。文件系统除含有 FAT16、FAT32 格式外，还包含了 Windows NT 的 NTFS 格式、Linux 的 EXT2 格式以及 OS/2 的 HPFS 高性能文件系统格式等。

PartitionMagic 具有独一无二的硬盘动态分区功能，在不破坏原有数据的基础上，可以任意调节各分区的大小，彻底解决安装软件时磁盘容量不够的问题。PartitionMagic 还能够对特定的硬盘分区进行隐藏(这一点对于保护公共计算机上的一些私人和保密的重要信息具有特殊意义)、磁盘分析和纠错等。创建一个新分区的具体方法如下。

(1) 单击 PartitionMagic 主界面左侧"选择一个任务"栏中的"创建一个新分区"链接，如图 8-52 所示。

图 8-52 单击"创建一个新分区"链接

(2) 打开"创建新的分区"对话框，然后单击"下一步"按钮，如图 8-53 所示。

(3) 在如图 8-54 所示对话框的"新分区的位置"列表框中，选择新分区的创建位置，然后单击"下一步"按钮。

提示：图 8-54 中标志着之前、之后的，表示新建分区的位置，一般选择 F 盘之后(推荐)，这样就可以分出一个 G 盘分区了。

(4) 在图 8-55 所示对话框下方的列表框中，选中所需减少空间到新分区的原有分区前的复选框，然后单击"下一步"按钮。

(5) 设置新分区的属性，如容量、卷标、文件系统类型等，如图 8-56 所示。设置完毕后，单击"下一步"按钮。

图 8-53　"创建新的分区"对话框

图 8-54　设置创建新分区的位置

图 8-55　设置减少哪一个分区的空间

图 8-56　设置新分区属性

提示：新分区的大小可以按实际需求来选择，卷标可按自己喜欢的名称来命名。

(6)　确认上面的操作是否正确，如图 8-57 所示。若无误，则单击"完成"按钮。

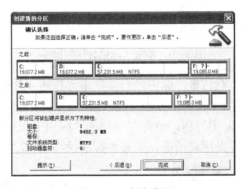

图 8-57　确认选择

(7)　返回 PartitionMagic 主界面，然后单击左下角的"应用"按钮。

(8)　弹出"应用更改"提示对话框，如图 8-58 所示，单击"是"按钮。

(9)　弹出"警告"提示对话框，如图 8-59 所示，单击"确定"按钮，开始重启计算机，并进行创建新分区的操作。

图 8-58 "应用更改"对话框

图 8-59 "警告"对话框

> ⚠ 注意：创建新分区的时间比较长，速度也比较慢。此时，计算机如果长时间没有响应，并不是死机了，你需要耐心等待一下。

(10) 创建结束后，会发现新分区在计算机中出现了。

2) 删除分区

PartitionMagic 除了可以用于创建一个新分区外，还可以删除分区，具体操作方法如下。

(1) 打开 PartitionMagic，在右侧下方的磁盘列表中，选中要删除的分区(这里我们以 G盘为例)，然后单击左侧"分区操作"栏中的"删除分区"链接，如图 8-60 所示。

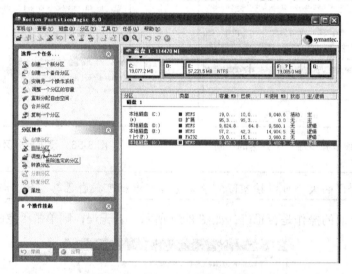

图 8-60 单击"删除分区"链接

(2) 打开"删除分区"对话框，选中"删除"单选按钮，如图 8-61 所示，再单击"确定"按钮。

(3) 返回 PartitionMagic 主界面，单击左下角的"应用"按钮。

(4) 弹出"应用更改"提示对话框，如图 8-62 所示，单击"是"按钮。

图 8-61 "删除分区"对话框

图 8-62 "应用更改"对话框

(5)　系统正在删除分区，如图 8-63 所示。

(6)　删除结束后，单击"确定"按钮，如图 8-64 所示。

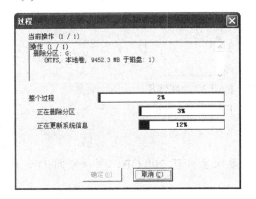

图 8-63　正在删除分区

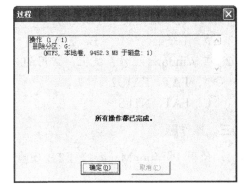

图 8-64　删除完成

4．技术要点

(1)　硬盘的分区和格式化：硬盘必须先经过分区才能使用，经过分区之后，下一个步骤就是要对硬盘进行格式化工作，硬盘都必须格式化才能使用。格式化是在磁盘中建立磁道和扇区，磁道和扇区建立好之后，计算机才可以使用磁盘来存储数据。在 Windows 和 DOS 操作系统下都有格式化的程序，不过一旦进行格式化，硬盘中的数据会全部不见。

(2)　FAT 和 NTFS：FAT 指的是文件分配表，包括 FAT 和 FAT32 两种。FAT 是一种适合小卷集、对系统安全性要求不高、需要双重引导的用户选择使用的文件系统。其优点是所占容量与计算机的开销较小，支持各种操作系统，在各操作系统下可移植。NTFS 是 Windows Server 2003 推荐使用的高性能文件系统，它支持许多新的文件安全、存储和容错功能。NTFS 是唯一允许为单个文件指定权限的文件系统。

8.7.2　工作实践常见问题解析

【常见问题】计算机放电的方法有哪些？

【回答】在进行放电操作时，可根据不同的情况进行，有两种放电方法。方法一：跳线清除法，在某些主板上，有一组单独的 2 针或 3 针跳线，用来清除 CMOS RAM 中的内容。该组跳线一般标注为 Clear CMOS，当需要清除 CMOS RAM 中的内容时，用 1 个跳线帽将该组跳线短接即可。方法二：自然放电法，在断电时打开主机机箱，取下主板上的内部供电电池；或将主板外接电池拔下，两三天后再装好，即可达到放电目的。

8.8　习题

一、填空题

1．计算机的电源分为＿＿＿＿＿和＿＿＿＿＿。

2. 装机之前较简单的消除身上静电的方法是＿＿＿＿＿＿＿和＿＿＿＿＿＿＿。

二、选择题

1. 一个物理磁盘最多可以划分＿＿＿＿＿主分区。

    A. 1 个　　　　　B. 2 个　　　　　C. 3 个　　　　　D. 4 个

2. 在 Windows 操作系统上，常用的分区格式为＿＿＿＿＿。

    A. FAT、FAT32　　　　　　　　　B. FAT32、NTFS

    C. FAT、NTFS　　　　　　　　　　D. FAT、FAT16

三、操作题

1. 使用 PartitionMagic 给 1 TB 硬盘分区，要求主分区 200 GB，剩余空间 D:，E:盘均分。

2. 在 Windows 操作系统的"运行"对话框中输入 convert D:/FS:NTFS/V 命令，并单击"确定"按钮。把原来的 D 分区的文件系统由 FAT32 转换为 NTFS，同时又保留分区中的数据不变。

第 9 章

BIOS 设置

 本章要点

- BIOS 和 CMOS 的概念、区别和联系。
- BIOS 的基本设置。
- BIOS 的具体案例设置步骤。

技能目标

- 理解和掌握 BIOS 的基本设置思路。
- 学会针对具体要求进行 BIOS 设置的方法。

9.1 工作场景导入

【工作场景】

审计局的王顺，计算机中有很多与工作相关的重要数据，为了防止别人修改计算机中的数据，王顺向技术科的张衡求助，让张衡给他设置一个开机密码。

【引导问题】

(1) BIOS 和 CMOS 是什么，有什么区别和联系？
(2) BIOS 的基本设置项有哪些？
(3) 如何设置开机启动顺序、系统启动模式等具体的 BIOS 设置？

9.2 BIOS 和 CMOS 的基本概念

在日常操作和维护计算机的过程中，常常可以听到有关 BIOS 设置和 CMOS 设置的一些说法，许多人经常把 BIOS 和 CMOS 混为一谈，在这里做详细的区分。

1. BIOS

BIOS 即基本输入/输出系统(Basic Input/Output System)，它是一段系统程序，存放在一个 ROM 芯片中，所以也称为 ROM BIOS。BIOS 主要保存着有关微机系统最重要的基本输入/输出程序、系统信息设置、开机上电自检程序和系统启动自举程序等。它有两个主要用途：一是负责通电自检并把操作系统引导到计算机中，启动计算机；二是实现对基本输入/输出设备，如键盘、显示器、系统时钟等的驱动和管理。

2. CMOS

CMOS，本意是指互补金属氧化物半导体存储器，是一种大规模应用于集成电路芯片制造的原料，它是微机主板上的一块可读/写的 RAM 芯片，主要用来保存当前系统的硬件配置和操作人员对某些参数的设定。CMOS RAM 芯片由系统通过一块后备电池供电，因此无论是在关机状态中，还是遇到系统掉电的情况，CMOS 信息都不会丢失。

由于 CMOS RAM 芯片本身只是一块存储器，只具有保存数据的功能，所以对 CMOS 中各项参数的设定要通过专门的程序。早期的 CMOS 设置程序驻留在软盘上(如 IBM 的 PC/AT 机型)，使用很不方便。现在多数厂家将 CMOS 设置程序做到了 BIOS 芯片中，在开机时通过按下某个特定键就可进入 CMOS 设置程序而非常方便地对系统进行设置，因此这种 CMOS 设置通常又被叫作 BIOS 设置。

3. BIOS 和 CMOS 的区别与联系

BIOS 是主板上的一块 EPROM 或 EEPROM 芯片，里面装有系统的重要信息和设置系统参数的程序(BIOS SETUP 程序)；CMOS 是主板上的一块可读/写的 RAM 芯片，里面装的是关于系统配置的具体参数，其内容可通过设置程序进行读/写。CMOS RAM 芯片靠后备电池供电，即使系统掉电后信息也不会丢失。BIOS 与 CMOS 既相关又不同：BIOS 中的系统设置程序是完成 CMOS 参数设置的手段；CMOS RAM 既是 BIOS 设定系统参数的存放场所，又是 BIOS 设定系统参数的结果。BIOS 是软件，是程序；CMOS 是芯片，是硬件。实际上是通过 BIOS 这个程序去设置 CMOS 里的参数的。因此，完整的说法应该是"通过 BIOS 设置程序对 CMOS 参数进行设置"。由于 BIOS 和 CMOS 都跟系统设置密切相关，所以在实际使用过程中造成了 BIOS 设置和 CMOS 设置的两种说法，其实指的都是同一回事。

 ## 9.3　BIOS 的基本设置

不论是兼容机还是原装品牌机，由于计算机的 BIOS 型号不同，进入 BIOS 设置程序的方法也不同，通常，会在开机画面上给出提示。表 9-1 列出了常见的 BIOS 型号及进入 BIOS 设置程序的按键。

表 9-1　进入 BIOS 设置程序

BIOS 型号	进入 BIOS 设置程序的按键	有无屏幕显示
Award	Del 或 Ctrl+Alt+Esc	有
AMI	Del 或 Esc	有
MR	Esc 或 Ctrl+Alt+Esc	无
Compaq	屏幕右上角出现光标的时候按 F10	无
AST	Ctrl+Alt+Esc	无
Phoenix	Ctrl+Alt+S	无

当计算机启动后进入系统自检界面的时候，若快速按键盘上的 Delete 键即可进入 BIOS 设置程序主界面，如图 9-1 所示。进入后，可以用方向键移动光标选择 BIOS 设置界面上的选项，然后按 Enter 键进入子菜单，用 Esc 键来返回父菜单，用 Page Up 和 Page Down 键来选择具体选项，用 F10 键保留并退出 BIOS 设置。

⚠ 注意：如果按得太晚，计算机将会启动系统，这时就只有重新启动计算机了。可在开机后立刻按住 Delete 键直到进入 BIOS。

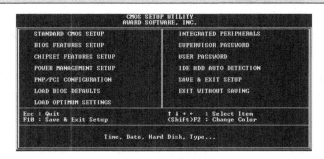

图 9-1　BIOS 设置程序主界面

图 9-1 所示界面的基本选项从上到下、从左到右的含义及功能如下。

(1) STANDARD CMOS SETUP(标准 CMOS 设置)：用来设置日期、时间、软硬盘规格、工作类型以及显示器类型。

(2) BIOS FEATURES SETUP(BIOS 功能设置)：用来设置 BIOS 的特殊功能，如病毒警告、开机磁盘优先程序等。

(3) CHIPSET FEATURES SETUP(芯片组特性设置)：用来设置 CPU 工作相关参数。

(4) POWER MANAGEMENT SETUP(电源管理设置)：用来设置 CPU、硬盘、显示器等设备的省电功能。

(5) PNP/PCI CONFIGURATION(即插即用设备与 PCI 组态设置)：用来设置 ISA 以及其他即插即用设备的中断以及其他参数。

(6) LOAD BIOS DEFAULTS(载入 BIOS 预设值)：此选项用来载入 BIOS 初始设置值。

(7) LOAD OPTIMUM SETTINGS(载入主板 BIOS 出厂设置)：这是 BIOS 的最基本设置，用来确定故障范围。

(8) INTEGRATED PERIPHERALS(内建整合设备周边设置)：主板整合设备设定。

(9) SUPERVISOR PASSWORD(管理者密码)：以计算机管理员身份进入 BIOS，修改系统设置。

(10) USER PASSWORD(用户密码)：设置开机密码。

(11) IDE HDD AUTO DETECTION(自动检测 IDE 硬盘类型)：用来自动检测硬盘容量、类型。

(12) SAVE & EXIT SETUP(储存并退出设置)：保存已经更改的设置并退出 BIOS 设置。

(13) EXIT WITHOUT SAVING(沿用原有设置并退出 BIOS 设置)：不保存已经修改的设置，并退出设置。

9.4 Award BIOS 设置详解

虽然 BIOS 的设置选项比较多，但用户常用的并不多，所以下面就用户常用的几个选项进行介绍。其他选项一般很少用到，如果确实要用，请查阅相关书籍。

9.4.1 标准 CMOS 设置

标准 CMOS 设置用于设置系统日期、时间、硬盘、软驱和系统出错选项等，此外也可以查看系统内存的容量，如图 9-2 所示。

进入 BIOS 设置主界面后，选择 STANDARD CMOS SETUP(标准 CMOS 设置)选项后，按 Enter 键，即进入 STANDARD CMOS SETUP 的界面，界面中各个区域的设置在下面做简要介绍。

1. 设置日期与时间

在标准 CMOS 设置的界面中，第一项就是设置日期和时间。日期和时间中的年、月、日和时、分、秒都用两位数表示。

Date(日期)表示形式是 mm:dd:yy，即月、日、年。

Time(时间)表示形式是 hh:mm:ss，即时、分、秒。

设置日期与时间的方法如下。

(1)　按左、右方向键移动光标到要设置的参数，如选择日期中的 Apr(4 月)。

(2)　按 Page Down 或 Page Up 键，此时其设置项的内容就会改变，如改为 Nov(11 月)。

(3)　设置好月份之后，再按方向键，选择年份，用同样的方法进行设置。

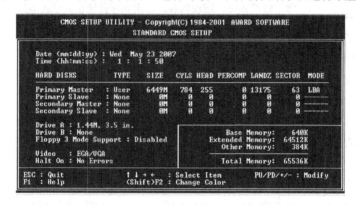

图 9-2　标准 CMOS 设置界面

2．IDE 设备的设置

主板上一般有两个 IDE 接口，而每个 IDE 接口可以连接两个 IDE 设备，所以一台计算机一般可以连接四个 IDE 接口的设备。第一个 IDE 接口的两个 IDE 设备分别称为 IDE Primary Master(第一组 IDE 接口的主硬盘)和 IDE Primary Slave(第一组 IDE 接口的从硬盘)；第二个 IDE 接口的两个 IDE 设备分别称为 IDE Secondary Master 和 IDE Secondary Slave。

其中 None 表示当前接口没有设备。BIOS 一般会自动检测到硬盘、光驱等 IDE 设备的型号，并识别出它们的参数。如果计算机没有识别出硬盘，那么可进行如下操作。

(1)　按向上或向下方向键，将光标移动到 IDE Primary Master，并按 Enter 键。

(2)　打开 IDE Primary Slave 界面，将 IDE Primary Slave 及 Access Mode 的参数设置为 Auto。

(3)　设置完之后，按 Enter 键返回上一级菜单，再对 IDE Secondary Master、IDE Secondary Slave 进行相同的设置。此后就可以让计算机开机时自动对硬盘进行检测了。

3．显示方式的选择

在 BIOS 设置程序中，可以根据使用的显示器适配卡设置正确的参数，让系统能够识别并正常发挥其性能。目前的显示器最常用的为 VGA 规格，其默认即是 VGA/EGA 设置，因此不要改为其他类型。

4．设置出错选项

Halt On 是用来设置系统自检测试的，默认设置为 All Errors，一般不需要更改。可供选择的项目如表 9-2 所示。

表 9-2 设置出错选项

设 定	说 明
All Errors	检测到任何错误时，BIOS 就停止运行
No Errors	检测到任何错误时，BIOS 都不停止运行
All But Keyboard	除了键盘错误以外，检测到任何错误就停止运行
All But Diskette	除了硬盘错误以外，检测到任何错误就停止运行
All But Disk/Key	除了键盘和硬盘错误以外，检测到任何错误就停止运行

最后一项是查看内存容量的相关参数(不能进行修改)，其意义如下。

● Base Memory：基本内存容量。

● Extended Memory：扩展内存容量。

● Total Memory：系统内存总容量。

9.4.2 BIOS 功能设置

BIOS 功能设置用来设置启动顺序、改变引导系统的优先权、打开 BIOS 的防毒功能等。在主界面中选择 BIOS FEATURES SETUP 选项，按 Enter 键，即可打开该界面，如图 9-3 所示。

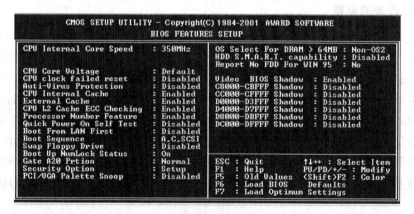

图 9-3 BIOS 功能设置界面

1. BIOS FEATURES SETUP 的常用设置项说明

(1) CPU Internal Core Speed：CPU 当前的运行速度。

(2) CPU Core Voltage：CPU 电压。

(3) Auti-Virus Protection：自动病毒保护。

(4) CPU Internal Cache/External Cache：CPU 内、外高速缓存。

(5) CPU L2 Cache ECC Checking：CPU 二级缓存快速存取记忆体错误检查修正。

(6) Processor Number Feature：处理器序列号功能，用于控制 CPU 的编号(ID)。

(7) Quick Power On Self Test：快速开机自我检测，此选项可以调整某些计算机自检时检测内存容量三次的自检步骤。

(8)　Boot From LAN First：网络开机功能，此选项可以远程唤醒计算机。

(9)　Boot Sequence：开机优先顺序，这是我们常常调整的功能。

(10) Swap Floppy Drive：交换软驱盘符。

(11) Boot Up NumLock Status：开机时小键盘区情况设定。

(12) PCI/VGA Palette Snoop：颜色校正。

2．设置计算机从光驱启动

设置开机优先顺序这个功能非常重要，一般新组装的计算机都要使用该动能，通过系统安装光盘安装系统，需要做此设置。设置方法如下。

(1)　按四个方向键，移动光标到 Boot Sequence 选项，通常我们使用的顺序是 A、C、SCSI、CDROM。如果需要从光盘启动，按 Page Up 和 Page Down 键将其调整为 Only CDROM。正常运行时，最好调整为由 C 盘启动。

(2)　设置完毕后选择 SAVE & EXIT SETUP 选项或按 F10 键，出现提示"SAVE to CMOS and EXIT(Y/N)?"时按下 Y 键，保存完成。

9.4.3　芯片组特性设置

芯片组特性设置(CHIPSET FEATURES SETUP)主要是对有关内存方面的设备进行设置，如图 9-4 所示，主要设置项目如下。

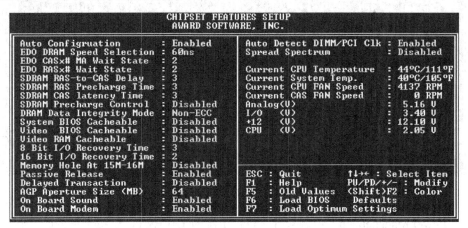

图 9-4　芯片组特征设置界面

(1)　EDO CASx# MA Wait State：EDO CASx# MA 等待时间。设置在读取内存页上的数据时等待的时钟周期，如果内存条的速度是 60 ns，最好用一个周期，这样速度才会匹配得好。如果低于 60 ns，则设置为 2。

(2)　EDO RAS x# Wait State：EDO 内存列数据读取等待菜单时间。

(3)　SDRAM CAS Latency Time：SDRAM 内存延迟时间。设置在读取内存页上的数据时等待的时钟周期，如果 SDRAM 内存速度小于等于 10 ns，一般设为 2，低于这个速度设为 3 或者 Auto。

(4)　DRAM Data Integrity Mode：内存数据完整传输模式。此设置要看 DRAM 是否有校

验功能，如果有校验功能，就设为 ECC，这样会提供数据的准确性。

(5) System BIOS Cacheable：系统 BIOS 快速读取功能。

(6) Video BIOS Cacheable：视频 BIOS 快速读取功能。

(7) Video RAM Cacheable：显示内存快速读取功能。

(8) 16 Bit I/O Recovery Time：16 位 I/O 操作的恢复延时。

(9) Memory Hole At 15M-16M：保留 15 MB～16 MB 内存地址空间。

(10) Delayed Transaction：设置延迟交换功能。

(11) Spread Spectrum：设置频谱扩散功能。

9.4.4 电源管理设置

很多时候计算机设备是空闲的，可是却全功率运行着，既耗电也加快了系统的老化。绿色环保计算机增强了电源管理功能，使其可在没有人使用或无程序运行时自动减少各部件的功耗，达到节约能源和保护机器的目的。

电源管理设置(POWER MANAGEMENT SETUP)的界面如图 9-5 所示，主要设置项目如下。

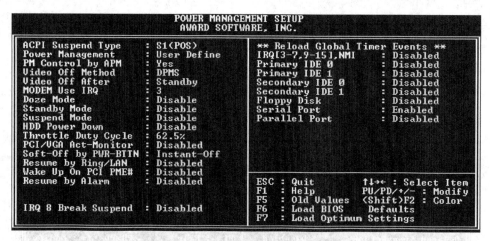

图 9-5 电源管理设置界面

(1) Power Management：电源管理。设置电源的工作模式，以决定是否进入节能状态。

(2) PM Control by APM：设置由 APM(高级电源管理)控制电源。

(3) Video Off Method：设置节能方式下显示器的状态。设置为 V/H SYNC+Blank，由 BIOS 程序输出信号，支持省电功能的显示器会关闭电源。设置为 Blank Screen，在进入省电模式时，BIOS 仅将显示器信号中止，此时显示器完全没有显示，也是省电的一种方式。设置为 DPMS，BIOS 会按照 DPMS 标准来管理屏幕的电源。

(4) Suspend Mode：延迟模式。设置计算机多久没有使用时便进入延迟省电模式，将 CPU 工作频率降到 0M，并分别通知相关省电设置(如 CPU 风扇、显示器)，以便一起进入省电状态。

(5) HDD Power Down：关闭硬盘电源。在设定的时间内关闭硬盘电源，范围是 1～15

分钟。设置为 Disable 时不使用此功能。

(6) PCI/VGA Act-Monitor：监视显示器信号状态。设成 Enabled 时，当显示器接收不间断的 x 信号时，即使鼠标、键盘很久没有动作(如播放 VCD)，也不进入省电状态。

(7) Soft-Off by PWR-BTTN：电源开关方式。设置为 Instant-off，按一下机箱开关便直接关机。设置为 Delay 4 Sec，需按住开关 4 秒后才关机。

(8) Resume by Alarm：设置定时开机功能。此项设置为 Enabled 时下面两项才有效。

9.5 UEFI 模式

因为硬件发展迅速，传统式(Legacy)BIOS 成为进步的包袱，现在已发展出最新的 UEFI(Unified Extensible Firmware Interface，Unified 可扩展固件接口)，相比传统 BIOS 来说，未来将是一个"没有特定 BIOS"的电脑时代。

新型 UEFI 是一种详细描述类型接口的标准。这种接口用于操作系统自动从预启动的操作环境，加载到一种操作系统上。

EFI 是 Intel 为 PC 固件的体系结构、接口和服务提出的建议标准。其主要目的是提供一组在 OS 加载之前(启动前)在所有平台上一致的、正确指定的启动服务，被看作是有 20 多年历史的 BIOS 的继任者。

UEFI 是以 EFI 1.10 为基础发展起来的，它的所有者已不再是 Intel，而是一个称作 Unified EFI Form 的国际组织。

与 Legacy BIOS 相比，UEFI 有以下特点。

(1) 编码 99%都是由 C 语言完成。

(2) 一改之前的中断、硬件端口操作的方法，而采用了 Driver/Protocol 的新方式。

(3) 将不支持 x86 实模式，而直接采用 Flat mode(也就是不能用 DOS 了，现在有些 EFI 或 UEFI 能用是因为做了兼容，但实际上这部分不属于 UEFI 的定义了)。

(4) 输出也不再是单纯的二进制 code，改为 Removable Binary Drivers。

(5) OS 启动不再是调用 Int19，而是直接利用 Protocol/Device Path。

(6) 对于第三方的开发，前者基本上做不到，除非参与 BIOS 的设计，但是还要受到 ROM 大小的限制，而后者就便利多了。

(7) 弥补 BIOS 对新硬件支持不足的问题。

⚠ 注意：不同的品牌，不同的机器，EFI 的界面不同，但其设置方法大同小异。下文以联想昭阳 E40-80 笔记本 EFI 设置为例进行讲解示意。

9.5.1 信息查看菜单

Information 菜单供查看计算机硬件相关信息，如 Product Name、BIOS Version、CPU、System Memory、Hard Disk、ODD 等信息，如图 9-6 所示。

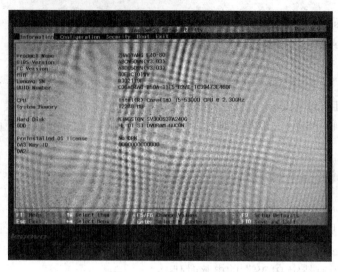

图 9-6　Information 菜单

Information 菜单中重要信息项，详细说明如下。

(1)　Product Name：产品名称。

(2)　BIOS Version：BIOS 版本。

(3)　EC Version：嵌入式控制器(Embed Controller)版本。

(4)　Lenovo SN：产品序列号。

(5)　UUID Number：通用唯一识别码(Universally Unique Identifier)，指一台机器上生成的数字，保证对在同一时空中的所有机器都是唯一的。

(6)　Hard Disk：硬盘型号。

(7)　ODD：光盘型号。

9.5.2　设置菜单

Configuration 菜单可设置日期时间、USB 设备、无线网卡、显卡输出方式等计算机外围设备等信息，如图 9-7 所示。

Configuration 菜单中重要信息项，详细说明如下。

(1)　System Time：供设置系统时间。

(2)　System Date：供设置系统日期。

(3)　USB Lagacy：开机加电自检中支持的 USB 设备。但当在 USB 出现莫名的故障时，可以尝试禁用此选项。

(4)　Wireless LAN：无线网卡，选项 Enabled 和 Disabled 设置无线网卡是否可用。

(5)　Graphic Device：显卡设置，选项 UMA Graphic 表示集显模式，选项 Switchable Graphics 表示可切换显卡模式。

(6)　Power Beep：电源蜂鸣器选项，表示当计算机出现故障时报警是否可用。

(7)　Intel Virtual Technology：Intel 虚拟化技术是否可用，简称 Intel VT 技术。Intel VT 可以让一个 CPU 工作起来像多个 CPU 在并行运行，从而使得在一部计算机内同时运行多个操作系统(虚拟机)成为可能。

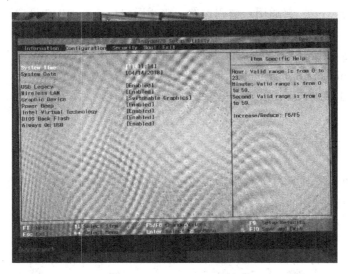

图 9-7　Configuration 菜单

(8)　BIOS Back Flash：是否可供刷新 BIOS 选项。

(9)　Always On USB：是否持续 USB 供电。如果选择 Enabled 选项，那么在计算机连接到交流电源的情况下，外部 USB 设备可在计算机处于低电源状态(睡眠/待机、休眠或电源关闭)时通过 USB 端口进行充电。一般我们都选择 Disabled 选项。

9.5.3　安全设置菜单

Security 菜单可设置计算机安全选项，如管理员密码、用户密码、硬盘密码等，如图 9-8 所示。

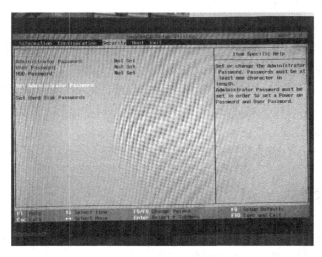

图 9-8　Security 菜单

Security 菜单中重要信息项，详细说明如下。

(1) Administrator Password：超级管理员密码设置。

(2) User Password：普通用户密码设置，普通用户可查看 BIOS 设置，但不可以设置相关选项。

(3) HDD Password：硬盘密码保护。

(4) Set Administrator Password：设置超级管理员密码选项。

(5) Set Hard Disk Passwords：设置硬盘密码保护选项。

9.5.4 启动设置菜单

Boot 菜单可设置计算机硬盘模式、启动设备的优先性、USB 设备等选项，如图 9-9 所示。

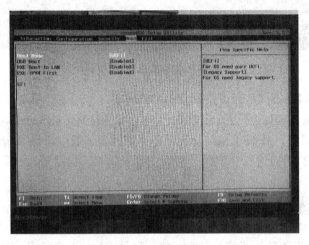

图 9-9　Boot 菜单

Boot 菜单中重要信息项，详细说明如下。

(1) Boot Mode：设置为 Legacy 选项，计算机支持从 MBR 硬盘模式启动。设置为 UEFI 选项，计算机从 EFI 硬盘模式启动。MBR 与 EFI 的具体区别前文已有所述。

(2) USB Boot：是否支持从 USB 设备启动。

(3) PXE Boot to LAN：是否支持从网卡设备启动，大多用于无盘系统或云终端。设置为 Enabled 选项，计算机每次启动时首先从局域网查找启动信息，延长启动时间。个人电脑最好设置为 Disabled 选项。

(4) PXE IPv4 First：首先支持网络协议版本 IPv4。

9.5.5 退出菜单

Exit 菜单设置退出 UEFI 的方式，及是否加载出厂设置，如图 9-10 所示。

Exit 菜单中重要信息项，详细说明如下。

(1) Exit Saving Changes：退出并保存 BIOS 相关选项。

(2) Exit Discarding Changes：退出但不保存 BIOS 相关选项。

(3) Discard Changes：丢弃 BIOS 相关选项，恢复到上一次保存的状态。

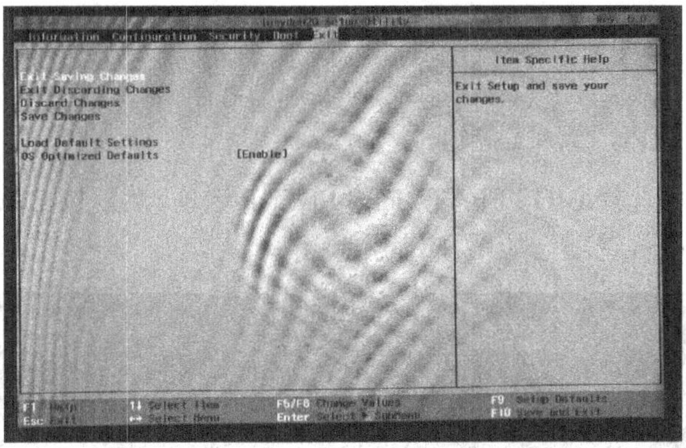

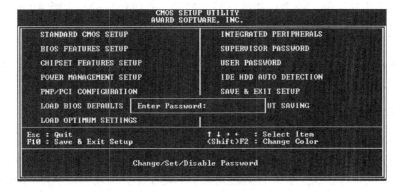

图 9-10　Exit 菜单

(4) Save Changes：保存 BIOS 相关选项，但不退出。

(5) Load Default Settings：加载出厂设置，将各选项设置到默认状态。

(6) OS Optimized Defaults：是否开启系统高性能默认值。

 ## 9.6　回到工作场景

通过本章的学习，应该掌握 BIOS 设置的基本方法。下面回到 9.1 节介绍的工作场景中，完成工作任务。

在 CMOS 里有两个设置密码的地方。一个是 SUPERVISOR PASSWORD(管理者密码)，另一个是 USER PASSWORD(用户密码)。计算机在启动时会询问一个密码，回答其中一个密码计算机就可以启动；如果要进入 BIOS 设置则需要提供 SUPERVISOR PASSWORD。这里对 USER PASSWORD 进行设置。

【工作过程一】进入密码设置界面

开机时按 Delete 键进入 BIOS 主界面，通过方向键移动光标选择 USER PASSWORD 选项，按 Enter 键，即会出现要求输入密码的提示，如图 9-11 所示。

图 9-11　设置 BIOS 密码(1)

【工作过程二】设置密码

输入需要的密码，密码长度最长为 8 个数字或符号。输完密码后，按 Enter 键，会提示再次输入同样的密码，重新输入一遍后再按 Enter 键，按 Esc 键返回到上一级界面。

【工作过程三】进入"安全选项"

在 BIOS 主界面中选择 BIOS FEATURES SETUP 选项，然后按 Enter 键进入该选项的界面，选择 Security Option 选项，如图 9-12 所示。

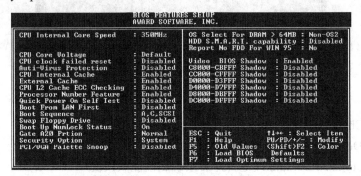

图 9-12　设置 BIOS 密码(2)

【工作过程四】保存密码

将 Security Option 选项设为 System(其默认值是 Setup)，按 Enter 键确认，然后按 Esc 键返回上一级界面。设置完毕后选择 SAVE & EXIT SETUP 选项或按 F10 键，出现提示"SAVE to CMOS and EXIT(Y/N)?"时按下 Y 键，保存完成。

9.7　工作实训营

9.7.1　训练实例

1. 训练内容

为了支持新出的硬件，或者提高计算机的性能，升级计算机的主板 BIOS 程序。

2. 训练目的

通过升级主板 BIOS，掌握升级的方法和加深对"BIOS 是软件，是程序；CMOS 是芯片，是硬件"这句话的理解。

3. 训练过程

下面以昂达 ON-P4GL 主板为例(BIOS 类型：Award)，BIOS 的升级步骤如下。

(1) 准备好 BIOS 擦写程序 AWDFLASH.EXE(Award 的 BIOS 擦写程序名一般为 AWDFLASH.EXE，可以在主板配套驱动光盘中或是在相关网站上找到)和 BIOS 升级文件 p4g0723.BIN。在 C 盘目录下建立 bios 文件夹，将 C:\bios 作为升级文件和刷新程序的存放路径。

(2) 重新启动计算机，在开始进入 Windows 时，按 F8 键，选择"带命令行提示的安全模式"选项，进入"纯"DOS 状态。输入 cd c:\bios 命令进入 C:\bios 目录中，输入 Awdflash.exe 开始运行 Awdflash.exe。

(3) 屏幕显示当前的 BIOS 信息，并要求输入升级用的新的 BIOS 数据文件的名称(File Name to Program:)。在这里输入新 BIOS 数据的文件名 p4g0723.BIN，屏幕显示当前的 BIOS 信息。

(4) 屏幕会提示是否要保存旧版本的 BIOS。建议选择 Yes，以将现用 BIOS 先保存下来，放入一个输入的磁盘文件中。本次操作中指定旧版本 BIOS 被保存的文件名为 p4gold.BIN，放在默认路径 C:\bios 中。接着，程序会再次询问是否确定要写入新的 BIOS，选择 Yes。这时，有一个进度条显示升级的进程，一般情况下几秒钟之内即可完成升级操作。根据提示按 F1 键重新启动计算机，或按 F10 键退出，升级结束。

4. 技术要点

(1) 在进入 Windows 系统界面之前，要及时按 F8 键，否则会直接进入系统，而没有进入"纯"DOS 状态。

(2) 升级过程中千万不能关机或断电，否则会导致升级失败。

(3) 升级文件的存放路径可以任意，但路径不要太长，以方便操作。

9.7.2　工作实践常见问题解析

【常见问题】BIOS 升级失败的处理方法有哪些？

【回答】查看 BIOS 支持的主板型号与所升级主板的型号是否一致，如果一致则采用如下方法：①更换新的 BIOS 芯片。这当然是最有效也是最简单的一种方法，用户可以直接与代理商或主板生产厂商联系，向他们寻求所需要的 BIOS 芯片，用它替换损坏的芯片即可。绝大多数主板厂商都会向用户提供 BIOS 芯片(有的还是免费提供)，但这一方法比较费时而且麻烦。②热插拔法。可以利用一台与所升级主板的 BIOS 芯片完全相同且可以正常工作的计算机，将其启动到 DOS 状态下，用平口螺丝刀小心地拔出工作正常的 BIOS 芯片，然后将损坏的 BIOS 芯片插入，进行 BIOS 升级，一般情况下很快就可以将损坏的 BIOS 修复。但这个方法危险性极大，因为在气候干燥的季节和环境下，热插拔过程中产生的瞬间放电有可能对主板和芯片造成极大的损害，所以在热插拔前最好设置接地导线，同时在 BIOS 设置中要开启所有的 ROM 映射功能，即将芯片组特性设置下的 System BIOS Cacheable 选项设置为 Enabled。

 ## 9.8　习题

一、填空题

1. BIOS 是＿＿＿＿＿的简称。

2. _____是完成参数设置的手段，而_____是设定系统参数的存放场所。

3. BIOS 设置开机密码，可以通过_____和_____两项设置。

二、选择题

1. 下面_____项可以用来修改时间。

    A. Standard CMOS Features   B. Advanced Chipset Features

    C. Advanced BIOS Features   D. PnP/PCI Configurations

2. 在 BIOS 中设置的密码长度最长可以_____个数字或符号。

    A. 6   B. 4   C. 10   D. 8

3. 下面_____项可以设置计算机从光驱启动。

    A. PnP/PCI Configurations   B. Advanced BIOS Features

    C. Advanced Chipset Features   D. BIOS Features Setup

三、操作题

1. 为使用的计算机设置一个开机 SUPERVISOR PASSWORD(管理者密码)。

2. 试在 BIOS 中设置从光驱启动，然后进入 Windows Vista 安装光盘。

3. 看看你的计算机能否进行超频，并检查系统的温度等状况。

4. 进入 BIOS，查看内存容量和相关参数。

第 10 章

操作系统安装与备份

 本章要点

- 操作系统的安装。
- 设备驱动程序的安装。
- 系统的备份与恢复。

 技能目标

- 掌握常用操作系统的安装方法。
- 了解硬件驱动程序的安装过程。
- 熟练掌握系统的备份与恢复。

10.1 工作场景导入

【工作场景】

小钱的计算机用了半年后，启动速度越来越慢，工作过程中偶尔还会出现蓝屏现象。听说将计算机使用的操作系统 Windows 7 重装，可解决此类问题，小钱开始了新的尝试。另外，技术人员还告诉小钱，将安装无误并做好优化的系统进行备份，可以在下次系统出现问题时快速还原，从而省去安装的麻烦。对此，小钱也想做个尝试。

【引导问题】

(1) 操作系统的安装流程是什么？
(2) 显卡、声卡等常见设备的驱动程序如何安装？
(3) 平时计算机维护过程中，怎样备份和恢复系统？

 10.2 操作系统的安装

Microsoft 公司开发的 Windows 操作系统是目前世界上用户最多、兼容性最强的操作系统，它改进了微软以往的命令、代码系统 Microsoft DOS。Windows 系统是"有声有色"的操作系统，它的运行由鼠标和键盘控制。Windows 操作系统的问世改变了人们使用计算机的习惯，使人机交互更加方便快捷。

10.2.1 Windows 操作系统的发展历程

Windows 是 Microsoft 公司开发的窗口式操作系统，至今已有很多版本。其中，Windows 1.0 是 1985 年 11 月发布的第一代窗口式多任务系统，它使 PC 开始进入了图形用户界面时代。表 10-1 列出了自 Windows 98 以来，微软各版本操作系统的发布时间及特点。

表 10-1 Windows 系统的发展历程

Windows 版本	发布时间	特 点
Windows 2000	1999 年	即 Windows NT 5.0，是微软为解决 Windows 9x 系统的不稳定和 Windows NT 的多媒体支持不足推出的一个版本，稳定、安全、易于管理
Windows ME	2000 年	集成了 Internet Explorer 5.5 和 Windows Media Player 7，主要增加的功能包括系统恢复、UPnP 即插即用、自动更新等
Windows XP	2001 年	纯 32 位操作系统，更加安全稳定，兼容性、易用性更好，具有更加华丽的界面与更加丰富多彩的娱乐功能，运行速度得到快速的提高，管理更方便、更快捷

Windows 版本	发布时间	特 点
Windows Server 2003	2003 年	对活动目录、组策略操作和管理、磁盘管理等面向服务器的功能作了较大改进，对.NET 技术的完善支持进一步扩展了服务器的应用范围
Windows Vista	2007 年	第一次在操作系统中引入了"Life Immersion"概念，即在系统中集成许多人性的因素，一切以人为本，使得操作系统尽最大可能贴近用户，了解用户的感受，从而方便用户
Windows Server 2008	2008 年	是迄今为止最灵活、最稳定的 Windows Server 操作系统，它加入了包括 Server Core、PowerShell 和 Windows Deployment Services 等新功能，并加强了网络和集群技术
Windows 7	2009 年	更易用、更快速、更简单、更安全、更好的连接。Windows 7 采用的快速最大化、窗口半屏显示、跳跃列表、系统故障快速修复技术使其成为最易用的 Windows。Windows 7 大幅缩减了 Windows 的启动时间，时间一般不超过 20 秒。Windows 7 可让搜索和使用信息更加简单。Windows 7 进一步增强了移动工作能力，拓展了多设备同步、管理和数据保护功能
Windows 8	2012 年	Windows 8 支持来自 Intel、AMD 和 ARM 的芯片架构，被应用于个人电脑和平板电脑上，尤其是移动触控电子设备，如触屏手机、平板电脑等。该系统具有良好的续航能力，且启动速度更快、占用内存更少，并兼容 Windows 7 所支持的软件和硬件。另外在界面设计上，采用平面化设计
Windows 10	2015 年	Windows 10 共有家庭版、专业版、企业版、教育版、移动版、移动企业版和物联网核心版七个版本。加入生物识别技术、Cortana 搜索功能、平板模式、开始菜单回归与进化、新的 Edge 浏览器、增强的兼容性和安全性，针对云服务、智能设备、自然人机交互等新技术进行融合

目前随着软硬件技术的发展，极小部分用户仍停留在 Windows XP 阶段，还有一部分用户选择使用 Windows 10，但市场上最主流的操作系统是 Windows 7。本章接下来的内容，主要介绍操作系统 Windows 7 的特点及具体安装过程。

10.2.2 Windows 7 的特点

Windows 7，中文名称视窗 7，是由微软公司(Microsoft)开发的操作系统，内核版本号为 Windows NT 6.1。2009 年 7 月 14 日，Windows 7 正式开发完成，并于同年 10 月 22 日正式发布。10 月 23 日，微软于中国正式发布 Windows 7。2015 年 1 月 13 日，微软正式终止了对 Windows 7 的主流支持，但仍然继续为 Windows 7 提供安全补丁支持，直到 2020 年 1 月 14 日正式结束对 Windows 7 的所有技术支持。

Windows 7 可供家庭及商业工作环境——笔记本电脑、平板电脑、多媒体中心等使用。和同为 NT6 成员的 Windows Vista 一脉相承，Windows 7 继承了包括 Aero 风格等多项功能，并且在此基础上增添了些许功能，主要功能如下。

(1) Windows 7 简化了许多设计，如快速最大化，窗口半屏显示，跳转列表，系统故障快速修复等。

(2) Windows 7 将会让搜索和使用信息更加简单，包括本地、网络和互联网搜索功能，直观的用户体验将更加高级，还会整合自动化应用程序提交和交叉程序数据透明性。

(3) Windows 7 中，系统集成的搜索功能非常强大，只要用户打开"开始"菜单并开始输入搜索内容，无论要查找应用程序、文本文档等，搜索功能都能自动运行，给用户的操作带来极大的便利。

(4) Windows 7 的小工具没有了像 Windows Vista 的边栏，这样，小工具可以单独在桌面上放置。

(5) Windows 7 系统资源管理器的搜索框在菜单栏的右侧，可以灵活调节宽窄。

此外，Windows 7 可供选择的版本有：入门版(Starter)、家庭普通版(Home Basic)、家庭高级版(Home Premium)、专业版(Professional)、企业版(Enterprise)(非零售)、旗舰版(Ultimate)，分别适用于不同的应用领域。

> **提示：** 旗舰版是微软公司开发的 Windows 7 系列中的终结版本。在 Windows 7 各版本之间，旗舰版是功能最完善、最丰富的一款操作系统。拥有 Windows 7 Home Premium 和 Windows 7 Professional 的全部功能，当然硬件要求也是最高的。

10.2.3 系统安装前的准备

对于即将要安装操作系统的计算机，应根据实际情况区别对待。如果是一台新组装的机器或者是一个新的硬盘，则安装前需要进行硬盘的分区、格式化等操作。详细过程请参见本书第 8 章 8.5 节"硬盘初始化"相关内容。

如果是使用过的机器，且操作系统仍安装在原来分区上，由于安装系统会破坏原来分区(一般是 C 盘)上的数据，所以安装之前，需要做一些数据备份的准备工作。

(1) 引导系统到 Windows 界面(用 Win PE)或 DOS 下，打开 C 盘，将系统已安装的软件(一般在 C 盘根目录或 Program Files 文件夹下)做详细的记录，以便安装好系统后，再逐一安装它们。

(2) 备份桌面上的有用文件。有些用户喜欢将创建的文档、下载的文件、拍摄的照片等存放在桌面上，而事先又没有将桌面设置在系统盘外的分区上。此时，若贸然安装系统，桌面上的东西将会被破坏。在安装前应该将有用的数据(哪些有用哪些没用，应与用户交流)备份(复制)到其他盘。

(3) 备份 C 盘上"我的文档"中的有用文件。有些用户在保存或者接收文件时会默认存放在"我的文档"中。此时需要进行备份。

(4) 备份"收藏夹"里的内容。"收藏夹"里保存的有用网址需要进行备份。一般情况下，在"C:\Documents and Settings\当前用户名"目录下的 Favorites 文件夹即为收藏夹。

(5) 其他软件如 QQ 聊天记录、淘宝记录等也需要选择备份。如 QQ 聊天记录的备份可将安装盘符如 C:\Program Files\Tencent\qq 下"qq 号码"这个文件夹整个复制下来就可以了，待系统安装完毕，QQ 软件也安装好后，将其粘贴到 C:\Program Files\Tencent\qq 下即可。若 QQ 之前安装在非系统盘，再重装 QQ 软件时可安装在原来的路径下，它会自动覆盖原来的内容，而保留聊天记录。

做好以上准备工作后，接下来就可以安装系统了。

> **提示：**(1) 桌面、我的文档、收藏夹等可在系统安装后将其位置更改到其他分区，则重装系统时不需要备份。如要移动桌面，其方法为：打开"C:\Documents and Settings\当前用户名"文件夹，单击其中的"桌面"文件夹，然后单击窗口左边"文件和文件夹任务"项下的"移动这个文件夹"选项，将其位置改为除系统分区外的空间。同理，"收藏夹"也可以这样设置。
>
> (2) 对于 Windows 7 系统，可按如下方法进行设置。右键单击要重定向到新位置的文件夹(如桌面)，在弹出的快捷菜单中选择"属性"命令，弹出"属性"对话框，打开"位置"选项卡，然后单击"移动"按钮，浏览到某位置后单击"应用"按钮即可。

10.2.4　安装 Windows 7

Windows 7 对硬件的要求不高，其推荐配置如下。

- CPU：1.8GHz 双核及更高级别的处理器。
- 内存：3GB～4GB 及以上(64 位)，1GB～3GB(32 位)。
- 硬盘：50GB 以上可用空间。
- 16GB 可用硬盘空间(基于 32 位)或 20GB 可用硬盘空间(基于 64 位)。
- 有 WDDM 1.0 驱动的支持 DirectX 9 且 256MB 显存以上级别的独立显卡或集成显卡。

下面就以"从安装光盘引导启动安装"为例，介绍 Windows 7 的主要安装过程。

(1) 进入 BIOS，设置光驱为第一引导设备，将 Windows 7 安装光盘放入光驱，启动系统，当屏幕上显示 Press any key to boot from CD or DVD 时快速按下 Enter 键，随后进入 Windows 7 的初始安装文件加载界面，如图 10-1 所示。

(2) 文件加载完后，开始启动 Windows，如图 10-2 所示。

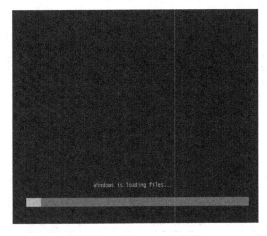

图 10-1　Windows 7 安装

图 10-2　Windows 7 正在进行加载信息

提示: 与 Windows XP 全新安装过程中大量的文本界面不同, Windows 7 可以说全程使用图形界面, 美观且易于操作。

(3) 出现选择语言的界面, 在"要安装的语言"下拉列表框中选择"中文(简体)"选项, 然后单击"下一步"按钮, 如图 10-3 所示。

(4) 出现开始安装的选项, 如图 10-4 所示。单击界面中央的"现在安装"按钮, 出现安装程序正在启动界面, 如图 10-5 所示。

图 10-3 Windows 7 的语言选择界面   图 10-4 Windows 7 现在安装界面

(5) 出现协议许可界面, 如图 10-6 所示。选中"我接受许可条款"复选框, 并单击"下一步"按钮。

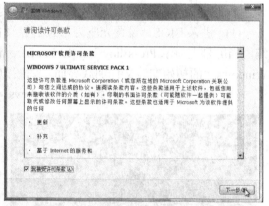

图 10-5 Windows 7 安装程序启动界面   图 10-6 Windows 7 协议许可界面

(6) 进入选择安装方式的界面, 单击"自定义(高级)"选项, 如图 10-7 所示。

提示: 这一步需要选择安装类型, 是升级安装还是自定义安装。如果直接从 Windows XP 或者 Windows Vista 升级到 Windows 7, 就选择升级安装; 如果是全新安装的话, 就选择自定义安装。此处选择自定义安装方式。

(7)　选择"自定义(高级)"安装后，需要指定安装位置。可以选择硬盘中的已有分区，如图 10-8 所示，或者在硬盘上的未占用空间创建分区，如图 10-9 所示。

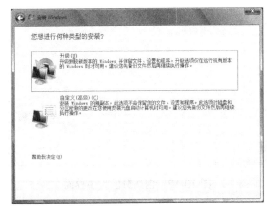

图 10-7　进行自定义安装 Windows 7 的界面

图 10-8　选择已有分区安装 Windows 7 的界面

(8)　若选择已有分区安装，单击"下一步"按钮，即进入"正在安装 Windows"界面，当前正在复制 Windows 文件，如图 10-10 所示。若选择在未占用空间上安装，则单击"驱动器选项(高级)"按钮进行分区操作，如图 10-11 所示。

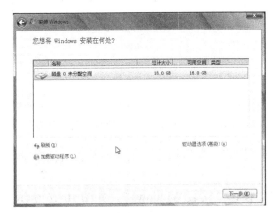

图 10-9　选择未占用空间安装 Windows 7 的界面

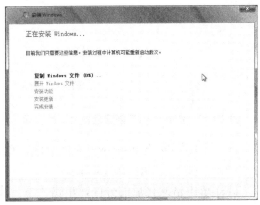

图 10-10　安装 Windows 7 的界面

(9)　单击"新建"按钮，在出现的界面中输入创建分区的大小，如图 10-12 所示，然后单击"应用"按钮。

(10) 如果是在全新硬盘，或删除所有分区后重新创建所有分区，Windows 7 系统会自动生成一个 100MB 的空间用来存放 Windows 7 的启动引导文件，这时会出现如图 10-13 所示的提示对话框，单击"确定"按钮。

(11) 创建分区后的界面如图 10-14 所示，可以发现有一个 100MB 的空间。

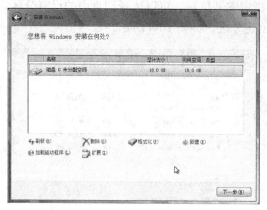

图 10-11　Windows 7 分区操作界面

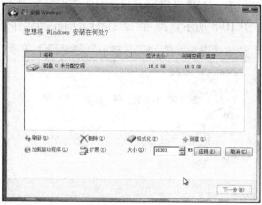

图 10-12　创建分区大小界面

图 10-13　Windows 7 创建额外分区的界面

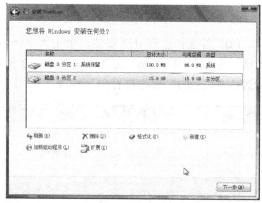

图 10-14　Windows 7 创建分区后的界面

(12) 选中要安装 Windows 7 的分区，单击"格式化"按钮。在出现的警告对话框中单击"确定"按钮，如图 10-15 所示。

(13) 选中格式化后的分区，单击"下一步"按钮，安装 Windows 7，如图 10-16 所示。

(14) 此时，即可进入如图 10-17 所示的安装 Windows 7 的界面。

> 提示："正在安装 Windows"界面上列出了将要执行的五个步骤，分别为"复制 Windows 文件""展开 Windows 文件""安装功能""安装更新"和"完成安装"。这五个步骤的执行完全由安装程序自动一步步往下执行，无须人为控制。期间系统可能要多次重启，也无须人为控制就能自动完成。

(15) 文件复制完后便开始展开文件、安装功能、安装更新等操作，如图 10-17 所示。

> 提示：执行完某个操作后，该操作项前面就会出现一个绿色小对钩，表示操作已完成。

(16) 在进行"安装更新"后系统会提示需要重新启动计算机才能继续，等待几秒钟后计算机将自动重启，如图 10-18 所示。

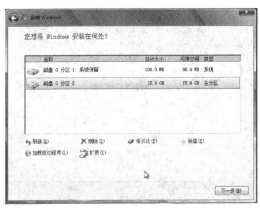

图 10-15　Windows 7 格式化的警告对话框

图 10-16　选择安装 Windows 7 分区的界面

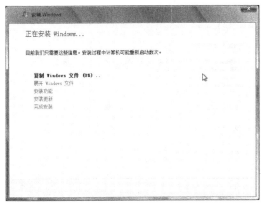

图 10-17　Windows 7 完成安装更新的界面

图 10-18　安装过程中准备重新启动的界面

⚠ 注意：需要重新启动计算机才能继续进行更新。

(17) 重启后，启动 Windows 7，如图 10-19 所示。

(18) 更新完毕后又出现"正在安装 Windows"界面，如图 10-20 所示。

(19) 完成安装后会再一次自动重启计算机，之后便进入了最后的设置步骤。进入"设置 Windows"界面，输入用户名和计算机名，如图 10-21 所示。

(20) 单击"下一步"按钮，进入"为账户设置密码"界面，如图 10-22 所示。如果设置密码，那么密码提示也必须设置。如果觉得麻烦，也可以不设置密码，直接单击"下一步"按钮，进入系统后再到"控制面板"下的"用户账户"中设置密码。

(21) 进入"键入您的 Windows 产品密钥"界面，如图 10-23 所示。密钥一般在购买的 Windows 7 的包装里，输入密钥，并单击"下一步"按钮。

图 10-19　Windows 7 启动界面　　　　　图 10-20　Windows 7 安装过程的界面

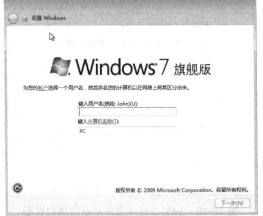

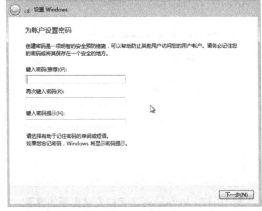

图 10-21　Windows 7 要求输入用户名的界面　　图 10-22　Windows 7 为账户设置密码界面

(22) 进入"帮助自动保护计算机以及提高 Windows 的性能"界面，选择"使用推荐设置"选项即可，如图 10-24 所示。

图 10-23　Windows 7 的产品密钥输入界面　　图 10-24　Windows 7 帮助自动保护计算机界面

(23) 设置正确的时区和日期,如图 10-25 所示,当然也可以在安装成功后进行设置,单击"下一步"按钮。

(24) 系统完成设置并启动,如图 10-26 和图 10-27 所示。

(25) 此时,系统安装完成,启动到 Windows 桌面,如图 10-28 所示。

图 10-25 Windows 7 的设置时区和日期界面

图 10-26 Windows 7 完成设置界面

图 10-27 Windows 7 启动界面

图 10-28 第一次进入 Windows 7 界面

10.3 驱动程序及应用软件的安装

驱动程序是直接工作在各种硬件设备上的软件,"驱动"这个名称十分形象地指明了它的功能。正是通过驱动程序,各种硬件设备才能正常运行,达到既定的工作效果。

硬件如果缺少了驱动程序的"驱动",那么本来性能非常强大的硬件就无法根据软件发出的指令进行工作,硬件就空有一身本领而无从发挥,毫无用武之地。这时候,计算机就正如古人所说的"万事俱备,只欠东风",这"东风"的角色就落在了驱动程序身上。如此看来,驱动程序在计算机使用上起着举足轻重的作用。

10.3.1　什么是驱动程序

驱动程序(Device Driver)全称为"设备驱动程序"，是一种可以使计算机和设备通信的特殊程序，是直接工作在各种硬件设备上的软件，可以说相当于硬件的接口，操作系统只能通过这个接口控制硬件设备的工作，假如某设备的驱动程序未能正确安装，该设备便不能正常工作。

正因为这个原因，驱动程序在系统中所占的地位十分重要，一般当操作系统安装完毕后，首要的便是安装硬件设备的驱动程序。不过，大多数情况下，我们并不需要安装所有硬件设备的驱动程序，例如硬盘、显示器、光驱、键盘、鼠标等就不需要安装驱动程序，而显卡、声卡、扫描仪、摄像头、Modem等就需要安装驱动程序。另外，不同版本的操作系统对硬件设备的支持也是不同的，一般情况下版本越高，所支持的硬件设备也越多。

10.3.2　驱动程序的安装

硬件只有安装了驱动程序后，才能发挥其最大功效，才能为用户带来更好的体验。从理论上讲，所有的硬件设备都需要安装相应的驱动程序才能正常工作。那么，怎么判断一台计算机的驱动程序有没有安装，有没有装好呢？

1. 驱动程序安装状况检查

(1) 确认硬件连接正确，无松动，电源、数据线连接正常，无缺陷。

(2) 右击"计算机"图标，在弹出的快捷菜单中选择"属性"命令，打开"系统属性"对话框；然后切换到"硬件"选项卡，单击"设备管理器"按钮，打开"设备管理器"窗口，如图10-29所示；再展开硬件列表，看看里面有没有带黄色的"？"或"！"的图标。若有，说明有硬件的驱动没有安装或者没有安装好。若没有，说明驱动已正常安装。此时，可选择部分设备进行驱动版本的更新。

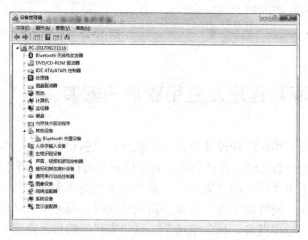

图10-29　"设备管理器"窗口

2．驱动程序安装

由于 Windows 7 系统自带了很多硬件的驱动，一般情况下，对于常见型号的硬件，Windows 7 可以自动安装其驱动。当 Windows 7 找不到某硬件的驱动不能自动安装时，需要手工安装相应的驱动程序。通常，安装硬件驱动应按如下顺序进行：先安装主板(芯片组)驱动，然后安装显卡驱动，再安装声卡驱动，接着安装其他集成设备的驱动如网卡驱动，最后安装外围设备如打印机、扫描仪等的驱动。

驱动程序的发布一般有两种方式，一是通过若干文件和一个 INF 文件来发布；二是通过安装程序来发布。对于第一种驱动程序，可以通过打开"设备管理器"窗口找到对应设备，然后安装或更新驱动程序，安装时指定从磁盘安装并选择驱动程序所在的位置即可。对于第二种情况，则简单很多，只要执行这个文件，然后按提示操作即可。

安装好驱动程序后，系统一般会要求重新启动计算机。若安装的驱动程序特别重要，前后安装的驱动程序可能发生冲突，例如安装的是主板补丁之类重要的驱动程序，那么必须按规定重新启动。若安装完显卡再安装声卡，此时两个驱动一般说来不会产生冲突，可以全部安装完毕之后再重新启动。

若安装的驱动程序错误(驱动程序的版本与硬件型号不兼容等问题)，系统不能正常启动，此时可以重启系统，按 F8 键，选择进入"安全模式"，把相应驱动删除后再启动到正常模式，然后重新安装合适的驱动程序。

一般情况下，对于同一硬件其驱动程序也可能有多个版本。在安装驱动程序时，通常选择较新的版本。新版本一般可以解决旧版本的 BUG，提供更新更全的功能。但是安装驱动时，不可一味追求新版本，更要注重系统的稳定性、兼容性。某些设备如显卡，高版本的驱动程序对老硬件并不一定最适合，老设备一旦安装了新驱动，反而会影响系统整体的稳定性，造成种种不便。

1)　安装主板自带的驱动

第一步：安装好操作系统。

第二步：安装好系统补丁。

第三步：将主板自带驱动光盘放入光驱。

第四步：一般情况下，驱动光盘会自动运行，在运行界面中选择相应的菜单，按提示进行安装。

第五步：若系统提示重新启动，按要求进行即可。

> **提示**：也可直接打开光盘，找到主板驱动所在文件夹，双击安装文件 Setup.exe 或者 Install.exe 使其运行，接着按提示进行操作。

2)　显卡驱动安装

第一步：将显卡驱动光盘放入光驱。

第二步：打开"设备管理器"窗口，然后右击"显示卡"项下的？号选项，在弹出的快捷菜单中选择"更新驱动程序"命令，打开"更新驱动程序软件"对话框，如图 10-30 所示。

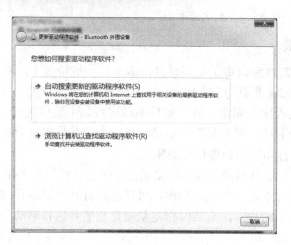

图 10-30　"更新驱动程序软件"对话框

　　第三步：选中"浏览计算机以查找驱动程序软件(R)"选项，弹出"浏览计算机上的驱动程序文件"界面，如图 10-31 所示。单击"浏览"按钮，选择驱动程序所在文件夹，单击"下一步"按钮，系统即自动搜索并安装光盘中的显卡驱动程序。

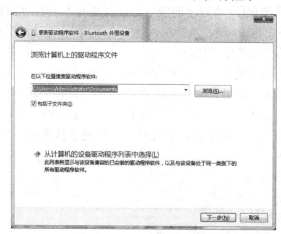

图 10-31　指定位置查找驱动程序

　　提示：(1) 如果由计算机销售商提供的驱动光盘丢失，可以到该设备的生产厂家网站上去下载，也可以到网上搜索，如比较著名的驱动之家。
　　　　(2) 其他设备如声卡、网卡驱动安装与此相似。

　　3)　万能驱动安装
　　所谓万能驱动，是指将很多驱动集成在一起，形成一个驱动压缩包供安装时解压使用。它分显卡万能驱动、声卡万能驱动、网卡万能驱动、摄像头万能驱动等。每种万能驱动针对某一类型硬件，不可混用。
　　安装万能驱动方便快捷，但可能产生意想不到的结果。若设备有相应的官方专用驱动，不建议安装万能驱动。
　　若要安装某设备的万能驱动(一般在不清楚该设备的具体型号时)，可上网搜索并下载。

下载解压缩后，通过运行安装程序或者通过选择"设备管理器"|"更新驱动"命令来进行安装。此处不再赘述。

10.3.3　应用软件的安装

应用软件是提供某一功能的软件。它的发布也有多种形式。常见的有通过光盘发布和通过网络以压缩包方式发布，它们的安装方法基本相同。光盘发布的软件一般是自动运行的，只要把光盘插入光驱，就会进入安装界面。若光驱禁止了自动运行功能，可以编辑光盘根目录上的"Autorun.inf"文件，查看里面指定的自动运行程序，手工启动它即可。压缩包方式发布的软件要先把它解压到磁盘的某一个目录中，一般情况下是执行其中的Setup.exe 或 Install.exe 程序进行安装。在安装网络下载的软件前，建议先阅读它的说明文件，里面一般都包括安装方法。此外，还有一种所谓的绿色软件，不需要安装，只要进行解压，直接执行即可。

软件的安装过程比较简单，一般采取安装向导的方式，可供用户选择的通常有安装模式、安装目录等内容。安装模式指出安装哪些内容，可分为全部安装、快速安装和自定义安装等。若对软件不太了解，建议使用快速安装或全部安装方式。应用软件一般默认安装在系统盘上。若软件没有明确要求，建议尽量不要把软件与操作系统安装到同一个分区里，对于通过应用软件生成的文档，也尽量不要保存在系统分区中。这样一方面可以减少系统分区里的磁盘碎片，另一方面可以增加文档的安全性。

10.4　系统的备份与恢复

系统备份是指在重新安装系统及应用软件后，或者在系统正常状态下，使用系统备份工具，对整个系统数据进行备份。系统恢复(还原)正是利用这些备份数据，在系统崩溃或者病毒无法清理时，使系统快速恢复到原来的正常状态，这样就免去了重装系统的麻烦。

常用的系统或数据备份还原工具有：Norton Ghost、Windows 的系统备份与还原工具、驱动备份精灵、一键还原精灵等。一些系统优化软件也具有数据备份与还原的功能。

这里就以使用较多的 Ghost 软件为例，介绍系统的备份与恢复(还原)过程。

10.4.1　使用 Norton Ghost 对系统进行备份

Norton Ghost 是最常用的系统备份工具，它原先为 Binary 公司所出品，后因该公司被著名的 Symantec 公司并购，因此该软件的后续版本就称为 Norton Ghost。Norton Ghost 是一个极为出色的硬盘"克隆"工具，它可以在最短的时间内给予用户的硬盘数据以最强大的保护，具体操作方法如下。

(1) 将 Norton Ghost 安装到除 C 盘(安装系统的磁盘分区)以外的其他分区。Norton Ghost 最好在纯 DOS 下运行，当然较高版本已经推出了可在 Windows 下运行的功能。启动 Norton Ghost 后，会进入一个类似 Windows 的界面，支持鼠标和键盘。

(2) Norton Ghost 的主界面如图 10-32 所示。一般我们只对本地计算机备份,选择 Local 命令即可。

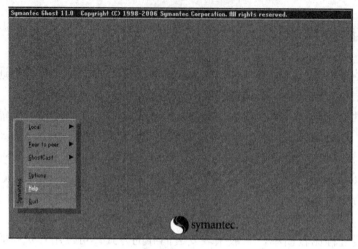

图 10-32　Norton Ghost 主界面

(3) Local 子菜单中有以下几个命令,如图 10-33 所示。

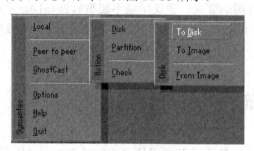

图 10-33　Local 子菜单

- Disk 命令用于对硬盘进行操作,其中 To Disk 命令是指硬盘对硬盘完全复制;To Image 命令是指硬盘内容备份成镜像文件;From Image 命令是指从镜像文件恢复到原来硬盘。
- Partition 命令用于对硬盘分区进行操作,其中 To Partition 命令是指分区对分区完全复制;To Image 命令是指分区内容备份成镜像文件;From Image 命令是指从镜像文件复原到分区。
- Check 命令用于对镜像文件和磁盘进行检查。

(4) 一般只需要对系统备份。所以这里就以备份 C 盘为例来讲解。选择 Local | Partition | To Image 命令,切换到如图 10-34 所示的界面。在这里选择要备份分区所在的磁盘,图中所示的计算机只有一个磁盘,单击 OK 按钮。

(5) 此时出现如图 10-35 所示的界面,选择要备份的分区。这里选择第一个分区,然后单击 OK 按钮。

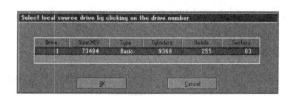

图 10-34 选择要备份分区所在的磁盘

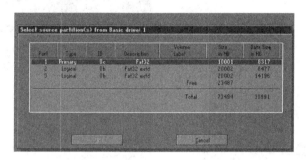

图 10-35 选择要备份的分区

(6) 在 File name to copy image to 界面中选择分区或光盘，以及要保存的文件夹，输入备份文件的文件名，单击 Save 按钮，如图 10-36 所示。

(7) 在弹出的 Compress Image 对话框中，选择是否压缩，其中 No 指不压缩，Fast 指低压缩，High 指高压缩。一般选择 High，可以压缩 50%，但是速度较慢。如果硬盘容量足够大，选择 Fast 备份数据时不易出错，如图 10-37 所示。

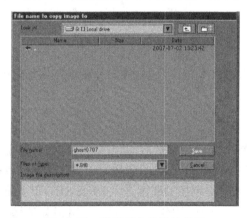

图 10-36 选择保存备份的分区

图 10-37 Compress Image 对话框

(8) 在弹出的 Compress Image(1916)对话框中，单击 Yes 按钮，就开始备份了。

(9) 在界面中将显示备份的进度和详细信息等。结束后，关闭 Norton Ghost 即可。

10.4.2 使用 Norton Ghost 对系统进行恢复

如果已经使用 Ghost 对系统进行了备份，使用 Ghost 还原系统的操作是很简单的，下面就上机实际操作，具体步骤如下。

(1) 打开 Ghost 软件，选择 Local | Partition | From Image 命令，如图 10-38 所示。

(2) 进入 Image file name to restore from 界面，如图 10-39 所示。选择备份文件所在的路径，找到备份文件，单击 Open 按钮。

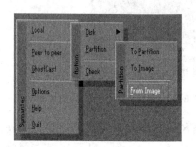

图 10-38　选择系统还原　　　　　　　图 10-39　选择备份文件

(3) 依次选择要还原的硬盘和分区，弹出操作确认对话框，单击 Yes 按钮，开始还原。

 ## 10.5　回到工作场景

通过本章的学习，应该掌握安装操作系统的步骤。下面回到 10.1 节介绍的工作场景中，完成工作任务。

【工作过程一】为安装系统设置启动顺序

打开计算机电源，根据屏幕提示，进入 BIOS 设置菜单，把启动顺序设置成先从光盘启动，为从光盘安装系统做准备。若系统的 BIOS 为 Award 公司的产品，一般在计算机启动过程中，屏幕会提示 Press DEL to enter SETUP，依照提示按 Del 键进入 BIOS SETUP 界面。找到 BIOS FEATURES SETUP 选项，设置 Boot Sequence 中的值为以 CDROM 开始的选项，保存设置后退出即可。待安装结束后，需要将系统重新设置为从硬盘启动，即设置 Boot Sequence 中的值为以 C 开始的选项。

【工作过程二】系统安装小经验

将系统安装光盘放入光驱，参照 10.2.4 节内容安装 Windows 7 系统。由于在原系统分区上重装 Windows 7 会自动创建一个系统文件夹，而不删除原系统文件夹，故在重装 Windows 7 前，应对原系统盘进行格式化。在安装时，注意此操作。

【工作过程三】系统备份

参照相关内容将系统备份到硬盘最后一个分区。

 ## 10.6　工作实训营

10.6.1　训练实例

1. 训练内容

练习使用 TuneUp Utilities 软件对计算机系统进行优化。

2. 训练目的

通过使用专门的优化软件对系统进行优化，了解系统安装后可以在哪些方面对系统的性能实施优化提高。

3. 训练过程

步骤一：安装并启动 TuneUp Utilities 2014，进入如图 10-40 所示的界面。

图 10-40　TuneUp Utilities 2014 主界面

步骤二：定制系统。

通过系统定制，可以修改系统默认设置、改变系统外观、管理开机启动程序、更改快捷菜单等。

定制快捷菜单的具体步骤如下。

(1) 在 TuneUp Utilities 2014 主界面中单击 PERSONALIZE 标签，如图 10-41 所示。在此界面中，可以修改 Windows 设置，改变 Windows 外观。

(2) 单击 Personalize options and behaviors 按钮，弹出 TuneUp System Control 对话框。在 Display 项目下单击 File types 链接，在右侧窗格中切换到 Menu Operations 选项卡，在 Files

and folders 选项组中选中 Show "Move To Folder…"和 Show "Copy To Folder…"两个复选框，如图 10-42 所示。

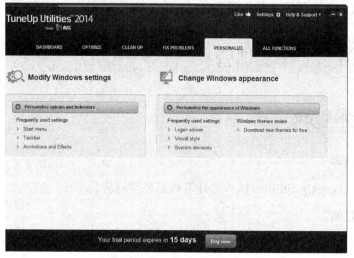

图 10-41 PERSONALIZE 选项卡

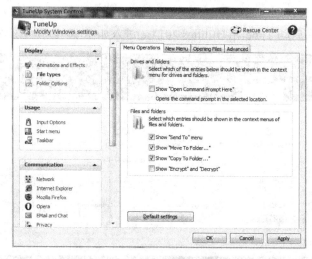

图 10-42 Menu Operations 选项卡

(3) 单击 Apply 和 OK 按钮，完成设置。

步骤三：清理系统。

通过清理系统，可以清理磁盘、注册表等。下面介绍注册表的清除方法，具体步骤如下。

(1) 在 TuneUp Utilities 2014 主界面中单击 OPTIMIZE 标签，然后在打开的选项卡中单击 Clean registry 按钮，打开 TuneUp Registry Cleaner 对话框，如图 10-43 所示。

(2) 在该对话框中选中 Complete scan(recommended)单选按钮，然后单击 Next 按钮。

(3) 软件开始扫描注册表，如图 10-44 所示。扫描完成后，选择 Display Problems 选项，单击 Next 按钮，则在窗口中会显示扫描出的错误，如图 10-45 所示。

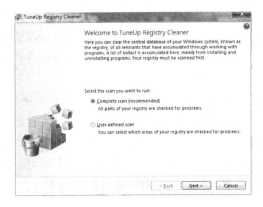

图 10-43　TuneUp Registry Cleaner 对话框

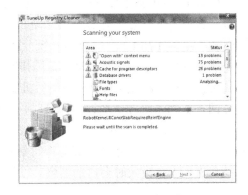

图 10-44　扫描注册表

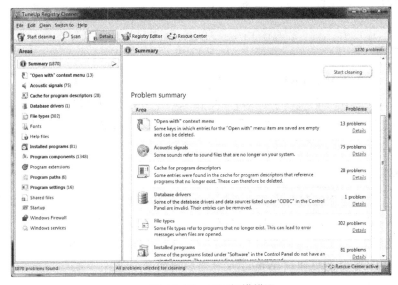

图 10-45　显示扫描错误

(4)　单击 Start cleaning 按钮，进入清理注册表向导。单击 Next 按钮，开始清理。

此外，Increase Performance(改进性能)有"内存优化""修复注册表"及"系统优化"等功能。其中的"系统优化"功能可以分别对"上网设置"和"系统配置"进行优化，也可以进行"一键维护"等。设置过程是以向导的形式进行的，因此具体步骤这里不再叙述。

4．技术要点

(1)　在对注册表进行清理之前，尽量备份注册表，防止产生意外情况。

(2)　要每隔一段时间就对磁盘进行清理。

10.6.2　工作实践常见问题解析

【常见问题 1】新买的硬盘进行分区格式化后，安装的 Windows 7 系统却无法启动，为什么？

【回答】 对硬盘进行分区格式化是正常使用硬盘的前提，但是对于安装系统的分区还要进行"激活"操作才能使安装的系统正常启动。这种现象可能是由于操作者没有激活系统分区所致。运行 PM 软件，查看系统分区情况，发现系统分区没有激活。使用该软件"激活"系统分区后，系统正常启动，故障排除。

【常见问题2】 设置系统分辨率后机器出现不能启动的"黑屏"现象，应怎样解决？

【回答】 当系统分辨率设置过高时，会使系统出现黑屏现象。此时，可用下述方法解决：重新启动系统，按 F8 键，在出现的选择界面中选择"安全模式"选项，待系统进入安全模式后，再重新启动系统，此时即可解决此种黑屏现象，再设置合适的分辨率即可。因为系统在进入安全模式时会自动调整其以最低分辨率运行，从而解决此种黑屏问题。

10.7 习题

一、填空题

1. 目前，常见的 Microsoft 操作系统有＿＿＿、＿＿＿和＿＿＿等。

2. Windows 系统中的＿＿＿可以清除磁盘上的碎片，重新整理文件，将每个文件存储在连续的簇块中，并且将最常用的程序移到访问时间最短的磁盘位置，以加快程序的启动速度。

二、选择题

1. 目前，大部分主板都支持多种设备启动计算机，使用下面的＿＿＿可以启动裸机。
   A. Windows 98 启动软盘 USB 启动盘　　　　　B. 网卡或显卡
   C. 光驱　　　　　　　　　　　　　　　　　　　D. 移动设备

2. 由 MS-DOS 状态返回到 Windows 状态所用的命令是＿＿＿。
   A. RETURN　　　　B. EXIT　　　　C. WIN　　　　D. SYSTEM

三、操作题

1. 在安装好某一 Windows 7 系统的机器上再安装一个 Windows 10 系统，实现双系统并存。

2. 从网上下载自己计算机显卡的最新驱动程序，并更新。

3. 练习自定义安装 Office 2010 的各个组成软件。

第 11 章

计算机维修基础

 本章要点

- 计算机维修的基本原则。
- 计算机维修的流程。
- 计算机维修的基本方法。
- 计算机维修工具的选择与使用。

技能目标

- 理解和掌握计算机维修的原则和方法，形成计算机维修的基本思路。
- 学会如何分析计算机故障。

11.1　工作场景导入

【工作场景】

一台计算机的故障现象表现为，BIOS 自检没有错误，能正常引导操作系统，工作以后出现频繁死机，现在开展维修工作。

【引导问题】

(1)　计算机故障维修的流程是什么？
(2)　计算机故障分成哪几类？
(3)　计算机故障维修有哪些常用的方法？
(4)　进行计算机故障维修时如何确定正确的维修方案？
(5)　计算机故障维修需要哪些常用工具？

11.2　计算机维修流程

计算机的故障通常由硬件的损坏或软件的错误等诸多原因造成，在维修的过程中要首先判断故障可能产生的原因，区别出是硬件还是软件的因素导致故障出现，同时一定要遵循计算机维修的基本原则，应用正确的方法进行维修。计算机维修的基本原则如下。

1. 先简单后复杂

目前计算机的产品质量、技术和性能均很成熟、可靠，并不容易损坏，所以在维修时应从最简单的原因着手，由简而繁，逐渐深入。

2. 先分析后维修

维修时杜绝盲目的操作，需要认真分析故障的原因后，才可以进行维修工作。

3. 先软件后硬件

在计算机故障中，软件故障的发生率要远高于硬件，因此首先要排除软件故障的因素，然后着手解决硬件故障。

4. 先主后次

维修时分清主次，先解决主要故障，再解决次要故障。

11.2.1　计算机启动流程

按下计算机电源开关以后，ATX 电源向主板的各单元供电，此时电源所提供的电压是不稳定的，南桥芯片在得到供电后向 CPU 的复位引脚发出并保持一个复位信号(RESET)，

CPU 回到初始化状态。同时等待 ATX 电源发出的 POWER GOOD 信号。待电源供电稳定以后(此过程很短),南桥芯片便撤销 RESET 信号,CPU 立即从地址 FFFF0H(该地址在系统 BIOS 范围内)处开始执行一条跳转指令,跳转到系统 BIOS 的启动代码处,完成 POST(上电自检)。

1. POST 上电自检程序

POST 上电自检程序(Power On Self Test,上电自检)固化在 BIOS 中,在 CPU 开始执行跳转指令到 BIOS 的启动代码处时,该程序被复制到 CMOS RAM 中。系统首先利用 POST 上电自检程序对内部各关键设备进行检测,如遇设备故障则停机并报警,然后进行非关键设备的检测,如遇设备故障,则在屏幕上显示相应的错误信息。

2. POST 上电自检顺序

POST 自检顺序为:加电→CPU→ROM→System Clock→DMA→640KB RAM→IRQ→显卡。显卡以前均为关键设备的检测,屏幕是没有显示的,如遇故障计算机处于挂起状态,同时报警,习惯上称为核心故障。从屏幕有显示开始的检测过程如下。

(1) 检测显卡。由系统 BIOS 找到显卡的 BIOS,并交给它来完成对显卡的初始化,检测显卡的内存、同步信号、视频信号、显示器接口,然后点亮显示器,同时显示主板的相关信息。

(2) 检测 CPU 和内存。包括 CPU 的类型、工作频率、外频和倍频,内存的检测主要是 1MB 以上的扩展内存,BIOS 根据 CMOS 设置中检查内存的方式测试 1～3 次,同时在屏幕上显示相关信息。

(3) 检测标准硬件设备。包括 IDE0、IDE1、FDD、串口、并口等设备是否安装,以及这些设备的相关信息。这阶段检测如发现非关键性错误,屏幕下方会出现提示,按 F1 键继续到下一步。

(4) 检测即插即用设备。系统 BIOS 调用即插即用的检测程序来检测安装了哪些即插即用设备及其是否正常,同时为它们分配中断、DMA 通道、I/O 端口等资源。

(5) 完成硬件配置表。至此,所有设备检测完毕,计算机将重新清屏,显示详细的配置清单。

(6) 更新 ESCD(Extended System Configuration Data,扩展系统配置数据)。系统 BIOS 通过 ESCD 与操作系统交换硬件配置信息,并将其保存在 CMOS RAM 中,供操作系统调用。

(7) 引导系统。ESCD 更新完成后,系统 BIOS 的启动代码根据用户指定的启动顺序来启动操作系统。首先在启动设备中找到启动文件,然后写入内存,同时将控制权交给启动文件,并引导操作系统。

至此,BIOS 完成所有任务,不再参与计算机的工作。

11.2.2　计算机维修的一般思路

对有故障的计算机进行维修时,一定要遵循计算机维修的基本原则,认真分析故障的原因,确定正确、合理的维修方案。图 11-1 所示为计算机故障维修流程图。

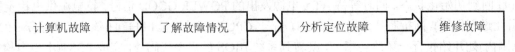

图 11-1　计算机故障维修流程图

1. 了解故障情况

对有故障的计算机进行维修前，一定不能盲目地先动手维修，要全面地了解故障发生的原因，特别要注意仔细观察故障的现象，判断是软件故障还是硬件故障。若是硬件故障，要确定能否通电检测。例如，主板如有严重的短路现象，就必须在排除短路的故障后才能通电。否则，可能使故障扩大。

2. 分析定位故障

根据对故障的分析，以及观察到的现象，进行初步判断，大致确定故障的范围，由简单到复杂，软硬结合，由外而内地定位故障点。

3. 维修故障

故障点确定以后，便进行维修工作。由于计算机的种类很多，不同的硬件配置有不同的维修方法，这就需要事先准备好充实的维修资料，仔细研究它们的架构、电路的特点等，采用合理的维修方法，确定完善的维修方案。

11.3　计算机故障的维修方法

计算机的种类较多，在维修中需要根据实际情况采用多种方式判断故障点。故障维修过程是非常复杂的，要善于思考，不断地调整维修思路；要善于总结维修经验，不断地积累，与同行切磋交流，养成填写维修记录的良好习惯。填写的内容包括故障现象、初步分析和判断故障类型及故障点的思路，以及故障点、相关的测试数据并书写维修小结。

计算机故障维修的常用方法有观察法、最小系统法、替换法、诊断卡法、检测仪器法、软件测试法等。

1. 观察法

观察法是最常见的一种方法，贯穿于整个维修过程，要求认真、仔细、全面。观察的结果往往会决定维修的思路和方法。观察的内容一般有以下几个方面。

(1) 看：查看系统板卡间的连接，确定各接口的连接是否可靠，有无灰尘，是否受潮，元器件外观有无明显的损坏，如电容有无漏液，芯片、元器件、电路板有无被烧的痕迹，CPU 风扇的转动有无异常等。

(2) 听：在故障计算机开机后，听有无报警的声音，如有，要根据该主板 BIOS 的类型来确定报警声音所表达的故障类型；听有无异常的声响，如有，要确定来自什么设备或部件，并判断其原因。

(3) 嗅：在开机之前养成先用鼻子闻闻主机机箱的味道的习惯，因为当故障发生以后，如遇部分电路严重短路，有些电子元器件会被烧毁，并发出一些特别的气味，很容易辨别。如有这种现象出现，一定要注意先找出被烧的元器件或设备，并确定排除了短路故障后方可通电开机。否则，可能会将故障扩大。

(4) 摸：对有故障的计算机还可以采用用手触摸的方法，主要是感觉芯片或器件的温度。因为计算机在正常工作时，芯片温度范围一般为 30～60℃，超过该温度范围，芯片难以保证正常工作。

2. 最小系统法

所谓最小系统法，是指将主机机箱内的部件只保留开关电源、主板、CPU、内存，其他部件或设备均卸去，成为一个计算机最小系统。这种方法一般用于缩小故障的范围，排除主板、CPU、内存三大主要部件的故障可能。

3. 替换法

替换法主要是用好的板卡去替换有故障嫌疑的板卡，这种方法适用于对板卡设备的故障判断。

4. 诊断卡法

诊断卡法适用于开机不能点亮显示器的一类故障。将诊断卡插入扩展插槽，根据诊断卡显示的代码可确定有故障的关键设备。

5. 检测仪器法

检测仪器法针对故障较复杂的情况，要使用宽带示波器、逻辑分析仪、内存检测仪等进行维修。这种方法的检测是最准确的。

6. 软件测试法

软件测试法适用于计算机能正常引导，但运行不正常的故障。该方法利用专用检测或工具软件来测试计算机整机或单元模块的运行状态，根据测试结果对故障进行定位。

11.3.1　计算机故障的分类

计算机的故障分为软件故障与硬件故障两大类型。软件故障主要是指操作系统和应用软件在安装和运行中发生了错误而引发的一系列故障。这是较常见的，产生的原因可能是软件本身的问题，也可能是病毒的侵扰或硬件资源的缺乏。解决的方法在前面章节中已经介绍。硬件故障中的种类很多，大致分成如下四大类型。

1. 不开机故障

不开机故障表现为不能正常开启计算机。一般产生的原因可能是 ATX 电源有故障或主板的开机电路或主板时钟电路等有故障。这类故障较为普遍。

2. 黑屏故障

黑屏故障表现为计算机不能正常点亮显示器。产生的原因较为复杂，属于故障较严重的一类，产生的原因可能是主板、内存、CPU、供电电源、显示器等。

3. 死机故障

死机故障表现为计算机频繁地有规律或无规律的死机。维修这类故障较烦琐。其产生的原因有很多，也有可能是诸多原因引起的并发症，如主板的板卡或接口接触不良，主板的芯片温度过高，元器件的假焊等。

4. 不能引导系统

不能引导系统是指在 BIOS 正常检测完毕后，不能引导操作系统。产生的原因一般是系统文件损坏或硬盘以及接口产生故障。

11.3.2 计算机故障的处理顺序

计算机故障的表现形式非常多，必须采用合理的方法、正确的处理顺序才能有效地解决故障，才能避免旧的故障未解决又产生新的故障。计算机故障的处理一般按以下顺序完成。

1. 能点亮显示器的计算机故障处理顺序

(1) 观察 BIOS 的自检在显示器上显示的信息，是否存在检测的错误，并根据提示的信息做出相应的处理。

(2) 对于能正常地引导操作系统，但运行不稳定的计算机故障，首先要排除系统和应用软件本身的问题(一般采用系统重装的方法来解决)。如果故障仍然存在，则应考虑属于硬件故障。这类故障产生的原因较复杂，最有效的解决方案是采用最小系统法和替换法。它可以排除 ATX 电源、CPU、主板、内存的故障可能。

2. 不能正常点亮显示器的计算机故障处理顺序

(1) 不通电检查。打开主机机箱，首先检查主要设备的外观有无明显的异常，检查一定要仔细，特别是对主板上的一些部件要重点检查。如一些芯片、晶体管、电阻等的外观有无明显的烧灼痕迹，电解电容器有无漏液等。主要目的是初步排除主板和设备有无较严重的短路现象(因为元件、芯片被烧坏，一定是由于工作电流过大造成的，而短路是造成这种结果的原因)或明显的元器件损坏。

(2) 通电检查。首先采用最小系统法和替换法来确定 ATX 电源、CPU、主板、内存的工作情况，然后逐一增加外设，对故障进行初步定位，确定故障部位后再有针对性地来解决。

11.4 计算机维修常用工具

计算机维修常用工具分为通用工具、焊接工具和测量工具。

1. 通用工具

通用工具主要包括 IC 起拔器、螺丝刀、镊子、刮刀、毛刷、防静电手环、扳手、钳子等。

2. 焊接工具

焊接工具主要包括电烙铁、吸锡器、热风焊台、BGA 返修台。

3. 测量工具

测量工具主要包括万用表(数字式或指针式)、示波器、逻辑分析仪、数字函数器、频率计、编程器、主板诊断卡(Debug 卡)、CPU 假负载、打阻值卡、内存测试仪、显卡显存颗粒检测仪、PC3000 硬盘综合维修工具等。

11.4.1 热风枪

热风枪主要用于一些贴片元件和贴片集成电路的拆焊工具，如图 11-2 所示。其使用方法如下。

(1) 将热风枪电源插入电源插座，打开热风枪电源开关。

(2) 调节热风枪的温度及风力开关，一般设置温度为 3～4 挡，风力为 2～3 挡。

(3) 根据不同的元件或芯片，选择不同大小的风嘴，在靠近芯片上方 3cm 左右移动加热，直至芯片底部的焊锡全部熔化后，用镊子夹走芯片。

(4) 焊接完毕后，关闭电源开关。注意，此时发热管处于冷却阶段，不可以拔掉电源插头，以防止发热管损坏。

图 11-2 热风枪

11.4.2 主板诊断卡

主板诊断卡即 POST 卡或 Debug 卡，主要原理是读取 BIOS 80H 地址内的 POST CODE 值，经译码器译码，并显示代码，特别适用于主板关键性设备的故障甄别。诊断卡如图 11-3 所示。

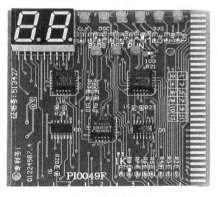

图 11-3 诊断卡

1. 诊断卡指示灯的含义

通过诊断卡指示灯可以了解计算机的关键及非关键设备的运行情况，对于有此类故障的计算机，可以从诊断卡上的代码显示，对照代码表查找判断计算机故障的位置。诊断卡指示灯的含义如表 11-1 所示。

表 11-1　诊断卡指示灯的含义

指示灯名称	指示灯含义	说　明
RUN	主板运行	主板运行时指示灯不断闪亮，主板没有运行时指示灯不亮
CLK	总线时钟	主板为空板时，接通电源该指示灯就亮，否则 CLK 信号坏
BIOS	基本输入/输出	主板运行时，对 BIOS 有读操作时就闪亮
IRDY	主设备准备好	有 IRDY 信号时闪亮，否则不亮
OSC	振荡	ISA 插槽主振信号，空板上电常亮，否则不亮
FRAME	帧周期	PCI 插槽有循环帧信号时闪亮，平时常亮
RST	复位	开机或按 RESET 开关后亮半秒钟熄灭则正常
12V	电源	空板上电应常亮，否则无此电压或主板有短路
−12V	电源	空板上电应常亮，否则无此电压或主板有短路
5V	电源	空板上电应常亮，否则无此电压或主板有短路
−5V	电源	空板上电应常亮，否则无此电压或主板有短路
3.3V	电源	空板上电应常亮，有些 PCI 插槽的主板无此电压

2. 诊断卡使用方法

(1) 取出扩展槽上所有扩展卡。

(2) 将诊断卡插入扩展槽内，打开计算机电源，观察诊断卡的指示灯是否正常，如果不正常，关闭电源，根据有异常的指示灯的状态判断故障点。

(3) 指示灯显示正常，观察诊断卡代码显示值，对照代码表查找故障类型。

(4) 如果代码显示正常，但不能引导系统，应属于软件或硬盘有故障。

11.4.3　编程器

编程器主要用来固化只读存储器中的程序，一般与计算机相连接，配合编程软件使用，如图 11-4 所示。在计算机维修中，编程器用来刷新主板 BIOS、显卡的 BIOS 芯片、网卡的启动芯片、串行芯片等，具体使用方法如下。

(1) 将被烧录的芯片插入编程器的 IC 卡座(注意芯片的缺口与卡座面板图示对应)。

(2) 用配套的电缆将编程器连接到计算机的串口。

(3) 打开编程器电源，在计算机中安装并运行编程软件，这时编程软件的程序将会监测通信端口和芯片的类型，将要烧录的文件(HEX 文件)调入，完成烧录过程。

(4) 烧录完成后，关闭电源，取下芯片。

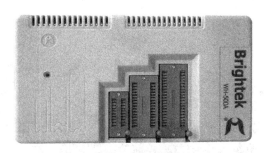

图 11-4　编程器

11.4.4　CPU 假负载

CPU 假负载(见图 11-5)主要用于测量 CPU 各点工作电压的值，防止在维修的过程中因主板的短路烧坏 CPU。只有在确定了 CPU 各电压正常以后，方可安装 CPU。同时，CPU 假负载还可以测量出 CPU 与北桥芯片以及 64 位数据线和 32 位地址线之间的连接是否正常。CPU 假负载的使用方法如下。

图 11-5　CPU 假负载

(1)　插上假负载后，通电测试假负载上的核心电压是否正常。

(2)　测试假负载上的复位电压(RESET#)是否正常。

(3)　测试假负载上的时钟电压是否正常，同时用示波器观察时钟信号的波形。

(4)　测试假负载上的 PG 信号电压是否正常。

(5)　测试假负载上的 1V 参考电压是否正常。

(6)　测试主板核心供电的低端场效应管(下管)的 D 极电压是否正常。

11.4.5　打阻值卡

打阻值卡主要用于测量内存插槽、PCI 插槽、PCI-E 插槽、AGP 插槽的各种型号，如图 11-6 所示。这些插槽的金属触点都在槽内，针脚较多，不易观察和测试，可将打阻值卡插在相应的插槽内，通过打阻值卡来间接测试。打阻值卡上的测试点一般有时钟信号、复位信号、电压信号、地址线信号和数据线信号等。

图 11-6　打阻值卡

11.5　回到工作场景

通过本章的学习，应该掌握计算机维修的基本原则、方法和维修顺序。下面回到 11.1 节介绍的工作场景中，完成工作任务。

【工作过程一】确定故障属性

遵循计算机维修的基本原则，首先确定故障属于软件故障还是硬件故障。解决的方法是重装计算机操作系统。待正确重装系统(不装应用软件)后，开机观察，若发现故障仍然存在，则基本可确定故障属于硬件故障。

【工作过程二】判断故障类型

根据故障的现象的特征，判断故障的类型，确定解决的方法和维修的顺序。

11.1 节中提到的故障现象的特征是，系统能正常引导，BIOS 自检正常，排除了计算机关键性和非关键性设备的故障和错误。故判断故障类型为死机故障。

对于死机故障，一般采用最小系统法和替换法相结合来进行维修。

维修的顺序是由外而内，先断电检查所有设备的连接是否可靠，然后通电检查相关部件工作的情况，结合使用最小系统法和替换法进行维修。

【工作过程三】维修

断电，打开计算机的盖板，将主板的相关板卡重新插拔一次。注意，每一板卡在拔下后，要观察相关部件的插脚、金手指的状况，需要时应用无水酒精进行表面的清洁。将各接口的连接线也重新插拔一次，这一过程要求仔细、认真地进行。

通电检查，若发现故障依然存在，则按照事先确定的维修方法，用最小系统法和替换法来完成。

卸去所有外设和一些接口，只保留主板、CPU、内存，接好电源，然后通电。观察工作情况，让它工作一段时间，同时触摸主板芯片，感觉它们的工作温度是否正常。结果发现，BIOS 芯片温度明显过高，此时计算机也出现了死机的现象。现在基本定位了故障点，由于 BIOS 芯片温度过高造成无法正常工作所导致。解决的办法是更换 BIOS 芯片。用 IC 起拔器拔下 BIOS 芯片，更换同型号的芯片，将该主板的 BIOS 程序使用编程器或在线对 BIOS 芯片进行刷新。通电观察，系统运行正常，将其他设备安装好，开机故障消失。

11.6　工作实训营

11.6.1　训练实例

1. 训练内容

计算机故障类型为"黑屏"，观察故障现象，分析故障原因，制定正确的维修方案。

2. 训练目的

了解产生计算机故障的常见原因，掌握常见软件故障和硬件故障的判断和维修方法。了解 POST 上电自检的含义，能够根据提示音及屏幕信息和主板诊断卡定位故障点。

3. 训练过程

步骤一：学习利用诊断卡定位故障点。

关闭计算机电源，拔下所有扩展插卡，将诊断卡正确插入扩展插槽。开启电源观察各指示灯是否正常，若有不正常，可参照指示灯功能速查表排错。如指示灯正常发光，插入显卡、键盘、鼠标、相关 I/O 卡、硬盘及其他驱动器，观察显示代码，对照代码表信息确定故障点。

步骤二：根据主板诊断卡提供的信息确定维修方案，然后维修故障。

步骤三：填写维修记录。

4. 技术要点

(1) 诊断卡的正确安装：诊断卡插入扩展槽时，要注意不要插反，一般的诊断卡插反时虽不会烧毁主板或诊断卡，但不会工作。

(2) 要会利用显示的诊断代码，查询代码的相关信息。

(3) 对有故障的计算机，在维修的时候一定要规范操作，确保安全、有效地进行维修工作。

11.6.2　工作实践常见问题解析

【常见问题 1】如何准确定位计算机的故障？

【回答】计算机的故障表现方式繁多，也有可能为多种因素诱发的并发症。这就需要在维修时除了要有扎实的理论及较强的动手能力，还需要一定经验的积累。积累得多，就会以一定高度的眼光去俯视这些故障现象。另外，要养成认真填写维修记录的良好习惯。

【常见问题2】如何理解和应用好计算机维修的基本原则、维修方法及维修顺序？

【回答】依据计算机维修的基本原则、方法、顺序，可以让初学者养成一个正确的、善于发现问题、分析问题的良好习惯，其中的方法与顺序并非一成不变，而是需要灵活多变的。开始的时候，可能解决问题比较慢甚至比较麻烦，但熟练以后的效果是很明显的，熟能生巧。

11.7 习题

一、填空题

1. 计算机维修的基本原则是_____、_____、_____、_____。
2. 计算机维修的基本方法是_____、_____、_____、_____、_____、_____。
3. 计算机故障的类型分为_____、_____、_____、_____。

二、选择题

1. 计算机理想的工作温度范围应为_____。
   A. 0～10℃　　　　B. 10～30℃　　　　C. 30～60℃　　　　D. 60～100℃
2. 计算机理想的工作湿度范围应为_____。
   A. 10%～30%　　　B. 30%～80%　　　C. 45%～65%　　　D. 60%～80%
3. 计算机运行中出现重新启动的现象，问题可能是_____。
   A. 硬件系统　　　B. 软件系统　　　C. 两者都不可能　　　D. 两者都有可能
4. CMOS 设置不正确将会造成_____。
   A. 无法引导操作系统　　　　　　B. 开机后听到报警，显示器不亮
   C. 死机　　　　　　　　　　　　D. 以上都有可能
5. 分析计算机产生故障的原因，应遵循的原则是_____。
   A. 先简单后复杂，先硬件后软件　　B. 先软件后硬件，先内部后外部
   C. 先简单后复杂，先外部后内部　　D. 以上都是

三、操作题

一台计算机的故障现象为：按下开机键以后显示器不亮，打开主机机箱后，发现 CPU 风扇不转。

要求：

1. 分析故障的原因。
2. 写出完整的维修方案。

第 12 章

主板维修技术

 本章要点

- 主板各种供电电路的供电机制及故障检测点、故障检修流程及方法。
- 主板各种时钟电路的工作原理及故障检测点、故障检修流程及方法。
- 主板各种复位电路的工作原理及故障检测点、故障检修流程及方法。

技能目标

- 掌握主板各供电电路的工作原理及维修的方法。
- 掌握主板各时钟电路的工作原理及维修的方法。
- 掌握主板各复位电路的工作原理及维修的方法。
- 熟悉主板常见电路的跑线方法。

12.1 工作场景导入

【工作场景】

一台有故障的计算机，按下电源开关后，计算机不能工作，显示器黑屏，打开机箱后发现主板上的电源指示灯是亮的，CPU风扇不转。现在开展维修工作。

【引导问题】

(1) 主板供电电路的作用是什么，主板供电电路一般由哪些电路组成，对主板供电电路的故障应如何进行检修？

(2) 主板复位电路的作用是什么，如何检修主板的复位电路故障？

(3) 主板时钟电路的作用是什么，如何判断和检修主板时钟电路的故障？

 ## 12.2 主板供电电路分析及故障检修

主板的三大基本信号是供电电压、时钟信号及复位信号。主板供电电路的作用是将ATX电源输出的电压进行转换，为主板及相关设备提供所需要的各类电压。它是主板非常重要的电路之一，主要包括CPU供电电路、内存供电电路、芯片组供电电路、主板总线插槽电路等。

12.2.1 主板的供电机制

主板的部件和电路所需要的工作电压都不相同，分别由ATX电源或通过主板电源转换电路转换后获得。主板常见的部件及电路所需要的工作电压如表12-1所示。

表 12-1　主板常见部件及电路的工作电压

名　称	工作电压/V	电压标准
CPU	内核电压(0.8375～1.6)	VCCP
	1.2	VTT 或 VCC_1V2VID
北桥芯片	2.5	VCC_DDR
	1.8	VCC_1V8
	1.5	VCC_1V5
	1.2	VTT
南桥芯片	5V 待机电压	VCC5SB
	5	VCC5
	3.3V 待机电压	VCC3SB
南桥芯片	3.3	VCC3
	1.8	VCC_1V8S

续表

名　称	工作电压/V	电压标准
南桥芯片	1.5	VCC_1V5S
	1.2	VCC_CPU
I/O 芯片	3.3V 待机电压	VCC3SB
	3.3	VCC3
时钟芯片	3.3 或 2.5	VCC3 或 VCC2V5
BIOS 芯片	3.3	VCC3
音频芯片	3.3	VCC3
	5	VCC5
串口芯片	5	VCC5
	12	VCC12
	−12	VCC-12
并口芯片	5	VCC5
网卡芯片	3.3V 待机电压	VCC3SB
	3.3	VCC3
1394 芯片	3.3	VCC3
DDR 内存插槽	2.5	VCC_DDR
	1.25	VCC_REF
DDR2 内存插槽	1.8	VDD
	0.9	VTT
PCI 插槽	12	VCC12
	−12	VCC-12
	5	VCC5
PCI 插槽	3.3	VCC3
	3.3V 待机电压	VCC3SB
PCI-E 插槽	12	VCC12
	3.3	VCC3
	3.3V 待机电压	VCC3SB
USB 接口	5V 待机电压或 5V	VCC5SB 或 VCC5
PS/2 接口	5V 待机电压或 5V	VCC5SB 或 VCC5

电压说明如下。

● 5V 电压、5V 待机电压、12V 电压、−12V 电压、3.3V 电压由 ATX 电源直接提供。

● 3.3V 待机电压由 5V 待机电压经过主板电源转换后提供。

● 2.5V 电压由 5V 待机电压和 5V 电压通过主板电压转换电路转换后提供。

● 1.8V 电压由主板电压转换电路转换后提供。

● 1.5V 电压由 5V 待机电压或 5V 电压经过主板电压转换电路转换后提供。

- 1.25V 电压由主板电压转换电路转换后提供。
- 0.9V 电压由主板电压转换电路转换后提供。
- CPU 内核电压由主板电压转换电路转换后提供。

Intel 845 主板供电结构如图 12-1 所示。图 12-1 说明了 Intel 845 主板各部分电压的获得方式。从该结构图中可以知道，一般主板的供电方式主要有两种。一种是开关电源(PWM)供电方式，主要由电源控制芯片、场效应管、电感、电解电容等组成。工作时首先由电源控制芯片发出脉冲控制信号，驱动场效应管分时导通和截止，从而将 ATX 电源输送来的电能储存在电感中，再进行释放，为负载供电。这种供电方式是通过控制场效应管的导通与截止的时间长短来调整输出电压的。

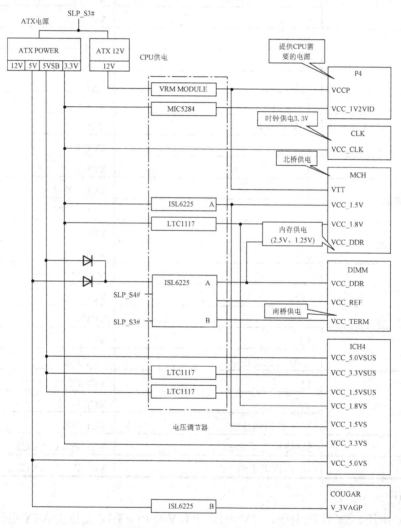

图 12-1　Intel 845 主板供电结构图

另一种是低压差线性调压芯片组成的调压电路供电方式。主要由精密稳压管提供基准电压给集成稳压器，由集成稳压器输出供电电压，同时输出电压与基准电压进行比较，最后由集成稳压器调整输出的电压。

12.2.2 CPU 供电电路分析及故障检修

1. CPU 供电电路的功能

CPU 供电电路主要为 CPU 提供所需要的工作电压。该电路要求具有非常快速的大电流响应能力。同时由于这部分的电路是主板上信号最强的部分，容易产生串扰效应，从而影响其他信号较弱的数字部分信号，因此这部分电路的设计要求很高，对元器件的性能指标要求也很高。

2. CPU 供电电路的组成

CPU 供电电路通常采用 PWM 开关电源方式供电。CPU 供电电路的基本原理如图 12-2 所示。

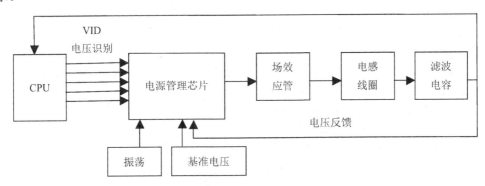

图 12-2　CPU 供电电路的基本原理图

(1) 电源管理芯片。主要负责识别 CPU 供电幅值，并推动后级电路完成功率输出。

(2) 场效应管。场效应管是金属氧化物半导体场效应晶体管的简称，具有开关速度快、内阻小、输入阻抗高、驱动电流小、热稳定性好、工作电流大等特点。其作用是在电源管理芯片的脉冲信号驱动下，反复工作于饱和导通与截止的状态，将 ATX 输出的电能存储在电感中，由电感释放给负载。

(3) 电感线圈。由导线在铁氧体磁芯或磁棒上绕制线圈而成。在主板 CPU 供电电路中其作用有两个，一是用来对电流进行滤波(称滤波电感)；二是用来储能，它和场效应管、电容配合使用来为 CPU 供电。

(4) 滤波电容。CPU 供电电路中使用的电容一般采用电解电容。在电路中的作用包括以下几个方面：一是滤波，将脉冲直流变成较平滑的直流；二是退耦，防止信号在电路中串扰；三是进行信号的耦合，用于在两个直流电路相互隔离的电路中传输交流信号。

3. 两相 CPU 供电电路分析

两相 CPU 供电电路的电源管理芯片一般有两种。一种是由单个电源管理芯片输出 4 路驱动控制信号，分别控制两对场效应管，实现两相供电输出。另一种是由主从电源管理芯片组成的供电电路，实现两相供电输出。HIP6302 和 HIP6601 就是常用的一对主从电源管理芯片。HIP6302 为主电源管理芯片，两片 HIP6601 为两个从电源管理芯片。工作时主芯片负责向从芯片发送控制信号,从芯片负责向场效应管发送驱动控制信号。

原理电路如图12-3所示,电路中主电源管理芯片 HIP6302 的 7 脚(FB)为基准电压输入端,6 脚(COMP)为电源信号反馈端,两者组成反馈电路对输出电压进行监测。10 脚(VSEN)为电压反馈端,用于检测输出电压。VID0~VID4 为 CPU 电压识别信号引脚,开机后 CPU将 VID 电压识别信号送给主电源管理芯片,主电源管理芯片根据 VID 值识别 CPU 所需的工作电压,并输出相应频率的控制脉冲,控制供电电路输出 CPU 所需的工作电压。13 脚(PWM1)和 12 脚(PWM2)引脚为主电源管理芯片控制脉冲输出端,分别连接到两个从电源管理芯片的 PWM 引脚端,向从电源管理芯片提供控制脉冲信号。14 脚(ISEN1)和 11 脚(ISEN2)为电流反馈端,用于监测输出的电流。15 脚(PGOOD)为 PG 信号输入端,直接连接到 ATX电源插座的 8 脚。8 脚(FS/EN)为频率设置端,16 脚(VCC)为电源供电端,HIP6302 供电为+5V。

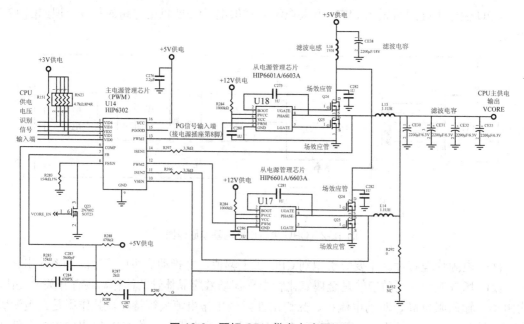

图 12-3　两相 CPU 供电电路原理图

从电源管理芯片 HIP6601A 为单路驱动两只场效应管。UGATE 引脚为高端门驱动脉冲输出端,输出驱动脉冲控制信号控制场效应管的工作。LGATE 引脚为低端门驱动脉冲输出端,向另外一只场效应管输出驱动脉冲控制信号控制场效应管的工作。两个输出的驱动脉冲控制信号互为反相。

HIP6302 和 HIP6601 芯片各引脚功能如表 12-2 和表 12-3 所示。HIP 6302 芯片 VID 组合与输出电压关系如表 12-4 所示。

表 12-2　HIP6302 芯片各引脚功能

引脚号	引脚名称	引脚功能
1	VID4	CPU 电压模式识别端 4
2	VID3	CPU 电压模式识别端 3
3	VID2	CPU 电压模式识别端 2
4	VID1	CPU 电压模式识别端 1

引　脚　号	引脚名称	引脚功能
5	VID0	CPU 电压模式识别端 0
6	COMP	误差放大器输出端
7	FB	输出电压反馈信号输入端
8	FS/EN	频率设置端
9	GND	接地端
10	VSEN	电压反馈输入端
11	ISEN2	电流检测输入端 2
12	PWM2	PWM 脉冲输出端 2
13	PWM1	PWM 脉冲输出端 1
14	ISEN1	电流检测输入端 1
15	PGOOD	POWER GOOD 信号输入端
16	VCC	12V 供电电压输入端

表 12-3　HIP6601 芯片各引脚功能

引　脚　号	引脚名称	引脚功能
1	UGATE	上 MOSFET 管驱动信号输出端
2	BOOT	主电压自举端
3	PWM	PWM 脉冲输出端
4	GND	接地端
5	LGATE	下 MOSFET 管驱动信号输出端
6	VCC	工作电压输入端
7	PVCC	比较器偏压输入端
8	PHASE	过流检测反相输入端

表 12-4　HIP6302 芯片 VID 组合与输出电压关系

VID4	VID3	VID2	VID1	VID0	输出电压/V
1	1	1	1	1	关闭
1	1	1	1	0	1.100
1	1	1	0	1	1.125
1	1	1	0	0	1.150
1	1	0	1	1	1.175
1	1	0	1	0	1.200
1	1	0	0	1	1.225
1	1	0	0	0	1.250
1	0	1	1	1	1.275

VID4	VID3	VID2	VID1	VID0	输出电压/V
1	0	1	1	0	1.300
1	0	1	0	1	1.325
1	0	1	0	0	1.350
1	0	0	1	1	1.375
1	0	0	1	0	1.400
1	0	0	0	1	1.425
1	0	0	0	0	1.450
0	1	1	1	1	1.475
0	1	1	1	0	1.500
0	1	1	0	1	1.525
0	1	1	0	0	1.550
0	1	0	1	1	1.575
0	1	0	1	0	1.600
0	1	0	0	1	1.625
0	1	0	0	0	1.650
0	0	1	1	1	1.675
0	0	1	1	0	1.700
0	0	1	0	1	1.725
0	0	1	0	0	1.750
0	0	0	1	1	1.775
0	0	0	1	0	1.800
0	0	0	0	1	1.825
0	0	0	0	0	1.850

两相 CPU 供电电路的工作原理如下。按下电源开关并松开以后，ATX 电源开始供电，+5V 电压加至主电源管理芯片 VCC 端，+12V 电压加至从电源管理芯片 VCC 端。+5V 电压同时为一对输出场效应管，提供工作电压。CPU 根据主电源管理芯片的 VID4～VID0 引脚状态，向主电源管理芯片输出 VID 电压识别信号。

ATX 电源启动约 500ms 后，ATX 电源的第 8 脚输出 PG 信号，并经过处理后提供给主电源管理芯片的 PGOOD 引脚，使电源管理芯片复位(主电源管理芯片开始工作)，并由 PWM1 端和 PWM2 端分别输出两路驱动脉冲控制信号给从电源管理芯片。从电源管理芯片收到该信号后立即工作，分别由第 1 脚(UGATE)和第 5 脚(LGATE)输出 3～5V 互为反相的启动脉冲控制信号，从而控制输出的一对场效应管轮流工作。

两相 CPU 供电电路的作用是保证 CPU 的主供电电流更加平滑，电流更大。

4. CPU 供电电路的故障检修

CPU 供电电路的易坏元件一般为主从电源管理芯片、场效应管、滤波电容、限流电阻等。检修之前首先要通过跑线了解电路的基本构成，一般维修方法如下。

(1) 器件外观检查。一般器件如果是由于过大电流导致的损坏，器件表面可能有较明显的烧灼痕迹，通过对主从电源管理芯片、场效应管、电容、限流电阻等的外观检查，可以发现问题。但要注意，一定要先找出引起电流过大的原因，解决以后方可更换新的器件。

(2) 检查场效应管的工作状态。场效应管的检查分为断电状态检查和通电状态检测。断电状态下，主要测试场效应管的对地电阻，与正常值相比较，便可确定有无损坏。通电状态下，主要测试场效应管的三个引脚电压值，并与正常值比较，便可确定是否工作正常或器件本身有无损坏。

(3) 检查主从电源管理芯片。检查主从电源管理芯片时，首先要保证它们的供电电压正常，即主电源管理芯片的供电电压为+5V，从电源管理芯片的供电电压为+12V。然后检查主电源管理芯片的 PWM1 和 PWM2 有无输出(针对 HIP6302 主电源管理芯片)，从电源管理芯片的 UGATE 和 LGATE(针对 HIP 6601 从电源管理芯片)有无输出，以及主电源管理芯片的 PGOOD 信号是否正常，便能够确定故障的部位，并进行有针对性的解决。

(4) 检查滤波电容及限流电阻。首先是对它们进行外观检查，如滤波电容有无鼓包，限流电阻有无烧灼痕迹，其次是通过万用表来测量它们的好坏。

12.2.3　内存供电电路分析及故障检修

大部分的主板内存供电电路都不相同，常见主板的内存插槽主要有 SDRAM、DDR、DDR2 等。SDRAM 采用的是 3.3V 供电；DDR 为两种电压供电，分别为 2.5V 和 1.25V 电压；DDR2 也为两种电压供电，分别为 1.8V 和 0.9V 电压。

1. 内存供电电路供电机制

内存供电电路的功能主要是为内存提供所需要的 3.3V、2.5V、1.8V、1.25V、0.9V 的稳定电压。其供电电路大致分为两种方式。一种由开关电源组成，电路主要器件包括专用电压管理模块、电感、电容、场效应管等。另一种供电方式为采用低压差线性调压芯片组成一个调压电路。一般主板的 SDRAM 和中低档次的 DDR 内存供电属于这种方式，它的电压稳定性稍差些。高档主板和 DDR2 的内存供电电路均采用开关电源方式供电，可以确保具有可靠的电压稳定性。

2. SDRAM 内存供电电路分析

SDRAM 内存的供电电压为 3.3V，供电电路一般采用调压电路组成。供电电路主要器件包括三端稳压源、场效应管、滤波电容等，如图 12-4 所示。

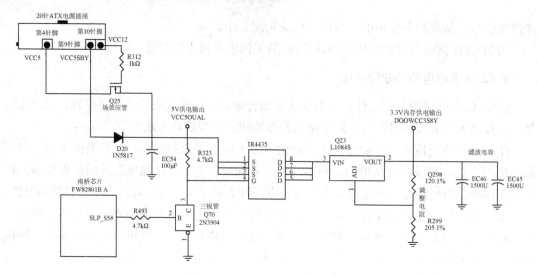

图 12-4　SDRAM 内存供电电路

图中，L1084S 是一个低压差的三端稳压器，输入电压为 3～12V，输出最大电流为 5A，可提供固定电压输出和 1.5～7V 间的可调电压输出，固定输出电压值为 1.5V、1.8V、2.5V、3.3V 和 5V，VIN 为电压输入端，VOUT 为电压输出端，ADJ 为反馈端。IR4435 为 8 端 P 沟道场效应管，1、2、3 脚为 S 极，4 脚为 G 极，5、6、7、8 脚为 D 极。该场效应管的工作由南桥芯片 SLP_S5#端口输出的控制信号通过一只晶体管来控制。该电路的工作原理如下。

ATX 通电但没有按下开机键时，ATX 电源插座的第 9 脚(5VSB)通过二极管加至 8 端场效应管的 S 极，此时南桥芯片未工作，所以 SLP_S5#端口没有控制信号输出(端口为低电平状态)，晶体管截止，使场效应管也截止，L1084S 的输入端(VIN 端)没有输入电压，输出电压(VOUT 端)为 0V。

当按下开机按键后，ATX 第 4 脚(+5V)通过场效应管加到 8 端场效应管的 S 极和 G 极。南桥芯片的 SLP_S5#端口发出控制信号(变为高电平状态)，使晶体管导通，从而使得 8 端场效应管导通，+5V 电压加到三端稳压器的输入端(VIN 端)，L1084S 开始工作，并输出 3.3V 电压，此电压经电容滤波后为内存供电，同时 L1084S 的 ADJ 端通过电阻获得输出的取样电压进行实时监测，保证输出电压的稳定。

3. DDR 内存供电电路分析

DDR 内存供电需两组电压，分别为 2.5V 的工作电压和 1.25V 的上拉电压(该电压主要用在数据线上)。图 12-5 和图 12-6 所示为 2.5V 供电电路和 1.25V 供电电路图。

图 12-5 所示为开关电源组成的 DDR 内存 2.5V 供电电路。图中 ISL6520A 电源控制芯片是一款高效的同步单相 DC/DC 控制器，具有微处理器核心电压保护功能、过电压和过电流保护功能、电压监测功能等，输入电压为 5V，输出电压为 0.8～5V。表 12-5 所示为该芯片各引脚功能。

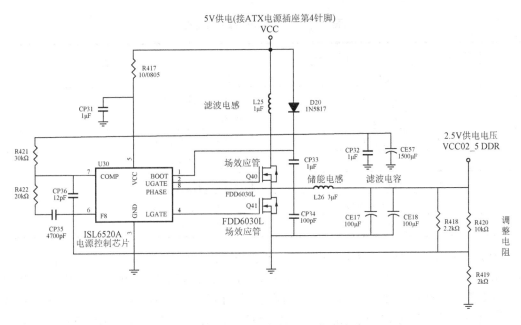

图 12-5　DDR 内存 2.5V 供电电路

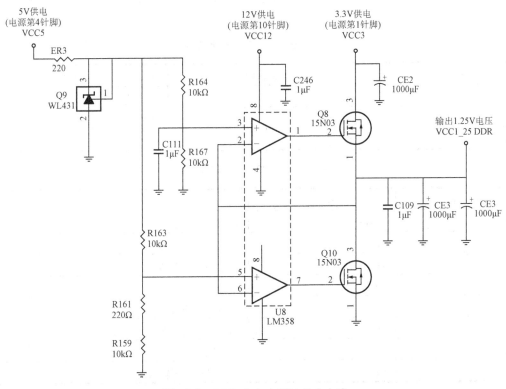

图 12-6　DDR 内存 1.25V 供电电路

　　该供电电路主要依靠 ISL6520A 的 UGATE 端和 LGA 端输出两路反相脉冲，分别驱动两个场效应管轮流导通工作，将电能存储在电感中，经滤波电容滤波后为内存提供 2.5V 供电电压。

表 12-5　ISL6520A 各引脚功能

引 脚 号	引脚名称	引脚功能
1	BOOT	自举端
2	UGATE	上管控制信号输出端
3	GND	接地端
4	LGATE	下管控制信号输出端
5	VCC	供电电压输入端
6	FB	电压反馈信号输入端
7	COMP/SD	误差放大器输出端
8	PHASE	电流检测反相输入端

图 12-6 所示为 DDR 内存 1.25V 上拉电压供电电路。该电路的作用主要是用来给内存总线的数据线和地址线提供上拉电压,一般通过上拉电阻连接到内存电路中。图中,WL431 是一款具有良好热稳定性能的三端可调分流基准源(精密稳压器),为供电电路提供 2.5V 电压,经电阻分压后变为 1.25V 基准电压加到 LM358 的第 3 脚和第 5 脚。LM358 是双运算放大器,工作电压 12V,输出 1.5～3.3V 电压。表 12-6 和表 12-7 所示为 WL431 和 LM358 的各引脚功能。

表 12-6　WL431 各引脚功能

引 脚 号	引脚名称	引脚功能
1	REF	参考端
2	CATHODE	阴极
3	ANODE	阳极

表 12-7　LM358 各引脚功能

引 脚 号	引脚名称	引脚功能
1	OUT1	运放输出端 1
2	−IN1	运放反相输入端 1
3	+IN1	运放同相输入端 1
4	GND	接地端
5	+IN2	运放同相输入端 2
6	−IN2	运放反相输入端 2
7	OUT2	运放输出端 2
8	VCC	12V 供电电压输入端

该电路的工作原理如下。ATX 电源的+5V 电压经 WL431 精密稳压器后输出 2.5V 电压。此电压分成两路,一路经过电阻分压后,电压变为 1.25V 加到 LM358 的同相输入端 2,另一路经电阻分压后电压也为 1.25V,加到 LM358 同相输入端 1。在通电的瞬间由于一对场效应管的 G 极电压为低电平,处于截止状态,供电电路输出端电压为 0V,LM358 的两个

反相输入端直接连接供电电路输出端，因此 LM358 的反相输入端电压为低电平，低于同相输入端的电压，LM358 开始工作并输出高电平，使得场效应管导通工作，供电电路开始输出电压。

当供电电路输出端电压高于 1.25V 时，由于 LM358 的反相输入端直接连接到供电电路输出端，因此 LM358 的反相输入端电压高于 1.25V，使得场效应管截止，供电电路输出电压开始下降，下降到低于 1.25V 时，场效应管导通，供电电路输出电压开始升高，如此循环保持 1.25V 电压的稳定，最后经滤波电路向内存的数据线和地址线提供 1.25V 上拉电压。

4. DDR2 内存供电电路分析

DDR2 内存供电需两组电压，分别为 1.8V 工作电压和 0.9V 上拉电压(用在数据线上)。供电电路主要采用开关电源方式供电电路。图 12-7 所示为 DDR2 内存 1.8V 供电电路。

主板 DDR2 内存供电电路的形式主要为调压电路组成的供电电路和由开关电源组成的供电电路。其中调压电路组成的供电电路的工作原理与 DDR 内存的相同。图 12-7 为开关电源组成的供电电路。图中开关电源电路主要由 NCP5201 组成，该芯片为内存专用电源管理芯片，它具有电压监测功能和过电压、过电流保护功能，采用 18 针 QFN 封装。表 12-8 所示为 NCP5201 各引脚功能。

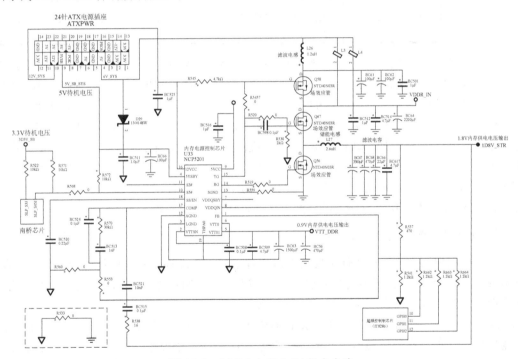

图 12-7　DDR2 内存 1.8V 供电电路

表 12-8　NCP5201 各引脚功能

引脚号	引脚名称	引脚功能
1	FBDDQ	VDDQ 反馈输入端
2	FBVTT	VTT 电压检测输入端

引 脚 号	引脚名称	引脚功能
3	PGND	接地端
4	VSTBY	5V 待机电源输入端
5、6	VTT	VTT 供电电压输出端
7	OCDDQ	VDDQ 过电流检测信号输入端
8	VDDQ	VDDQ 反馈输入端
9	NC	空脚
10	PWRGD	POWER GOOD 信号输出端
11	S3_EN	S3 模式控制信号输入端，正常工作时为高电平
12	AGND	模拟接地端
13	SDDQ	电流检测输入端
14	BGDDQ	VDDQ 下开关管驱动信号输出端
15	TGDDQ	VDDQ 上开关管驱动信号输出端
16	VCC	12V 供电电压输入端
17	COMP	VDDQ 误差放大器输出端
18	SS	软驱动控制器

NCP5201 电源控制芯片的输入电压为 12V 和 5V(由 ATX 电源第 9 脚 5VSB 提供)，输出电压为 0.9V 和 1.8V 的供电电压，内部集成了 1 个 PWM 控制器和 1 个线性控制器，可以驱动两路场效应管，提供供电电路的输出电压。南桥芯片发送一个控制信号可以使电源管理芯片复位(低电平工作，高电平关闭)。SS/EN 为软驱动控制端。NCP5201 可以输出两路互为反相的脉冲信号，分别驱动上下开关管的导通与截止，从而输出 1.8V 供电电压给内存。FBDDQ 和 COMP 组成 1.8V 电压反馈回路，对输出电压进行监测，保证输出电压的稳定。VTT 为电源管理芯片内部功率输出端，由内部调压电路处理，向内存输出 0.9V 上拉电压，第 8 脚 VDDQ 为内部功率电路提供基准电压，连接 1.8V 电压输出端。

5. 内存供电电路故障检修

内存供电电路中的易损器件主要为电源管理芯片、三端稳压器、场效应管、滤波电容、电阻等。检修故障前要首先看懂电路结构，了解供电电路的供电方式，知道供电电路的工作原理，有针对性地开展检修工作。一般检修方法如下。

(1) 供电电路的外观检查。主要是针对供电电路由于受到超大电流工作的原因而导致的器件损坏。这类现象出现后，一般器件会有很明显的灼烧痕迹，较易观察到。如果发现确有器件有很明显的灼烧痕迹，不要急于更换坏的器件，而要认真地分析、判断产生故障的因素，解决后才能更换新的器件，以避免故障的扩大。

(2) 电源管理芯片和三端稳压器的检查。这类器件是供电电路的核心，要确保工作的正常。一般从三个方面来检查：首先检查它们的供电电压是否正常，这是电路能正常工作的前提；其次检查相关输入信号的有无，最后检查有没有信号的输出。如 DDR2 供电电路的电源管理芯片 HCP5201 的 TGDDQ(15 脚)和 BGDDQ(14 脚)为两路互为反相的输出端，它们的输出信号直接作为后级上下开关管的驱动信号，这个信号的有无关系重大，它决定了后级两只开关管能不能工作，供电电压有无输出。此外还要关注一个信号，NCP5201 的第 10 脚，它直接连接到南桥芯片的 SLP_S5J 端，由南桥芯片来控制电源管理芯片的复位，低电平工作，高电平关闭。

(3) 场效应管的检查。分为断电状态下测在线电阻和通电状态下测工作电压两个方面。无论是在线电阻还是工作电压，都要知道参考值(即好的状态值)，将测量值与参考值进行比较，就可以发现问题。

(4) 相关电容和电阻的检查。主要是先观察外观，如电容是否鼓包、是否漏液，电阻有没有明显的灼烧情况；再测量它们的电容值和电阻值，即可确定它们的好坏。

12.2.4　芯片组供电电路分析及故障检修

主板芯片组需要的工作电压一般有 3～5 种，如 3.3V、2.5V、1.8V、1.5V、1.2V 等。供电电路形式一般为调压电路和开关电源电路。

1. 2.5V 供电电路

图 12-8 所示为多端稳压器组成的供电电路。图中 MIC5255 为多端稳压器，它有 5 个引脚，其中第 1 脚为输入端，第 5 脚为输出端，输出的电压经滤波电路后送给芯片组，第 3 脚为输出控制端，连接到南桥芯片，开机后南桥芯片通过该端发送一个高电平的控制信号，使多端稳压器开始工作，输出 2.5V 的供电电压提供芯片组。

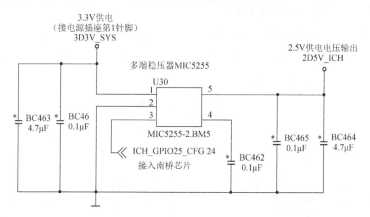

图 12-8　由多端稳压器组成 2.5V 供电电路图

2. 1.8V 供电电路

图 12-9 所示为三端稳压器组成的供电电路。图中 LT1117 CST 为三端稳压器，这是一款低压降线性稳压器，其输出电流为 1A，主要作用是把 5V 电压转换为 3.3V 的电压，能够提供固定电压输出和可调电压输出，作为固定电压输出时，可以提供 1.8V、2.5V、2.85V、3.3V、5V 五种固定电压。第 1 脚(ADJ)为电压调节端，保证输出电压的稳定。第 2 脚(VOUT)为 1.8V 电压输出端。第 3 脚(VIN)为 3.3V 电压输入端。两只晶体管组成电流放大电路，保证输出的电流可以达到 800mA 以上。

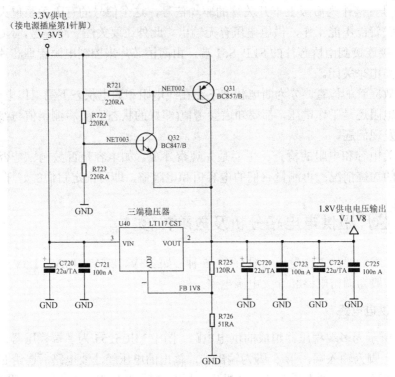

图 12-9　三端稳压器组成的 1.8V 供电电路

3. 开关电源组成的芯片组供电电路

开关电源组成的芯片组供电电路主要由专用电源管理芯片、场效应管、电感、电容等器件组成。图 12-10 所示为开关电源组成的芯片组供电电路，其中电源管理芯片为 ISL6537。表 12-9 所示为 ISL6537 各引脚功能。

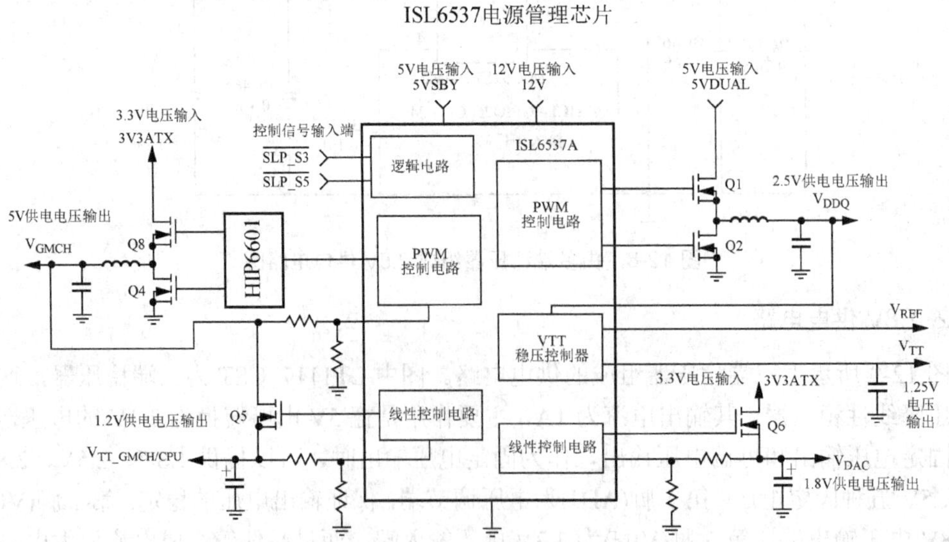

ISL6537电源管理芯片

图 12-10　ISL6537+HIP6601 组成的供电电路原理图

表 12-9 ISL6537 各引脚功能

引脚号	引脚名称	引脚功能
1	5VSBY	+5V 待机供电电压输入端
2	S3#	SLP_S3/5#睡眠模式设置
3	P12V	12V 供电电压输入端
4	GND	接地端
5	DDR-VTT	在 S0/S1 睡眠模式下为 VTT 电压输出端,在 S3 睡眠模式下为禁能(无输出)
6	DDR-VTT	
7	VDDQ	VDD 电压检测输入端,在 S0/S1 睡眠模式下作为输入脚
8	VDDQ	VDD 电压检测输入端,在 S0/S1 睡眠模式下作为输入脚
9	DDR-VTTSNS	DDR-VTT 反馈电压输入端
10	DRIVE2	驱动信号输出端 2
11	FB2	反馈端 2
12	VIDPGD	VID GOOD 信号输出端,在 S0/S1 睡眠模式下,此信号为高电平;在 S4/S5 睡眠模式下,此信号为低电平
13	VREF-OUT	VTT 基准电压输出端
14	VREF-IN	VTT 基准电压输入端,通常通过一个电容接地
15	FB	反馈端 1
16	COMP	误差放大器输出端,通常作为补偿端
17	FB4	反馈端 4
18	FB3	反馈端 3
19	DRIVE3	驱动信号输出端 3
20	REFADJ4	基准电压调整端 4
21	DRIVE4	驱动信号输出端 4
22	OCSET	过电流监控
23	S5#	SLP_S5#睡眠模式设置
24	PHASE	电流检测输入端
25	BOOT	自举端
26	UGATE	上开关管驱动信号输出端
27	GND PAD	接地端
28	LGATE	下开关管驱动信号输出端

由 ISL6537 和 HIP6601 组合的开关电源供电电路,可以为芯片组提供工作所需的电流和 2.5V、1.5V、1.25V 和 1.8V 的供电电压。ISL6537 的第 21 脚(DRIVE4)为 HIP6601 的第 3 脚(PWM)输出 PWM 脉冲控制信号,HIP6601 分别从第 1 脚(UGATE 高端门输出)和第 5 脚(LGATE 低端门输出)输出两路互为反相的驱动信号,提供给上下开关管驱动它们的导通与截止,同时将电能存储在电感中,经滤波电路输出稳定的 1.5V 输出电压。同时,1.5V 电压又为 1.5V 电压输出电路提供工作电压,由 ISL6537 内部的线性控制电路通过第 10 脚

(DRIVE2)输出驱动控制信号，最终输出 1.5V 电压。ISL6537 内部的另一个线性控制电路通过第 19 脚(DRIVE3)输出控制信号，控制场效应管的导通与截止，最终输出 1.8V 电压。

4. 芯片组供电电路故障检修

芯片组供电电路的形式有两种，即调压电路和开关电源电路，因此在检修过程中要区别对待。无论哪种形式的供电电路，其基本原理类似于 CPU 或内存供电电路，可以参照它们的检修方法。

12.2.5 主板总线插槽电路及相关测试点

主板的总线实际上是一组信号线，是连接 CPU 和内存、缓存、外部控制芯片等之间的数据通道。如果按照总线的功能来分类，总线分为地址总线、数据总线和控制总线。地址总线(AB)用来传送地址信号，该信号一般由 CPU 发出(如采用 DMA 方式访问内存和 I/O 设备，该信号也可由 DMA 控制器发出)。数据总线(DB)用来传送数据信号，数据信息可以是原始数据或程序。控制总线(CB)用来传送控制信号，控制信号包括 CPU 对内存和 I/O 接口的读写信号、I/O 接口对 CPU 提出的中断请求或 DMA 请求信号。它们属于三态总线。

主板的主要性能指标有总线宽度、最大传输速率、总线时钟等。

1. PCI 总线插槽电路及测试点

PCI 总线是外设部件互连总线，数据宽度为 32 位，可扩展为 64 位，工作频率 33MHz，数据传输速率为 133MB/s。图 12-11 和表 12-10 所示分别为 PCI 插槽和 PCI 插槽各针脚功能。

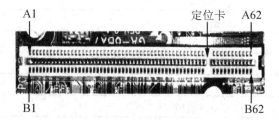

(a) 正面

(b) 背面

图 12-11　PCI 插槽

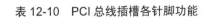

表 12-10　PCI 总线插槽各针脚功能

针脚	信号线定义	针脚	信号线定义	针脚	信号线定义	针脚	信号线定义
A1	TRST#	A2	+12V	B1	−12V	B2	TCK
A3	TMS	A4	TDI	B3	GND	B4	TDO
A5	+5V	A6	INTA#	B5	+5V	B6	+5V
A7	INTC#	A8	+5V	B7	INTB#	B8	INTD#
A9	Reserved	A10	+5V	B9	PRSNT1#	B10	Reserved
A11	Reserved	A12	GND	B11	PRSNT2#	B12	GND
A13	GND	A14	Reserved	B13	GND	B14	Reserved
A15	Reset#	A16	+5V	B15	GND	B16	CLK
A17	GNT#	A18	GND	B17	GND	B18	REQ#
A19	Reserved	A20	AD30	B19	+5V	B20	AD31
A21	+3.3V	A22	AD28	B21	AD29	B22	GND
A23	AD26	A24	GND	B23	AD27	B24	AD25
A25	AD24	A26	IDSEL	B25	+3.3V	B26	C/BE#(3)
A27	+3.3V	A28	AD22	B27	AD23	B28	GND
A29	AD20	A30	GND	B29	AD21	B30	AD19
A31	AD18	A32	AD16	B31	+3.3V	B32	AD17
A33	+3.3V	A34	FRAME#	B33	C/BE#(2)	B34	GND
A35	GND	A36	TRDY#	B35	IRDY#	B36	+3.3V
A37	GND	A38	STOP#	B37	DEVSEL#	B38	GND
A39	+3.3V	A40	SDONE	B39	LOCK#	B40	PERR#
A41	SBO#	A42	GND	B41	+3.3V	B42	SERR#
A43	PAR	A44	AD15	B43	+3.3V	B44	C/BE#(1)
A45	+3.3V	A46	AD13	B45	AD14	B46	GND
A47	AD11	A48	GND	B47	AD12	B48	AD10
A49	AD09	A50	定位卡	B49	GND	B50	定位卡
A51	定位卡	A52	C/BE#(0)	B51	定位卡	B52	AD08
A53	+3.3V	A54	AD06	B53	AD07	B54	+3.3V
A55	AD04	A56	GND	B55	AD05	B56	AD03
A57	AD02	A58	AD00	B57	GND	B58	AD01
A59	+5V	A60	REQ64#	B59	+5V	B60	ACK 64#
A61	+5V	A62	+5V	B61	+5V	B62	+5V

主板 PCI 插槽有 124 个针脚,其中地址数据线有 32 条,其余为控制信号线、时钟信号线、电源和地线。各针脚定义如下。

- AD0~AD31:地址数据线。
- C/BE#(0)~C/BE#(3):命令直接允许信号。
- CLK#:时钟信号。
- DEVSEL#:设备选择信号。
- Reset#:复位信号。
- FRAME#:帧周期信号。
- GNT#:总线占用允许信号。
- INTA#、INTB#、INTC#、INTD#:中断请求信号。
- IRDY#:目标准备就绪。
- LOCK#:锁定信号。
- PAR:奇偶校验信号。
- PERR#:奇偶校验错。
- PRSNT1#—PRSNT2#:存在识别信号。
- REQ#:总线占用请求。
- PEQ64#:请求 64 位传送。
- SBO#:监视补偿。
- SDONE:监视完成。
- SERR#:系统错误。
- STOP#:停止信号。
- TCK:测试时钟。
- TDI:测试数据输入。
- TDO:测试数据输出。
- TMS:测试方式选择。
- TRST#:测试复位。
- TRDY#:从目标就绪。

PCI 总线插槽相关的故障测试点有三个。

(1) 测试点 1:复位信号点(Reset#)。PCI 插槽中提供了一个复位信号点(A15 针脚),各个插槽中的复位信号点互不相通。复位信号在开机时产生由低到高的电平,电压值一般为 3.3V 或 5V。

(2) 测试点 2:时钟信号点(CLK)。PCI 插槽中提供了一个时钟信号点(位于针脚 B16,时钟频率为 33.333MHz),主板中所有 PCI 插槽的时钟信号点对地电阻均相同,但互不相通。正常时,时钟信号的电压值为 1.6V。

(3) 测试点 3:电压信号点。PCI 总线插槽有 4 组工作电压:+5V、+3.3V、+12V、−12V。其中+3.3V 为信号环境电压,+12V 为外设用电压。

PCI 总线插槽电路如图 12-12 所示。

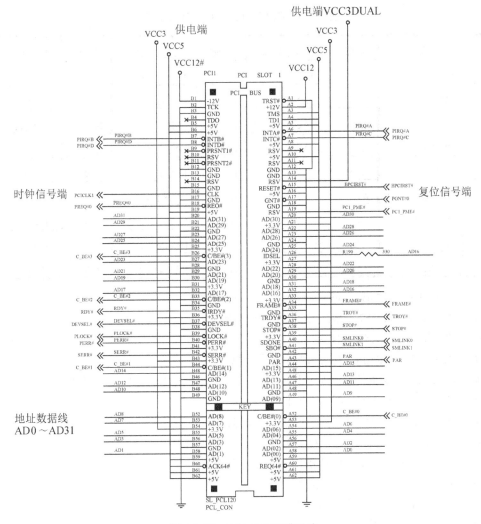

图 12-12　PCI 总线插槽电路

2. PCI-E×1 总线插槽电路及测试点

PCI-E×1 是 PCI Express×1 的简称，PCI-E×1 的数据带宽最高可以达到 512MB/s。图 12-13 和表 12-11 所示分别为 PCI-E×1 总线插槽和插槽针脚功能。

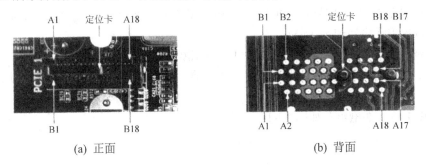

(a) 正面　　　　　　　　　　　　　　　(b) 背面

图 12-13　PCI-E×1 总线插槽

表 12-11　PCI-E×1 总线插槽针脚功能

针脚	信号线定义	针脚	信号线定义	针脚	信号线定义	针脚	信号线定义
A1	PRSNT1#	A2	12V	B1	12V	B2	12V
A3	12V	A4	GND	B3	RSVD	B4	GND
A5	JTAG2	A6	JTAG3	B5	SMCLK	B6	SMDAT
A7	JTAG4	A8	JTAG5	B7	GND	B8	3.3V
A9	3.3V	A10	3.3V	B9	JTAG1	B10	3.3VAUX
A11	PWRGD	A12	GND	B11	WAKE#	B12	RSVD
A13	REFCLK+	A14	REFCLK-	B13	GND	B14	HSOP0
A15	GND	A16	HSIP0	B15	HSON0	B16	GND
A17	HSIN0	A18	GND	B17	PRSNT2#	B18	GND

主板的 PCI-E×1 插槽有 36 个针脚，各引脚功能如下。

● PRSNT1#、PRSNT2#：热插拔存在检查。

● JTAG1～JTAG5：测试针脚。

● REFCLK+、REFCLK-：时钟信号针脚。

● PWRGD：复位信号针脚(开机瞬间为高电平，工作正常时为低电平)。

● HSIP0：接收差分信号对(到北桥芯片)。

● HSIN0：接收差分信号对(连接北桥芯片)。

● HSOP0：发送差分信号对。

● RSVD：B3 针脚为 12V 供电，其他为空脚。

● SMCLK：系统管理总线时钟。

● SMDAT：系统管理总线数据。

● WAKE#：唤醒信号输入端(连接到南桥)。

● GND：接地针脚。

PCI-E×1 相关的故障测试点有三个。

(1) 测试点 1：复位信号点。PCI-E×1 插槽中提供一个复位信号点(A11)，开机时产生先高后低的电平信号。

(2) 测试点 2：时钟信号点。PCI-E×1 插槽中提供两个时钟信号点(A13、A14)，正常时，时钟信号点的工作电压值为 1.6V。

(3) 测试点 3：电压信号点。PCI-E×1 总线插槽需要两组工作电压，即 12V 和 3.3V。其中，B1、B2、B3、A2、A3 脚为 12V 供电针脚，A9、A10、B8、B10 针脚为 3.3V 供电针脚。

PCI-E×1 总线插槽电路如图 12-14 所示。

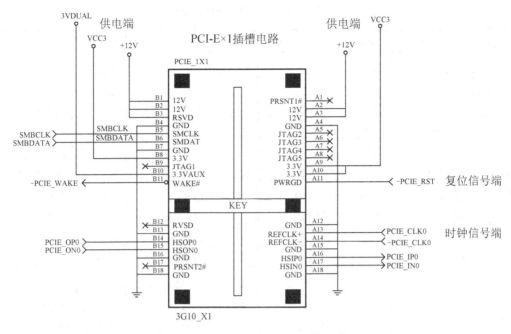

图 12-14　PCI-E×1 总线插槽电路

3. PCI-E×16 总线插槽电路及测试点

PCI-E×16 总线插槽是 PCI Express×16 的简称，主要用来连接显卡。它属于点对点的串行连接，无须向整个总线请求带宽，数据传送率高达 8GB/s。图 12-15 和表 12-12 所示分别为 PCI-E×16 总线插槽和针脚功能。

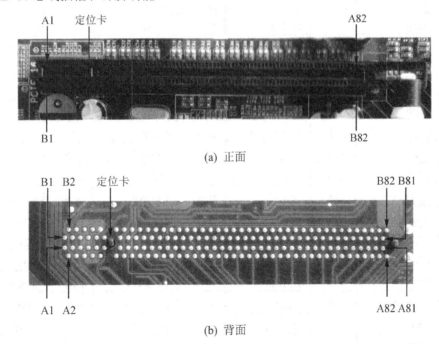

(a) 正面

(b) 背面

图 12-15　PCI-E×16 总线插槽

表 12-12　PCI-E×16 总线插槽针脚功能

针脚	信号线定义	针脚	信号线定义	针脚	信号线定义	针脚	信号线定义
A1	PRSNT1#	A2	12V	B1	12V	B2	12V
A3	12V	A4	GND	B3	RSVDB3	B4	GND
A5	JTAG2	A6	JTAG3	B5	SMCLK	B6	SMDAT
A7	JTAG4	A8	JTAG5	B7	GND	B8	3.3V
A9	3.3V	A10	3.3V	B9	JTAG1	B10	3.3VAUX
A11	PWRGD	A12	GND	B11	WAKE#	B12	RSVDB12
A13	REFCLK+	A14	REFCLK−	B13	GND	B14	HSOP0
A15	GND	A16	HSIP0	B15	HSON0	B16	GND
A17	HSIN0	A18	GND	B17	PRSNT2#	B18	GND
A19	RSVDA19	A20	GND	B19	HSOP1	B20	HSON1
A21	HSIP1	A22	HSIN1	B21	GND	B22	GND
A23	GND	A24	GND	B23	HSOP2	B24	HSON2
A25	HSIP2	A26	HSIN2	B25	GND	B26	GND
A27	GND	A28	GND	B27	HSOP3	B28	HSON3
A29	HSIP3	A30	HSIN3	B29	GND	B30	RSVDB30
A31	GND	A32	RSVDA32	B31	PRSNT3#	B32	GND
A33	RSVDA33	A34	GND	B33	HSOP4	B34	HSON4
A35	HSIP4	A36	HSIN4	B35	GND	B36	GND
A37	GND	A38	GND	B37	HSOP5	B38	HSON5
A39	HSIP5	A40	HSIP5	B39	GND	B40	GND
A41	GND	A42	GND	B41	HSOP6	B42	HSON6
A43	HSIP6	A44	HSIN6	B43	GND	B44	GND
A45	GND	A46	GND	B45	HSOP7	B46	HSON7
A47	HSIP7	A48	HSIN7	B47	GND	B48	PRSNT4#
A49	GND	A50	RSVDA50	B49	GND	B50	HSOP8
A51	GND	A52	HSIP8	B51	HSON8	B52	GND
A53	HSIN8	A54	GND	B53	GND	B54	HSOP9
A55	GND	A56	HSIP9	B55	HSON9	B56	GND
A57	HSIN9	A58	GND	B57	RSVDB57	B58	HSOP10
A59	GND	A60	HSIP10	B59	HSON10	B60	GND
A61	HSIN10	A62	GND	B61	GND	B62	HSOP11
A63	GND	A64	HSIP11	B63	HSON11	B64	GND
A65	HSIN11	A66	GND	B65	GND	B66	HSOP12
A67	GND	A68	HSIP12	B67	HSON12	B68	GND
A69	HSIN12	A70	GND	B69	GND	B70	HSOP13

针脚	信号线定义	针脚	信号线定义	针脚	信号线定义	针脚	信号线定义
A71	GND	A72	HSIP13	B71	HSON13	B72	GND
A73	HSIN13	A74	GND	B73	GND	B74	HSOP14
A75	GND	A76	HSIP14	B75	HSON14	B76	GND
A77	HSIN14	A78	GND	B77	GND	B78	HSOP15
A79	GND	A80	HSIP15	B79	HSON15	B80	GND
A81	HSIN15	A82	GND	B81	PRSNT5#	B82	RSVDB82

PCI-E×16 总线插槽共有 164 个针脚，各针脚功能如下。

● PRSNT1#～PRSNT5#：热插拔存在检查。

● JTAG1～JTAG5：测试针脚。

● REFCLK+、REFCLK−：时钟信号针脚。

● PWRGD：复位信号针脚(开机瞬间为高电平，工作正常为低电平)。

● HSIP0～HSIP15：接收差分信号对(到北桥芯片)。

● HSIN0～HSIN15：接收差分信号对(连接北桥芯片)。

● HSOP0～HSOP15：发送差分信号对。

● RSVDA：行选择信号。

● RSVDB：RSVDB3 是 12V 供电，其他为空脚。

● SMCLK：系统管理总线时钟。

● SMDAT：系统管理总线数据。

● WAKE#：唤醒信号输入端(连到南桥芯片)。

● GND：接地针脚。

PCI-E×16 总线插槽故障测试点有三个。

(1) 测试点 1：复位信号点。PCI-E×16 插槽提供一个复位信号点(A11)，开机时产生先高后低的电平信号。

(2) 测试点 2：时钟信号点。PCI-E×16 插槽提供两个时钟信号点(A13、A14)，正常时，时钟信号点的工作电压值为 1.6V。

(3) 测试点 3：电压信号点。PCI-E×16 插槽需要两种工作电压，即 12V 和 3.3V。其中，B1、B2、B3、A2、A3 针脚为 12V 供电，A9、A10、B8、B10 脚为 3.3V 供电。

PCI-E×16 总线插槽电路如图 12-16 所示。

4. SDRAM 内存插槽电路及测试点

目前，主板使用的插槽主要是 DIMM 插槽，SDRAM DIMM 插槽为 168 线的接口。图 12-17 和表 12-13 所示分别为 SDRAM DIMM 插槽和各针脚功能。

SDRAM 内存插槽共有 168 个针脚，主要包括地址线、数据线、控制信号线、时钟信号线、电源和地线，各针脚功能如下。

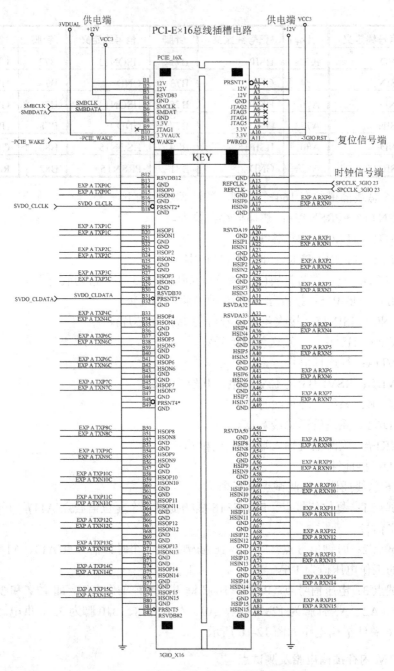

图 12-16　PCI-E×16 总线插槽电路

- DQ0～DQ63：数据线。
- A0～A13：地址线。
- CAS#：列选信号。
- RAS#：行选信号。
- CLK0～CLK3：时钟信号。
- NC：空脚。

- GND：地线。
- VCC：3.3V 供电。
- DQMB0～DQMB7：校验位。
- CB0～CB7：字节允许信号。
- WE0#：低电平写信号。

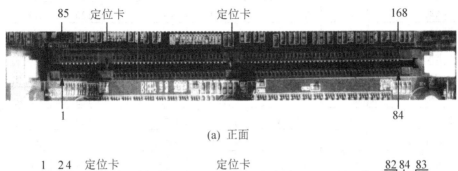

(a) 正面

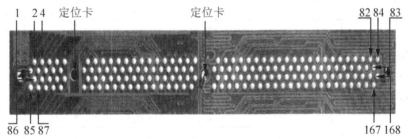

(b) 背面

图 12-17　SDRAM 内存插槽

表 12-13　SDRAM 各针脚功能

针脚	信号线定义	针脚	信号线定义	针脚	信号线定义	针脚	信号线定义
1	GND	2	DQ0	85	GND	86	DQ32
3	DQ1	4	DQ2	87	DQ33	88	DQ34
5	DQ3	6	VCC	89	DQ35	90	VCC
7	DQ4	8	DQ5	91	DQ36	92	DQ37
9	DQ6	10	DQ7	93	DQ38	94	DQ39
11	DQ8	12	GND	95	DQ40	96	GND
13	DQ9	14	DQ10	97	DQ41	98	DQ42
15	DQ11	16	DQ12	99	DQ43	100	DQ44
17	DQ13	18	VCC	101	DQ45	102	VCC
19	DQ14	20	DQ15	103	DQ46	104	DQ47
21	CB0	22	CB1	105	CB4	106	CB5
23	GND	24	NC	107	GND	108	NC
25	NC	26	VCC	109	NC	110	VCC
27	WE0#	28	DQMB0	111	CAS#	112	DQMB4

针脚	信号线定义	针脚	信号线定义	针脚	信号线定义	针脚	信号线定义
29	DQMB1	30	CS0	113	DQMB5	114	CS1
31	OE0#	32	GND	115	RAS#	116	GND
33	A0	34	A2	117	A1	118	A3
35	A4	36	A6	119	A5	120	A7
37	A8	38	A10	121	A9	122	BA0
39	BA1	40	VCC	123	A11	124	VCC
41	VCC	42	CLK0	125	CLK1	126	A12(RFU0)
43	GND	44	OE2#	127	GND	128	CKE0
45	CS2	46	DQMB2	129	CS3	130	DQMB6
47	DQMB3	48	WE#1	131	DQMB7	132	A12(RFU1)
49	VCC	50	NC	133	VCC	134	NC
51	NC	52	CB2	135	NC	136	CB6
53	CB3	54	GND	137	CB7	138	GND
55	DQ16	56	DQ17	139	DQ48	140	DQ49
57	DQ18	58	DQ19	141	DQ50	142	DQ51
59	VCC	60	DQ20	143	VCC	144	DQ52
61	NC	62	NC	145	NC	146	NC
63	CKE1	64	GND	147	RGSTR	148	GND
65	DQ21	66	DQ22	149	DQ53	150	DQ54
67	DQ23	68	GND	151	DQ55	152	GND
69	DQ24	70	DQ25	153	DQ56	154	DQ57
71	DQ26	72	DQ27	155	DQ58	156	DQ59
73	VCC	74	DQ28	157	VCC	158	DQ60
75	DQ29	76	DQ30	159	DQ61	160	DQ62
77	DQ31	78	GND	161	DQ63	162	GND
79	CLK2	80	NC	163	CLK3	164	NC
81	WP	82	SDA	165	SA0	166	SA1
83	SCL	84	VCC	167	SA2	168	VCC

SDRAM 内存有两个故障测试点。

(1) 测试点 1：时钟信号点(CLK)。168 线内存插槽中提供 4 个时钟信号点(CLK0～CLK3)，位于 42、79、125、163 针脚，正常时，时钟信号点的工作电压为 1.6V。

(2) 测试点 2：电压信号点。168 线内存插槽需要一组 3.3V 工作电压，分别位于 6、18、26、40、41、49、59、73、84、90、102、110、124、133、143、157、168 针脚。

SDRAM 内存插槽电路如图 12-18 所示。

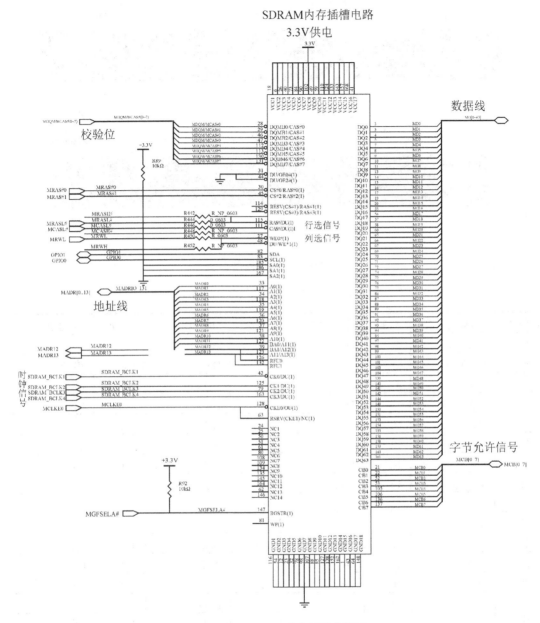

图 12-18　SDRAM 内存插槽电路图

5. DDR 内存插槽电路及测试点

DDR 内存采用 2.5V 工作电压，它允许在时钟脉冲的上升沿和下降沿传输数据，具有比 SDRAM 高的传输速率和内存带宽。DDR 主要有 DDR 266、DDR 333、DDR 400 等几种规格，插槽使用 184 线的接口。图 12-19 和表 12-14 所示分别为 DDR 内存插槽和各针脚功能。

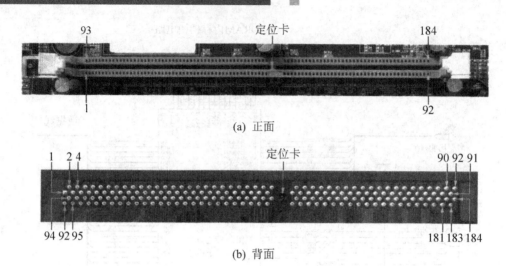

(a) 正面

(b) 背面

图 12-19　DDR 内存插槽

表 12-14　DDR 内存插槽各针脚功能

针脚	信号线定义	针脚	信号线定义	针脚	信号线定义	针脚	信号线定义
1	VREF	2	D0	93	GND	94	D4
3	GND	4	D1	95	D5	96	VDDQ
5	DQS0	6	D2	97	DQM0	98	D6
7	VDD	8	D3	99	D7	100	GND
9	NC	10	NC	101	NC	102	NC
11	GND	12	D8	103	NC	104	VDDQ
13	D9	14	DQS1	105	D12	106	D13
15	VDDQ	16	CK0	107	DQM1	108	VDD
17	CK0#	18	GND	109	D14	110	D15
19	D10	20	D11	111	CKE1	112	VDDQ
21	CKE0	22	VDDQ	113	BA2	114	D20
23	D16	24	D17	115	A12	116	GND
25	DQS2	26	GND	117	D21	118	A11
27	A9	28	D18	119	DQM2	120	VDD
29	A7	30	VDDQ	121	D22	122	A8
31	D19	32	A5	123	D23	124	GND
33	D24	34	GND	125	A6	126	D28
35	D25	36	DQS3	127	D29	128	VDDQ
37	A4	38	VDD	129	DQM3	130	A3
39	D26	40	D27	131	D30	132	GND
41	A2	42	GND	133	D31	134	CB4
43	A1	44	CB0	135	CB5	136	VDDQ
45	CB1	46	VDD	137	CK1	138	CK1#
47	DQS8	48	A0	139	GND	140	DQM8

续表

针脚	信号线定义	针脚	信号线定义	针脚	信号线定义	针脚	信号线定义
49	CB2	50	GND	141	A10	142	CB6
51	CB3	52	BA1	143	VDDQ	144	CB7
53	D32	54	VDDQ	145	GND	146	D36
55	D33	56	DQS4	147	D37	148	VDD
57	D34	58	GND	149	DQM4	150	D38
59	BA0	60	D35	151	D39	152	GND
61	D40	62	VDDQ	153	D44	154	RAS#
63	WE#	64	D41	155	D45	156	VDDQ
65	CAS#	66	GND	157	CS0#	158	CS1#
67	DQS5	68	D42	159	DQM5	160	GND
69	D43	70	VDD	161	D46	162	D47
71	NC/CS2#	72	D48	163	NC/CS3#	164	VDDQ
73	D49	74	GND	165	D52	166	D53
75	CK2#	76	CK2	167	A13	168	VDD
77	VDDQ	78	DQS6	169	DQM6	170	D54
79	D50	80	D51	171	D55	172	VDDQ
81	GND	82	VDDID	173	NC	174	D60
83	D56	84	D57	175	D61	176	GND
85	VDD	86	DQS7	177	DQM7	178	D62
87	D58	88	D59	179	D63	180	VDDQ
89	GND	90	WP	181	SA0	182	SA1
91	SDA	92	SCL	183	SA2	184	VDDSPD

DDR 内存插槽共 184 个针脚，主要包括地址线、数据线、控制线、时钟信号线、电源和地线，各针脚功能如下。

- D0～D63：数据线。
- A0～A13：地址线。
- CS0#、CS1#：片选信号。
- CK0～CK2、CK0#～CK2#、CKE0 和 CKE1：时钟信号(CKE 为系统时钟信号)。
- NC：空脚。
- GND：接地。
- VDD：2.5V 供电。
- VDDQ：2.5V 供电。
- CAS#：列选信号。
- RAS#：行选信号。
- DQM0～DQM8：校验位。
- CB0～CB7：字节允许信号。

● WE#：低电平写信号。

DDR 内存插槽有两个故障测试点。

(1) 测试点 1：时钟信号点。184 线 DDR 内存插槽中有 8 个时钟信号点，位于 16、17、21、75、76、111、137、138 针脚。正常时，时钟信号点的工作电压为 1.6V。

(2) 测试点 2：电压信号点。184 线 DDR 内存插槽需一组 2.5V 工作电压，位于 7、15、22、30、38、46、54、62、70、77、85、96、104、108、112、120、128、136、143、148、156、164、168、172、180、184 针脚。

DDR 内存插槽电路如图 12-20 所示。

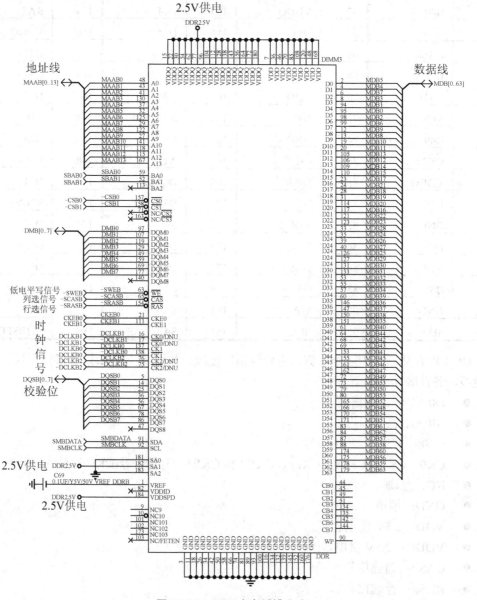

图 12-20　DDR内存插槽电路

6. DDR2 内存插槽电路及测试点

DDR2 内存标准也是采用在时钟信号的上升沿和下降沿同时进行数据传输的方式，比 DDR 内存预读取能力高出两倍，即 DDR2 内存每个时钟能够以 4 倍外部总线的速度读写数据，并能够以内部控制总线 4 倍的速度运行。DDR2 的规格主要有 DDR2 400、DDR2 533、DDR2 667、DDR2 800 等几种，DDR2 内存插槽有 240 个针脚。图 12-21 和表 12-15 所示分别为 DDR2 内存插槽和各针脚功能。

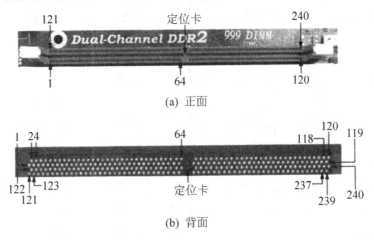

(a) 正面

(b) 背面

图 12-21　DDR2 内存插槽

表 12-15　DDR2 内存插槽各针脚功能

针脚	信号线定义	针脚	信号线定义	针脚	信号线定义	针脚	信号线定义
1	VREF	2	VSS	121	VSS	122	DQ4
3	DQ0	4	DQ1	123	DQ5	124	VSS
5	VSS	6	DQS#0	125	DM0	126	NC
7	DQS0	8	VSS	127	VSS	128	DQ6
9	DQ2	10	DQ3	129	DQ7	130	VSS
11	VSS	12	DQ8	131	DQ12	132	DQ13
13	DQ9	14	VSS	133	VSS	134	DM1
15	DQS#1	16	DQS1	135	NC	136	VSS
17	VSS	18	NC	137	CK1	138	CK1#
19	NC	20	VSS	139	VSS	140	DQ14
21	DQ10	22	DQ11	141	DQ15	142	VSS
23	DQ10	22	DQ11	143	DQ15	144	DQ22
25	DQ17	26	VSS	145	VSS	146	DM2
27	DQS#2	28	DQS2	147	NC	148	VSS
29	VSS	30	DQ18	149	DQ22	150	DQ23
31	DQ19	32	VSS	151	VSS	152	DQ28
33	DQ24	34	DQ25	153	DQ29	154	VSS
35	VSS	36	DQS#2	155	DM3	156	NC

续表

针脚	信号线定义	针脚	信号线定义	针脚	信号线定义	针脚	信号线定义
37	DQS3	38	VSS	157	VSS	158	DQ30
39	DQ26	40	DQ27	159	DQ31	160	VSS
41	VSS	42	NC	161	NC	162	NC
43	NC	44	VSS	163	VSS	164	DM8
45	DQS#8	46	DQS8	165	NC	166	VSS
47	VSS	48	NC	167	NC	168	NC
49	NC	50	VSS	169	VSS	170	VDDQ
51	VDDQ	52	CKE0	171	CKE1	172	VDD
53	VDD	54	NC	173	NC	174	NC
55	NC	56	VDDQ	175	VDDQ	176	A12
57	A11	58	A7	177	A9	178	VDD
59	VDD	60	A5	179	A8	180	A6
61	A4	62	VDDQ	181	VDDQ	182	A3
63	A4	64	VDD	183	A1	184	VDD
65	VSS	66	VSS	185	CK0	186	CK0#
67	VDD	68	NC	187	VDD	188	A0
69	VDD	70	A10/AP	189	VDD	190	BA1
71	BA0	72	VDDQ	191	VDDQ	192	RAS#
73	WE#	74	CAS#	193	S0#	194	VDDQ
75	VDDQ	76	S1#	195	QDT0	196	A13
77	QDT1	78	VDDQ	197	VDD	198	VSS
79	VSS	80	DQ32	199	DQ36	200	DQ37
81	DQ33	82	VSS	201	VSS	202	DM4
83	DQS#4	84	DQS4	203	NC	204	VSS
85	VSS	86	DQ34	205	DQ38	206	DQ39
87	DQ35	88	VSS	207	VSS	208	DQ44
89	DQ40	90	DQ41	209	DQ45	210	VSS
91	VSS	92	DQS#5	211	DM5	212	NC
93	DQS5	94	VSS	213	VSS	214	DQ46
95	DQ42	96	DQ43	215	DQ47	216	VSS
97	VSS	98	DQ48	217	DQ52	218	DQ53
99	DQ49	100	VSS	219	VSS	220	CK2
101	SA2	102	NC/TEST	221	CK2#	222	VSS
103	VSS	104	DQS#6	223	DM6	224	NC
105	DQS6	106	VSS	225	VSS	226	DQ54

针脚	信号线定义	针脚	信号线定义	针脚	信号线定义	针脚	信号线定义
107	DQ50	108	DQ51	227	DQ55	228	VSS
109	VSS	110	DQ56	229	DQ60	230	DQ61
111	DQ57	112	VSS	231	VSS	232	DM7
113	DQS#7	114	DQS7	233	NC	234	VSS
115	VSS	116	DQ58	235	DQ62	236	DQ63
117	DQ59	118	VSS	237	VSS	238	VDDSPD
119	SDA	120	SCL	239	SA0	240	SA1

DDR2 内存插槽主要包括地址线、数据线、时钟信号线、控制信号线、电源和地线，各针脚功能如下。

- DQ0～DQ63：数据线。
- A0～A16：地址线。
- CK0#～CK2#：时钟信号。
- CK0～CK2：时钟信号。
- CKE0 和 CKE1：系统时钟信号。
- NC：空脚。
- VSS：地线。
- VDD：1.8V 供电。
- VDDQ：1.8V 供电。
- CAS#：列选信号。
- RAS#：行选信号。
- DQS0～DQS17：校验位。
- CB0～CB7：字节允许信号。
- WE#：低电平写信号。

DDR2 内存插槽有两个故障测试点。

(1) 测试点 1：时钟信号点。240 线 DDR2 内存插槽中有 8 个时钟信号点，分别位于 52、137、138、171、185、186、220、221 针脚。正常时，时钟信号点的工作电压为 1.1V。

(2) 测试点 2：电压信号点。240 线 DDR2 内存插槽有两组工作电压，即+3.3V 和+1.8V。其中 238 脚为+3.3V 供电，51、53、56、62、67、69、72、75、78、170、172、175、178、181、184、187、189、191、194 脚为+1.8V 供电。

DDR2 内存插槽电路如图 12-22 所示。

7. CPU 插座测试点

1) Socket 478 插座测试点

Socket 478 主要用来安装 Intel 公司早期的 Pentium Ⅳ和赛扬 4 系列 CPU，插座有 478 个针脚，有 5 个故障测试点。

(1) 测试点 1：时钟信号点。时钟信号点 BCLK[0]、BCLK[1]位于(AF, 22)和(AF, 23)针脚。正常时，时钟信号点的工作电压为 0.4～1.0V。

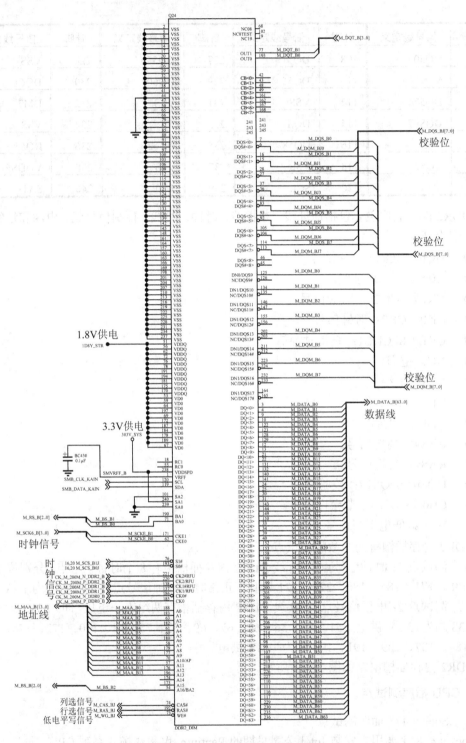

图 12-22 DDR2 内存插槽电路

(2) 测试点 2：电压信号点。电压信号点主要有主电压、内核电压、外核电压等。主电源 VCC 电压为 1.05～1.75V，内核电压 VCC1.5 电压为 1.5V，外核电压 VCC2.5 电压为 2.5V。

(3) 测试点 3：PG 信号。即 PWRGOOD 信号，位于(AB, 23)针脚，工作电压为 2.5V。

(4) 测试点 4：复位信号点。位于(AB, 25)针脚，复位信号在开机时会产生低-高-低的变化电平信号。

(5) 测试点 5：CPU 电压自动识别点。VID0～VID4 为 CPU 电压自动识别针脚，位于(AE, 5)、(AE, 4)、(AE, 3)、(AE, 2)、(AE, 1)针脚。

图 12-23 所示为 Socket 478 插座针脚定义。

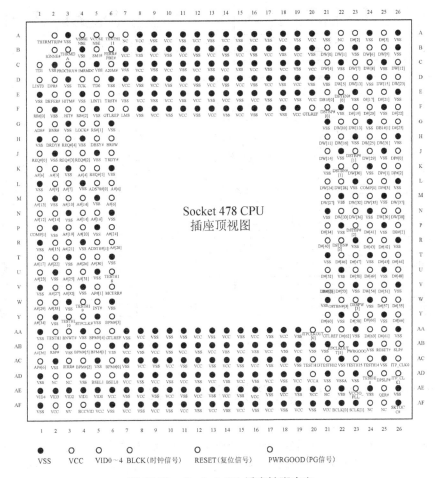

图 12-23　Socket 478 插座针脚定义

2) LGA775 插座测试点

LGA775 插座主要用于安装 Intel 公司 Pentium Ⅳ和赛扬 D 及酷睿双核等系列 CPU。它共有 775 个针脚，5 个测试点。

(1) 测试点 1：时钟信号点。时钟信号点 BCLK[0]和 BCLK[1]位于(F, 28)、(G, 28)。正常时，时钟信号点的工作电压为 1.1～1.6V。

(2) 测试点 2：电压信号点。电压信号点主要有主电压、内核电压、外核电压等。主供电为 V_{CC}，内核供电为 VTT(1.2V 左右)。

(3) 测试点 3：PG 信号。即 PWRGOOD 信号，位于(N, 1)针脚，工作电压为 2.5V 左右。

（4）测试点4：复位信号点。复位信号点位于(G, 23)针脚，复位信号在开机时会产生低-高-低的电平信号。

（5）测试点5：CPU 电压自动识别点。VID0～VID7 为 CPU 电压自动识别针脚，位于(AM, 2)、(AL, 5)、(AM, 3)、(AL, 6)、(AK, 4)、(AL, 4)、(AM, 5)、(AM, 7)针脚。

图 12-24 所示为 LGA775 插座针脚定义。

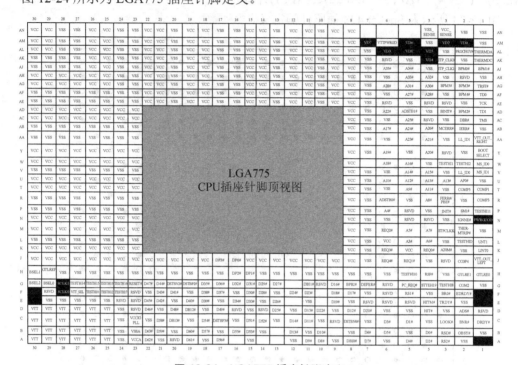

图 12-24　LGA775 插座针脚定义

 ## 12.3　主板开机电路分析及故障检修

主板的种类很多，对于不同的设计，开机电路的控制方式也不一样，但开机电路的功能都是相同的。常见的开机电路控制方式有三种：一是通过南桥芯片直接控制；二是通过I/O 芯片控制；三是通过门电路控制。

12.3.1　主板开机电路分析

主板开机电路的主要任务是控制 ATX 电源为主板输出正常的工作电压。通过电源开关(PW-ON)触发主板开机电路，由南桥芯片或 I/O 芯片对触发信号进行处理，发出开机控制信号。尽管开机电路有多种，但最终还是控制 ATX 电源插座的 16 脚(24 针电源插头)或 14 脚(20 针电源插头)的电平(将开机前的高电平拉至低电平开机)，使 ATX 电源输出相应的工作电压。

主板开机电路主要由 ATX 电压插座、南桥芯片、I/O 芯片、开机键(PWR-SW)和一些电阻、电容、晶体管等元器件组成。

1. ATX 电源插座

ATX 电源插座分 20 针脚和 24 针脚两种，主要输出±5V、±12V、3.3V 等几种工作电压。20 针 ATX 电源插座各针脚功能如表 12-16 所示。

表 12-16　20 针 ATX 电源插座各针脚功能

针脚	定　义	线颜色	针脚	定　义	线颜色
1	+3.3V	橙色	11	+3.3V	橙色
2	+3.3V	橙色	12	−12V	蓝色
3	GND	黑色	13	GND	黑色
4	+5V	红色	14	+5V PS-ON 开机控制	绿色
5	GND	黑色	15	GND	黑色
6	+5V	红色	16	GND	黑色
7	GND	黑	17	GND	黑色
8	+5V PG 信号	灰色	18	−5V	白色
9	+5V 待机电压	紫色	19	+5V	红色
10	+12V	黄色	20	+5V	红色

20 针 ATX 电源插座的第 1、2、11 针脚输出+3.3V 电压，主要为南桥芯片、北桥芯片、内存和部分 CPU 外核电压供电。第 4、6、19、20 针脚输出+5V 电压，主要为 CPU、复位电路、USB 接口、键盘/鼠标接口、北桥芯片和南桥芯片以及二级供电电路供电。第 10 针脚输出+12V 电压，主要为 CPU、场效应管、风扇供电。第 18 针脚输出−5V 电压，主要为 ISA 插槽供电。第 12 针脚输出−12V 电压，主要为串口管理芯片、ISA 插槽供电。第 9 针脚输出+5V 待机电压(+5VSB)，主要提供给 CMOS 电路、开机电路、键盘/鼠标电路，在计算机关机的情况下，其仍然输出+5V 电压，为部分电路供电。第 14 针脚为开机控制端，主要用来控制 ATX 电源的开启与关闭。该针脚为低电平时，ATX 电源的各针脚开始输出各种工作电压；当该针脚为高电平时，ATX 电源停止工作，计算机关闭。第 8 针脚为 PG 信号(PWR GOOD)，主要用于复位电路，为主板各电路提供复位信号(该信号在 ATX 电源启动约 500ms 后才开始输出+5V 电压)。第 3、5、7、13、15、16、17 针脚为地线。

2. 由南桥芯片组成的开机电路

南桥芯片的主供电电压为 2.5～3.3V，一般由 ATX 的待机电压(+5VSB)通过稳压器转换后提供，也可以由 CMOS 电池直接提供。南桥芯片内置一个振荡器，外接一个 32.768MHz 的晶振，提供南桥芯片工作所需的时钟信号。南桥芯片内部一般都包含一个开机触发电路，该触发电路在收到由电源开关发来的触发信号后，向 ATX 电源输出一个控制信号，从而控制 ATX 电源插座 14 脚(24 针插座为 16 脚)的电平。图 12-25 所示为南桥芯片组成的开机电路原理图。

图中 ATX 电压的待机电源(+5VSB)通过 AXSL1117 三端稳压器转换为 3.3V 电压，为南桥芯片、CMOS 电路、开机键供电。C20 是开机控制晶体三极管，它的作用是控制 ATX 电源插座的 14 脚或 16 脚的电平。该晶体管的发射极接地，如基极为高电平，晶体管将会导通，ATX 电源插座的 14 脚或 16 脚将会变为低电平(即开机完成)。HCT14 为一个反相器，它与 Q20 的基极接在一起，同时接到南桥芯片的 SLP_S3 端。在 SLP_S3 端发出低电平信号时，经反相器后成为高电平。开机键(PWR-SW)一端接地，另一端分别接 3.3V 电压和南桥芯片。

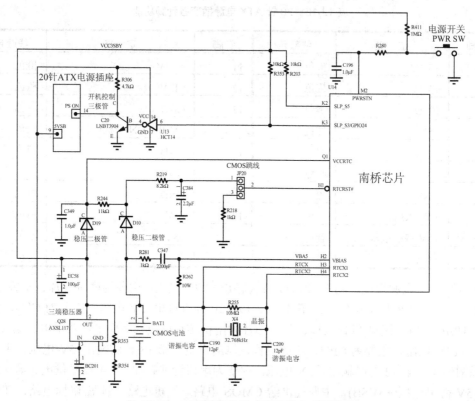

图 12-25　由南桥芯片组成的开机电路原理图

　　CMOS 电池提供 3.0V 的供电电压，这个电压被分成两路，一路为 CMOS 存储器供电，另一路为南桥芯片供电，保证南桥芯片时钟电路产生 32.768MHz 的时钟信号(注意，这时 ATX 电源未接入市电)，该时钟信号是开机时需要的。

　　在 ATX 电源接入市电以后，ATX 插座的第 9 脚输出 5V 待机电压，通过三端稳压器转换后成为 3.3V 的待机电压。这个电压分成三路，一路为南桥芯片供电，一路为 CMOS 电路供电，一路通过电阻接到开机键和南桥芯片上。

　　当按下开机键的瞬间，开机键接地，电压信号由高变低，南桥芯片内部的触发电路未被触发，保持停止状态。

　　当松开开机键的瞬间，开机键与地断开，开机键的电压信号由低变高，同时向南桥芯片发出一个由低变高的触发信号，南桥芯片内部触发电路被触发，由 SLP_S3 端口发出一个持续的低电平信号，该信号通过反相器后成为高电平信号，加至 Q20 晶体管的基极，并使它导通，Q20 的集电极输出低电平信号，该低电平信号加至 ATX 电源插座的 14 脚，使该脚成为低电平，ATX 电源正常启动，开始工作。

3. 由南桥芯片和 I/O 芯片组成的开机电路

由南桥芯片和 I/O 芯片组成的开机电路是目前主板使用较多的一种方式,这种电路的特点是在 I/O 芯片内部集成触发电路,由南桥芯片发出控制信号。图 12-26 所示为由南桥芯片和 I/O 芯片组成的开机电路原理图。

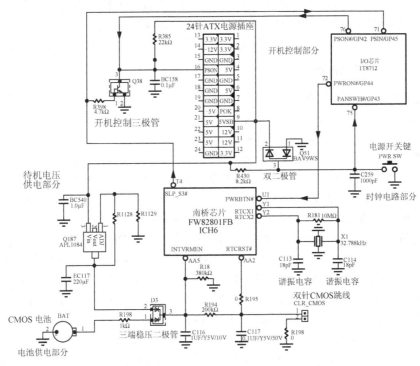

图 12-26　由南桥芯片和 I/O 芯片组成的开机电路原理图

图中 ATX 电源的待机电压通过三端稳压器 APL1084 转换成 3.3V 电压,作为南桥芯片、CMOS 电路和开机键的供电电压。Q38 为开机控制三极管,控制 ATX 电源插座的 14 脚或16 脚的电平变化。开机键一端接地,另一端接 ATX 第 9 脚和 I/O 芯片的 PANSWH#端口。外接晶振为南桥芯片提供待机状态下的 32.768MHz 时钟信号。在 ATX 电源未接入市电时,CMOS 电池提供 3.0V 的电压,为南桥芯片和 CMOS 存储器供电。当 ATX 电源接入市电后ATX 电源的第 9 脚开始输出待机电压,并通过稳压器转换后输出 3.3V 待机电压,为南桥芯片和 CMOS 供电,同时通过电阻连接到 I/O 芯片的 PANSWH#端和开机键(均成为高电平)。

按下开机键瞬间,开机键原先的高电平被接地,电压成为低电平,开机键的电压信号出现了一个由高变低的变化,同时 I/O 芯片的 PANSWH#端的电压也由高变低,此时 I/O 芯片内部的触发电路未被触发,输出端保持原先状态。南桥芯片的 SLP_S3#端仍为低电平。ATX 电源的第 14 脚或 16 脚为高电平,ATX 电源未启动。

当松开开机键后,开机键的电压恢复到高电平,产生了一个由低变高的过程,这一变化使得 I/O 芯片内部的触发电路被触发,同时向南桥芯片输出触发信号,南桥芯片的SLP_S3#端输出高电平的控制信号供给开机控制三极管的基极,三极管导通工作,它的集电极成为低电平,从而使得 ATX 电源的第 14 脚或 16 脚变为低电平,ATX 电源启动。

12.3.2　主板开机电路故障检修流程

在主板开机电路的故障检修时，首先应确定故障主板的开机电路组成形式，看懂电路图及搞清楚电路的工作原理，认真分析故障的原因，通过相关参数的测量确定并解决故障。

主板开机电路中一般易损坏的元件有稳压器、滤波电容、开机控制三极管、稳压二极管、南桥晶振、谐振电容、反相器限流电阻等。在检修时应重点检查这些元件的好坏。

1. 开机电路故障测试点

开机电路的测试点因主板的种类不同也不都一样，但大多相同，一般有以下几种。

(1) 测试点 1：CMOS 跳线。CMOS 跳线设置不正确，将导致不能开机，在维修时要首先检查该跳线设置是否正确(跳线应在 Normal 设置上)。

(2) 测试点 2：开机控制三极管。在检修的时候要重点检查该三极管的工作情况。它是开机电路正常工作的关键。首先测量三极管基极的电压状态，关机时为低电平，开机时成为高电平，是一个电平由低变高的变化过程，同时三极管集电极电平变化和基极变化相反(三极管的基极和集电极互为反相)，集电极连接 ATX 电源的第 14 脚或 16 脚。通过对三极管基极和集电极的电压测量可以确定三极管本身的好坏和造成不能开机的原因。

(3) 测试点 3：三端稳压器。三端稳压器的作用是将 ATX 电源的+5V 待机电压转换为+3.3V 电压，为开机电路相关器件供电，如果损坏，开机电路将无法工作。三端稳压器好坏的判断方法主要是测量输入端的电压值和输出端的电压值，如果输入电压值正常时，输出电压值为 0V 或低于 3V，基本可以确定三端稳压器损坏。

(4) 测试点 4：晶振。晶振是保证南桥芯片产生 32.768MHz 的开机时钟信号，没有这个时钟信号，将无法开机。通过测量其两个引脚间的电压值可以确定它的工作情况，正常情况下，这两点间的电压值为 0.2V 以上。另外可以采用开关机方法测量。用手捏住万用表的表笔去接触晶振的一个引脚时，主板能够开机，再接触晶振的另一个引脚时，主板能关机，说明晶振已经损坏。

2. 开机电路故障检修流程

开机电路故障检修流程如下：检查 CMOS 跳线设置→检查+5V 和+3.3V→检查晶振是否起振(0.5～1.6V)→检查开机控制晶体管的基极电压(开机前低电平，开机后高电平)→检查南桥芯片 SLP_S3#端电平→检查 I/O 芯片 PANSWH#端电平→检查开机键电平→检查 ATX 电源第 14 脚或 16 脚电压。

12.3.3　主板开机电路常见故障检修

主板开机电路故障现象一般有 5 种：无法为主板加电；开机后，过几秒钟自动关机；无法开机；无法关机；ATX 电源接入市电后自动开机。造成这些故障的原因一般为主板开机电路中的一些元件短路，CMOS 跳线设置错误，32.768MHz 晶振损坏，开机控制三极管损坏，稳压器损坏，I/O 芯片和南桥芯片损坏等。

1. 无法开机故障检修

主板通电以后无法开机是主板开机电路的常见故障，造成这种故障的原因有两个方面：一是主板开机电路本身的故障，二是主板的 CPU 供电电路或时钟电路或复位电路的故障。

对这类故障进行检修时，首先要排除 CPU 供电电路和时钟电路以及复位电路的故障，然后检查开机电路的故障。

检修时先检查这部分电路相关器件的外观，确定有无灼烧等痕迹，然后给 ATX 电源通电，并将 ATX 电源的 14 脚或 16 脚对地短路(使 14 脚或 16 脚强行变为低电平)，强行开机。按此方法如果不能正常开机，则说明 CPU 供电电路或时钟电路或复位电路存在故障，但不排除这时的开机电路本身也有故障，要先排除 CPU 供电电路或时钟电路或复位电路的故障。如果可以开机，则说明故障出现在开机电路中，按照开机电路检修流程进行检修。

2. 开机后，过几秒钟自动关机故障检修

计算机能够开机，说明开机电路被正常触发，ATX 电源的 14 脚或 16 脚被正常控制。几秒后自动关机，说明开机电路再次被触发，ATX 电源的 14 脚和 16 脚的控制被撤销。这一现象说明开机控制三极管是好的，故障应该发生在开机电路的触发信号上。由于不同的主板开机电路不同，因此要区别对待。如果开机电路是由南桥芯片和 I/O 芯片组合控制的，则要对南桥芯片的 SLP_S3#端口和 I/O 芯片的 PANSWH#端口进行检查，了解这两个端口在故障发生时的实际电平变化，应该能够发现问题。

3. ATX 电源接入市电后就自动开机，但无法关机故障检修

开机和关机的条件在于开机电路对 ATX 电源的 14 脚或 16 脚的电平控制。对于 ATX 电源接入市电以后就自动开机，但无法关机的故障，应着重检查 ATX 电源的 14 脚和 16 脚的初始电压值，即测量 ATX 电源在未插入主板时 14 脚或 16 脚的电压值，以确定是否属于 ATX 电源本身的故障。然后着重检查开机控制三极管是否短路，因为三极管的发射极接地，如遇短路，则集电极始终为低电平，它将迫使 ATX 电源的 14 脚或 16 脚强行成为低电平(开机状态)，而且其电压值不会变化，即无法关机。

4. 无法关机故障检修

计算机无法关机，但能正常开机，说明开机电路被正常触发，但开机电路不能再次被触发。这类故障属于软故障，应着重检查器件的发热情况，有可能是南桥芯片或 I/O 芯片或开机控制三极管的热稳定性能变差，导致在冷机情况下正常，热机情况下出现异常。通过对开机控制三极管的检查和南桥芯片的 SLP_S3#端口以及 I/O 的 PANSWH#端口的检查，可以准确地找到故障。

12.4　主板 CMOS 电路和 BIOS 电路分析及故障检修

主板 CMOS 电路和 BIOS 电路是主板电路中重要的电路之一。CMOS 电路的工作除了要求保证芯片内存储的信息不会丢失，还为主板的开机提供一个待机的状态。BIOS 电路的作用是保证 BIOS 芯片内的程序正常运行，完成对主板硬件的检测和对系统的引导。因此这些电路出现故障将导致计算机无法正常工作，或者无法开机。

12.4.1　主板 CMOS 电路分析

CMOS 是可读/写存储器，一般集成在南桥芯片内部，利用低电流进行存储。CMOS 电路用来保存 CMOS 存储器中的信息，以防止 CMOS 掉电丢失信息和无法开机。

CMOS 电路主要由 CMOS 存储器、实时时钟电路、跳线、南桥芯片、电池及供电电路等几部分组成。CMOS 存储器用来存储系统的日期、时间、系统的硬件设置、外设的参数设定等主要信息。开机后由 BIOS 对系统完成自检初始化以后，将检测到的信息与 CMOS 内存储的信息进行比较，确定正确后引导系统工作。实时时钟电路主要是产生 32.768MHz 的时钟信号，这是一个正弦波信号，为 CMOS 电路和开机电路提供实时时钟信号。CMOS 跳线的作用是切断 CMOS 电路的供电，清除 CMOS 存储器内部的信息，CMOS 存储器内的信息被清除以后，在下次开机时由 BIOS 将出厂时的默认状态写到 CMOS 存储器内。CMOS 电池的作用是在主板断电以后向 CMOS 存储器供电，防止 CMOS 存储器内部的信息丢失，保持 CMOS 电路始终处于工作状态，随时参与唤醒工作。CMOS 的供电电路除一颗电池以外，还包括一个由三端稳压器组成的供电电路。ATX 电源第 9 脚提供+5VSB 电压，经三端稳压器转换成 3.3V 电压后，为 CMOS 电路供电。

由于主板的类型很多，所以 CMOS 电路的类型也较多，但它们的基本工作原理都相同。即 ATX 电源的第 9 脚(+5VSB 的待机电压)和 CMOS 电池的正极一并接入 CMOS 跳线的一针，跳线的另一针接到南桥芯片中的 CMOS 存储器和实时时钟电路。图 12-27 所示为 CMOS 电路原理图。

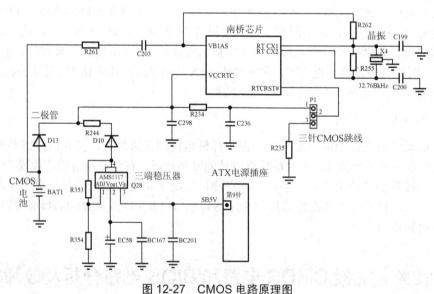

图 12-27　CMOS 电路原理图

图中 CMOS 存储器和实时时钟电路的振荡电路集成在南桥芯片的内部，外接 32.768MHz 的晶振。CMOS 电池的正极通过电阻和一个三端稳压二极管分成两路，一路连接到南桥芯片的 RTCRST#端和 VCCRTC 端，为 CMOS 存储器提供 3.0V 的供电电压；另一路连接到 CMOS 跳线的一针，用于清除 CMOS 存储器内的信息。

12.4.2 主板 CMOS 电路故障检修流程

1. 主板 CMOS 电路的测试点

主板 CMOS 电路故障检修时，重点检测每个电路模块的关键测试点。通过对测试点的检测可快速、准确地解决故障。CMOS 电路的相关测试点如下。

(1) 测试点 1：CMOS 跳线。CMOS 跳线的设置要保证正确，否则将导致无法开机，在检修时要特别注意，正确的设置是将跳线插在 Normal 处。

(2) 测试点 2：电池及电池插座。电池没电或插座接触不良，将会导致 CMOS 存储器内的信息丢失，应保证电池有 3.0V 的电压和电池插座的牢固可靠。

(3) 测试点 3：三端稳压二极管。+3.3V 和电池的 3.0V 由稳压二极管加到南桥芯片和实时时钟电路，产生 32.768MHz 的时钟信号，在 CMOS 电路的检查中要重点检查该器件的好坏。

(4) 测试点 4：三端稳压器。该器件的损坏将导致无法开机。三端稳压器的输入电压为 +5V，输出电压为 +3.3V(中间端为输出引脚)，用万用表电压挡检测该电压(输入电压)，如果低于 +3.0V 或为 0V 电压值，则稳压器损坏。

(5) 测试点 5：谐振电容和晶振。谐振电容的检查是利用万用表检查它的容量和有无开路与短路。谐振电容的损坏将导致无法开机。晶振的检查方法有两种，一种方法是测量两个引脚间的电压值，正常电压值应在 0.2V 以上；另一种方法是用手捏住万用表的表笔，若接触晶振的一个脚时，主板能开机，接触另一个脚时，主板能关机，则说明晶振损坏。

2. 主板 CMOS 电路故障检修流程

主板 CMOS 电路故障检修流程如下：CMOS 电路故障→检查 CMOS 跳线设置→检查 CMOS 电池及电池插座→检查 CMOS 跳线与电池间的稳压二极管→检查三端稳压器→检查 32.768MHz 时钟信号。

12.4.3 主板 CMOS 电路常见故障检修

CMOS 电路出现故障将导致无法正常开机，常见的故障现象如下。

(1) 计算机开机后，屏幕提示 "CMOS checksum error-Defaults loaded"。
(2) 计算机开机后，屏幕提示 "CMOS Battery State Low"。
(3) 计算机工作正常，但 CMOS 设置无法保存。
(4) 无法开机。
(5) 新电池漏电，无法开机。
(6) 装上电池后无法开机，卸下电池能开机。

一般出现这些故障的原因，可能是电池没电或电池插座接触不良、CMOS 跳线设置错误、CMOS 电路中的滤波电容漏电、实时时钟电路有故障或是南桥芯片损坏等。

1. 计算机开机后，屏幕提示"CMOS checksum error-Defaults loaded"的故障检修

出现"CMOS checksum error-Defaults loaded"提示，说明保存的 CMOS 信息出现了问题，需要重置。一般是由于电池的电压降低，导致 CMOS 无法正常保存信息。

2. 计算机开机后，屏幕提示"CMOS Battery State Low"的故障检修

出现"CMOS Battery State Low"提示，多是由于 CMOS 供电不足。造成 CMOS 供电不足的原因可能是电池没电或 CMOS 电路有故障，解决的办法是先更换新的电池。如果 CMOS 电路也同时存在故障，可能还会出现提示，也可能过了一段时间后又出现该提示。这是因为 CMOS 电路如果存在故障，它可能会大量消耗电池的电流，如 CMOS 电路中的一些器件出现短路。这时应重点检查三端稳压器、稳压二极管、滤波电容等。

3. 主板无法开机，但卸下电池后开机正常的故障检修

这种故障的原因是很明显的。首先 CMOS 电池的有无对开机过程没有影响，这个故障是在电池装在电池插座内才使得主板无法开机，所以一定是电池的短路造成了 CMOS 电路无法工作，实时时钟信号没有产生，南桥芯片无法工作等。

12.4.4 主板 BIOS 电路分析

BIOS 内部的 ROM 存储器固化了一组程序，这些程序为计算机提供最低级、最直接的硬件控制与支持。计算机的原始操作都是依据固化在 ROM 芯片里的程序来完成的。它是将计算机的硬件与软件联系起来，完成计算机启动以后的检测和初始化以及引导操作系统，调度操作系统向硬件发出指令的系统模块。BIOS 的主要功能有硬件中断服务、BIOS 系统设置程序、POST 上电自检、BIOS 系统启动自举程序等。BIOS 芯片的基本作用是自检及初始化、设定中断、程序服务。BIOS 的工作过程大致分为三个阶段，第一阶段为 CPU 的复位。当计算机开机以后 CPU 接收到电压调节系统发出的一个电压信号，经一系列的逻辑单元确定 CPU 运行的电压后，主板芯片接收到发出启动工作的指令，让 CPU 复位。第二阶段 CPU 发出寻址信息来寻找自检程序。CPU 主动发出寻址信息经前端总线发往北桥芯片，北桥芯片收到该寻址信息后转发给南桥芯片，南桥芯片收到寻址信息后通过 PCI 总线并经译码器译码后向 BIOS 芯片传输 16 位的地址信号。第三阶段向 CPU 发送自检程序。BIOS 芯片通过 PCI 总线经南桥芯片、北桥芯片向 CPU 输出自检程序，CPU 收到自检程序后开始自检并启动计算机的工作。

1. BIOS 芯片的封装及引脚功能

主板上常见的 BIOS 芯片的封装形式主要有三种，一种是双列直插的 DIP 封装，另外两种为正方形四边的 PLCC 封装及两列的 TSOP 封装。图 12-28 和表 12-17 所示为 BIOS 的引脚图及引脚功能。

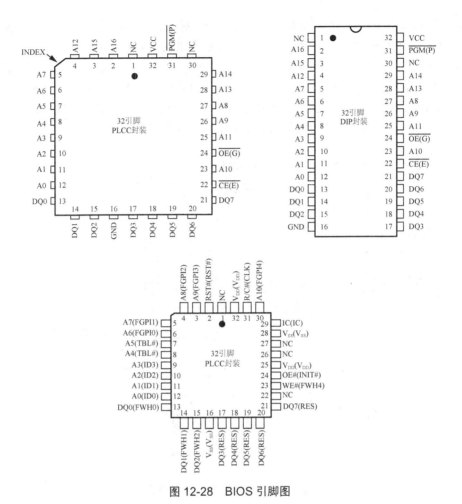

图 12-28　BIOS 引脚图

表 12-17　BIOS 引脚功能

引　脚	功　　能
A0～A16	地址线
DQ0～DQ7	数据线
VPP	编程电压
VDD	芯片供电电压
CE#/CS#	片选信号(低电平有效)
OE#	数据允许输出信号端(低电平有效)
WE#	读写信号控制端(由南桥芯片发出，高电平有效)
NC	空脚
VSS	接地

2. 主板的 BIOS 电路

LPC 总线是基于 Intel 标准的 33MHz、4b 并行总线协议，代替以前的 ISA 总线协议。

LPC 总线是 Intel 当初为了取代低速落后的 X-BUS 而推出的总线标准。一般用于主板南桥芯片通信。BIOS 在 LPC 总线下工作。图 12-29 所示为主板 BIOS 电路原理图。

图中，BIOS 芯片的 FWH0～FWH3 引脚为 LPC 总线的地址和数据线，FWH4 引脚为周期控制引脚，受南桥芯片控制，其为有效电平时，BIOS 便开始或结束一个 LPC 周期。当 CPU 发出寻址指令后，南桥芯片便向 BIOS 芯片发出初始化信号(由 INIT#引脚控制)，当 INIT#信号由高电平变为低电平以后，BIOS 芯片便开始输出自检程序。

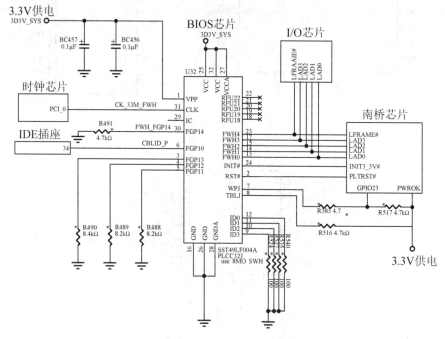

图 12-29　主板 BIOS 电路原理图

12.4.5　主板 BIOS 电路故障检修流程

BIOS 电路出现故障将导致计算机无法自检启动。造成 BIOS 电路故障的原因有很多，如 BIOS 芯片本身损坏，内部的程序损坏，时钟芯片故障等。

1. 主板 BIOS 电路故障测试点

(1) 测试点 1：BIOS 芯片片选信号控制端。一般的 BIOS 芯片的片选信号控制端均为低电平有效，当该引脚为低电平时，表明 BIOS 芯片被选中，BIOS 芯片应该能够正常工作。如果此时 BIOS 芯片还不能工作，在确定 BIOS 芯片的供电电压正常的情况下，应该属于 BIOS 芯片损坏。

(2) 测试点 2：BIOS 电路的供电电路。BIOS 电路的供电电压为 3.3V，要保证该电压值的大小与稳定。

(3) 测试点 3：时钟信号。

(4) 测试点 4：RST#端。该端口为范围信号，低电平有效(开机瞬间为低电平，工作时为高电平)。

2. 主板 BIOS 电路故障检修流程

一般主板供电电路、时钟电路、复位电路工作都正常，但 CPU 却不工作，就需要检测 BIOS 电路，此时如用诊断卡检测，则会显示代码为 "FF" 或 "00"。BIOS 有故障时，一般是程序损坏的可能性较大，芯片本身损坏的可能性较小。遇到程序损坏，即要重新刷新 BIOS。

BIOS 电路故障检修流程如下：检测 VCC、VDD、VPP 的值→检测复位端的电平→检测 CE#/CS#电平的跳变→检测 OE#电平的跳变→刷新 BIOS 程序或更换 BIOS 芯片。

 12.5　主板时钟电路分析及故障检修

图 12-30 所示为主板时钟信号分布图。

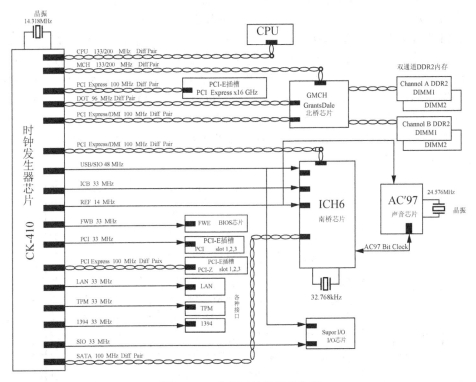

图 12-30　主板时钟信号分布图

主板时钟电路用来产生一个频率为 14.318MHz 的时钟基准频率信号，这个时钟信号经过分频电路后为各部件提供不同的时钟频率。一般设备所需的时钟频率如下。

(1) System Clock 时钟信号。即系统时钟，主要供主板上需要系统时钟的芯片和设备使用，其频率和基准频率均为 14.318MHz，这个频率是固定的。

(2) CPU 时钟。前端总线频率 FSB，是 CPU 的输入频率。不同的 CPU，该时钟不同。

(3) PCI 总线时钟。为 PCI 总线插槽上的设备提供时钟信号。当 FSB 小于 100MHz 时，PCI 总线频率一般为 FSB 的 1/2，当 FSB 大于 100MHz 时，PCI 总线频率一般为 FSB 的 1/3。

(4) ICH 南桥芯片除自身的振荡时钟频率 32.768MHz 以外，时钟电路还提供 14.318MHz、33MHz、48MHz、66MHz 和 100MHz 的时钟频率。

(5) GMCH 北桥芯片需要两种时钟信号 66MHz、100MHz(不同的 CPU 有所不同)。

(6) I/O 芯片需要 48MHz、33MHz 和 14.318MHz 的时钟频率。

(7) 网络芯片需要 33MHz 或 66MHz 的时钟频率。

(8) AUDIO 音频芯片需要 24.5MHz 和 14.318MHz 的时钟频率。

(9) PCI-E 总线需要 100MHz 的时钟频率。

(10) BIOS 芯片需要 33MHz 的时钟频率。

(11) 键盘/鼠标需要 33MHz、14.318MHz 和 32.768MHz 的时钟频率。

12.5.1　主板时钟电路分析

主板的时钟电路主要由时钟发生器芯片、14.318MHz 晶振、电容、电感、电阻等组成。时钟发生器芯片的作用是放大和缩小频率，它的内部有一个振荡器和多个分频器，将产生的 14.318MHz 的时钟基准频率放大和缩小成主板其他设备所需要的时钟频率。主板时钟芯片的工作需要具备两个条件。第一个条件要提供供电电压。主板时钟电路的供电电压需要一组或两组供电，如果需要一组供电，供电电压为+3.3V；如果需要两组供电，则需要+3.3V 和+2.5V 供电电压。第二个条件是提供 PG 信号。PG 信号由 ATX 电源插座的第 8 脚输出给时钟芯片。在同时满足了以上两个条件后，时钟芯片开始工作，产生 14.318MHz 的基准时钟信号，经过分频电路转换为主板各设备所需要的各种时钟频率。图 12-31 所示为时钟发生器芯片的内部结构图与引脚图。

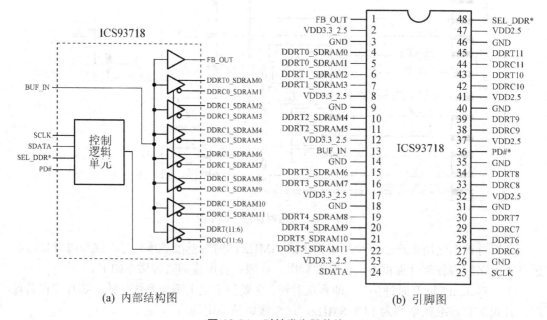

图 12-31　时钟发生器芯片

当计算机开机工作以后，南桥芯片在收到 PG 信号后，发送范围信号给时钟电路和时钟发生器芯片，同时电源的+3.3V 电压为时钟电路供电，时钟发生器芯片开始工作，首先产生

14.318MHz 的基准时钟,然后由分频电路产生主板各种设备工作所需要的时钟频率。图 12-32 所示为主板时钟电路图。

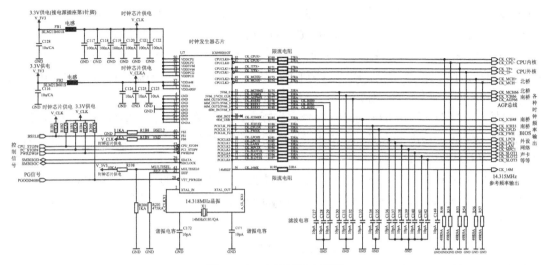

图 12-32　主板时钟电路图

图中时钟芯片为 ICS950201GT,这个芯片有 56 个引脚,采用 3.3V 供电,可以提供 10 路 PCI 时钟频率,3 路 CPU 时钟频率,2 路 48MHz 时钟频率,1 路 24MHz 时钟频率,6 路 66MHz 时钟频率,1 路 14.318MHz 时钟频率,支持高级电源管理 PD#技术。其中,XTAL_IN 为晶振输入端,XTAL_OUT 为晶振输出端,两个引脚连接一个 14.318MHz 的晶振,两引脚 间的电压值在时钟电路正常工作时为 0.4V 左右。VDDCPU、VDD3V66、VDDPCI 引脚为 供电端,电压值为 3.3V。VDDA 为 PLL 供电。SDATA 引脚和 CDCLOCK 引脚为串行数据 和串行时钟,由南桥芯片提供。FS0～FS2 引脚为时钟测试端。14MREF 引脚为 14.318MHz 参考频率输出端。VTT_PWRGD#引脚为 PG 信号输入端。PCICLK0～PCICLK6 引脚为 PCI 时钟输出端。PCICLK_F0～PCICLK_F2 引脚为 PCI 时钟调整端。CPUCLK0～CPUCLK2 引 脚为 CPU 时钟输出端。48M_USB 引脚为 48MHz 时钟输出端。3V66_0、3V66_1、66M_OUT0、 66M_OUT1、66M_OUT2 为 66MHz 时钟输出端。CPU_STOP#和 PCI_STOP#引脚为停止 CPU 和 PCI 时钟端口。

计算机开机工作以后,ATX 电源的 3.3V 供电电压为时钟芯片供电,CPU 供电正常以 后,PG 信号由 VTT_PWRGD#端进入时钟芯片,同时南桥芯片向时钟芯片发出 PWON#信 号,时钟芯片内部的振荡器开始工作,向 14.318MHz 晶振发出起振电压,晶振起振后,给 时钟芯片提供 14.318MHz 的时钟频率。14.318MHz 时钟信号分为以下三路输出。

(1) 第一路直接驱动放大电路,从 56 脚(14MREF)输出 14.318MHz 的基准时钟频率 (CK_14M),分别送往南桥芯片、I/O 芯片和 AGP 电路。

(2) 第二路将 14.318MHz 的基准频率送锁相环电路 PLL1,经 PLL1 倍频后产生 100MHz 的时钟频率,分别经过驱动放大电路放大,然后由 52 脚(CPUCLK0+)和 51 脚(CPUCLK0-) 输出 CK_CPUX+和 CK_CPUX-信号,即 CPU 的时钟信号,从 49 脚(CPUCLK1+)和 48 脚 (CPUCLK1-)输出 CK_ITP+和 CK_ITP-信号,从 45 脚(CPUCLK2+)和 44 脚(CPUCLK2-)输

出 CK_MCH+ 和 CK_MCH-信号，为 GMCH 电路提供时钟信号。33MHz 的时钟频率同时从 18 脚、17 脚、16 脚、13 脚、12 脚、11 脚和 10 脚输出，PCICLK 分别为 LPC、LAN、MPC、和 SLOT 等电路提供时钟信号。5 脚、6 脚、7 脚的 PCICLK_F0、PCICLK_F1 和 PCICLK_F2 分别输出 33MHz 的时钟频率，为 ICH、CPLD 和 FWH 电路提供时钟信号。

(3) 第三路将 14.318MHz 的基准时钟频率送锁相环电路 PLL2，经 PLL2 倍频后产生 48MHz 的时钟频率，经驱动放大电路放大，从 39 脚(48M_USB)输出固定的 48MHz 的 CK_ICH48X 的时钟信号到南桥芯片，然后送到 USB 电路。

另外，48MHz 和 66MHz 的时钟信号送到频率选择开关，选择 VCH/3V66 的时钟频率，控制为低电平时，输出 66MHz 的时钟信号；控制为高电平时，输出 48MHz 的时钟信号。控制由 PWRDN#(PD#)实现。

图中的 FS0 接高电平，FS2 接低电平，通过 FS1 选择 CPU 的外频。SDATA 和 SD 分别为系统数据线(System DATA)和系统时钟线(System CLOCK)，由南桥芯片提供。表 12-18 所示为 FS0~FS2 与总线频率的关系。

表 12-18　FS0~FS2 与总线频率的关系

FS0	FS1	FSZ	CPU/MHz	3V66/MHz	66Buff(2:0) 3V66(4:2) /MHz	PCI_F PCI /MHz
0	0	0	66.66	66.66	66.66	33.33
0	0	1	100.00	66.66	66.66	33.33
0	1	0	200.00	66.66	66.66	33.33
0	1	1	133.33	66.66	66.66	33.33
Mid	0	0	Tristate	Tristate	Tristate	Tristate
Mid	0	1	TCLK/2	TCLK/4	TCLK/4	TCLK/8
Mid	1	0	Reserved	Reserved	Reserved	Reserved
Mid	1	1	Reserved	Reserved	Reserved	Reserved

12.5.2　主板时钟电路故障检修流程

主板时钟信号总线的对地电阻一般为 $500\sim1500\Omega$，总线的直流电压为电源供电的 1/2，总线的时钟波形幅度大于 2V。主板的时钟电路如果出现故障，一般计算机仍然能够正常开机与关机，风扇正常转动，但 CPU 不工作。在检修时一般先利用主板诊断卡来测试(卸下内存和 CPU)，再根据诊断卡的测试结果来判断时钟电路的工作情况(CLK 指示灯应常亮，否则 CLK 时钟电路损坏)。

1. 主板时钟电路故障测试点

主板时钟电路中易损坏的元件一般为时钟芯片、晶振、电感、电容和电阻。主板时钟电路主要故障测试点如下。

(1) 测试点 1：检查主板时钟电路的供电电压是否为 3.3V。

(2) 测试点 2：检查振荡电路。这是主板时钟电路最重要的测试点，通过对这个测试点的检查可以确定系统时钟芯片有无工作。检测时可以用万用表的电压挡测量晶振两个引脚间的电压值(正常起振后电压值为 0.5～1.6V)，也可以利用带宽不低于 100MHz 的示波器来检测该时钟信号的波形、电压幅度、频率值。

(3) 测试点 3：系统时钟发生器芯片。在主板时钟电路中，系统时钟发生器芯片是核心芯片。对它的检测包括供电电压是否正确、晶振是否起振、基准时钟有无产生、经分频器以后各路所输出的时钟频率的有无和是否正确。

2. 主板时钟电路故障检修流程

主板时钟电路故障的检修一般要使用主板诊断卡、万用表和示波器等工具和仪器。首先利用诊断卡做出初步判断，然后利用万用表和示波器通过对时钟电路的相关检测点的检查，确定和解决故障。主板时钟电路故障检修流程如下：利用主板诊断卡显示故障代码，确定故障部位→检查时钟芯片的供电电压值→检查 14.318MHz 晶振的起振→检查系统时钟芯片各频率输出。

 ## 12.6　主板复位电路分析及故障检修

主板复位信号是主板重要的三大信号之一(还有供电和时钟)，复位电路的故障将导致主板无法开机。复位信号使主板及其他设备复位，让它们完成初始化过程。复位电路在主板的供电正常和时钟正常以后才开始工作。复位电路中的复位信号主要由 ATX 电源第 8 脚或由 RESET 开关产生，其中 ATX 电源的第 8 脚在开机以后的 100～500ms 会自动产生一个由低电平到高电平的信号跳变，作为复位信号。此信号经过处理以后，首先进入南桥芯片、BIOS 芯片、时钟芯片、电源管理芯片，让南桥芯片、BIOS 芯片、时钟电路、电源电路首先复位。在南桥芯片复位以后，它的内部系统复位控制单元又产生各种不同的复位信号，经门电路处理后产生足够强的信号，分配给其他电路，作为它们的复位信号，同时完成复位过程。

RESET 开关的复位信号则需要通过手动按键来产生，RESET 开关的一端接地，另一端接高电平。按下 RESET 开关后，就会产生一个由高电平到低电平的跳变信号(复位信号)，该信号进入南桥芯片、I/O 芯片、时钟芯片等，让它们复位。南桥芯片在复位后又产生各种不同的复位信号，并通过门电路处理后产生足够强的信号，分配给其他电路，完成复位过程。在复位电路中，南桥芯片内部的系统复位控制单元是这个复位电路的核心。整个复位电路实际上是对复位信号进行放大和传送的电路。

12.6.1　主板复位电路分析

主板复位电路分为自动复位电路和手动复位电路两种。其中自动复位电路主要在开机时使用，复位信号由 ATX 电源的第 8 脚产生。手动复位电路主要用在主板运行出现意外时，由复位开关产生。主板的复位电路主要由 ATX 电源第 8 脚、复位开关、门电路、南桥芯片，以及电阻、电容等元件组成。图 12-33 所示为主板复位电路图。

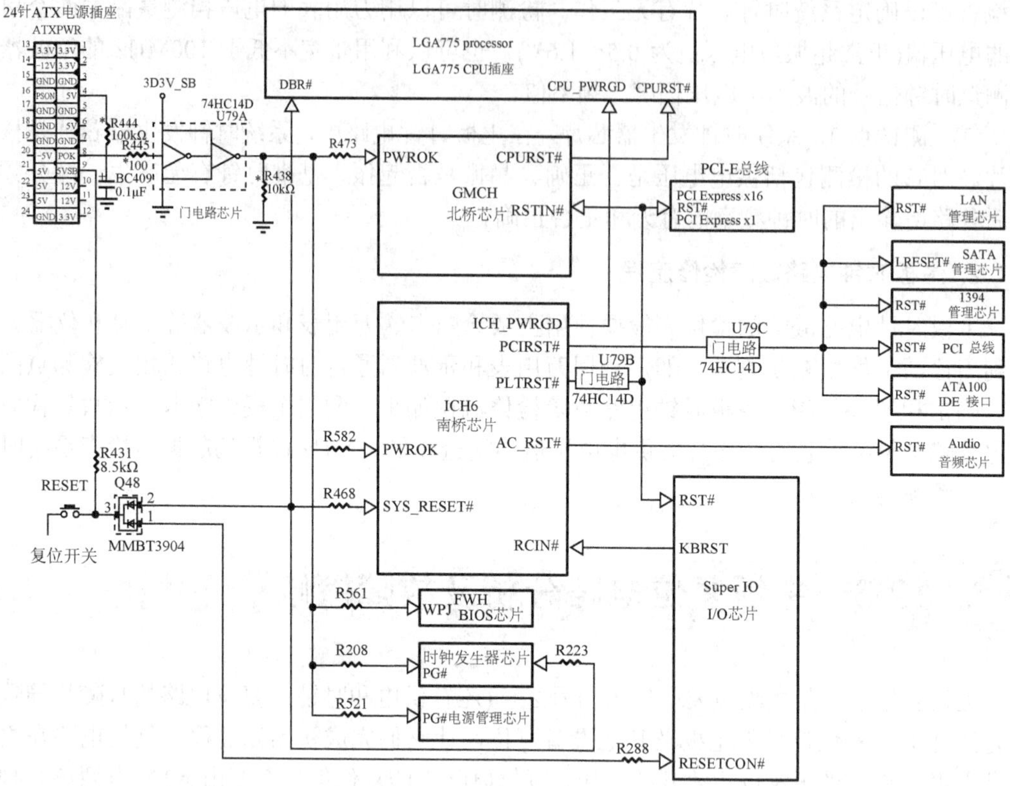

图 12-33　主板复位电路图

图中，ATX 电源的第 8 脚通过门电路 74HC14D 分别连接到南桥芯片和北桥芯片以及 BIOS 芯片、时钟发生器芯片和电源管理芯片。RESET 开关通过三端二极管分别连接到南桥 芯片、CPU 插座、I/O 芯片、时钟发生器芯片。南桥芯片的 PCIRST#端口通过门电路 74HC14D 连接到 LAN 管理芯片、SATA 管理芯片、IDE 接口、PCI 插槽、1394 管理芯片。南桥芯片 的 PLTRST#端口通过门电路 74HC14D 连接到 I/O 芯片、北桥芯片和 PCI-E 插槽。

在 ATX 电源开始工作时，ATX 电源的第 8 脚(PG 信号)在电源的工作瞬间会有一个延 时的过程(100～500ms)，这实际上是电源的 PG 信号在 ATX 电源工作的瞬间会有一个低电 平到高电平变化的过程。这个瞬间变化的过程通过门电路 74HC14D 分为了 5 路信号：一路 通过 PWROK 端口接入南桥芯片内部的系统复位控制单元，使南桥复位；一路通过 PWROK 端口进入北桥芯片，为北桥芯片提供 PWROK 信号；一路通过 WPJ 端口进入 BIOS 芯片， 为 BIOS 电路提供复位信号；一路通过 PG#端口进入时钟发生器芯片，为时钟电路提供复位 信号；最后一路通过 PG#端口进入电源管理芯片，为供电电路提供复位信号。

南桥芯片复位后，内部的系统复位控制单元开始工作，产生 5 路复位信号。其中一路 通过 PCIRST#端口进入门电路 74HC14D，经门电路处理后，又分成 5 路，分别进入 LAN 管理芯片、SATA 管理芯片、IDE 接口、PCI 插槽、1394 管理芯片，为它们提供复位信号。 第二路复位信号通过 PLTRST#端口进入门电路 74HC14D，经过门电路的处理后，分成 3 路，分别进入 I/O 芯片、北桥芯片、PCI-E 插槽或 AGP 插槽，为它们提供复位信号。第三路通过 ICH_PWRGD 端口进入 CPU 插座，为 CPU 提供 PG 信号。第四路通过 AC_RST#端口进入音频芯片，为它提供复位信号。第五路通过 RCIN#端口进入 I/O 芯片的 KBRST 端口，为内部的键盘输出管理单元提供复位信号。

在手动按键复位开关时，由于复位开关的一端接地为低电平，另一端接高电平，所以瞬间短接开关会在开关的原高电平端产生一个低电平信号。此信号经三端稳压二极管分成两路，其中一路经过 RESETCON#端口进入 I/O 芯片，使 I/O 芯片复位；另一路分别进入南桥芯片内部的系统复位控制单元、BIOS 芯片、电源管理芯片、时钟发生器芯片等，使它们复位。在南桥芯片复位以后，其内部的系统复位控制单元产生 5 路复位信号，第一路信号通过 PCIRST#端口进入门电路 74HC14D，经门电路处理后分成 5 路，分别进入 LAN 管理芯片、SATA 管理芯片、IDE 接口、PCI 插槽、1394 管理芯片，为它们提供复位信号。第二路信号通过 PLTRST#端口进入门电路 74HC14D，经门电路处理后，分成 3 路，分别进入 I/O 芯片、北桥芯片、PCI-E 插槽或 AGP 插槽，为它们提供复位信号。在北桥芯片复位后又产生 1.5V 复位信号送给 CPU，为 CPU 提供复位信号。第三路复位信号通过 ICH_PWRGD 端口进入 CPU 插座，为 CPU 提供 PG 信号。第四路复位信号通过 AC_RST#端口进入音频芯片，为它提供复位信号。第五路复位信号通过 RCIN#端口进入 I/O 芯片的 KBRST 端口，为它的内部键盘输出管理单元提供复位信号。

主板各设备和单元的复位信号来源如下。

(1) ISA 总线的复位信号由南桥芯片产生。正常状态为低电平，复位时为高电平。

(2) IDE 接口的复位信号由南桥芯片产生。IDE 接口常态为高电平，复位时为低电平。

(3) PCI 总线的复位信号由南桥芯片产生。PCI 总线常态为高电平，复位时为低电平。

(4) AGP 总线的复位信号和 PCI 总线的复位信号是同路产生。常态为高电平，复位时为低电平。

(5) 北桥的复位信号和 PCI-E 总线的复位信号是同路产生。

(6) CPU 的复位信号由北桥芯片产生。

(7) I/O 芯片的复位信号由南桥芯片提供。常态为高电平，复位时为低电平。

12.6.2　主板复位电路故障检修流程

主板复位电路故障将会导致主板没有复位信号。在检修时一般使用主板诊断卡、万用表和示波器。诊断卡在插入 PCI 插槽后，开机检测，诊断卡的 RST 指示灯亮半秒后熄灭是正常的。如果指示灯长亮，则复位电路有故障。诊断卡代码显示为"00"或"FF"，CPU 不能正常工作。

主板复位电路故障的判断一般有两种。

方法一，若 CPU 不工作，开机后诊断卡代码显示"00"或"FF"，代码没有变化过程，同时诊断卡上面的复位信号灯不能"一闪而灭"，则可判断主板复位电路有故障。

方法二，当按下和松开复位开关时，检测主板的各个复位功能端，它们应都有一个电平的跳变过程。

1. 主板复位电路故障测试点

(1) 测试点 1:复位开关的高电平。复位开关的高电平是保证有一个由高到低的电平跳变,这一跳变的变化过程,是南桥芯片复位的条件。

(2) 测试点 2:南桥芯片的 PG 信号。ATX 电源的第 8 脚(PG 信号)在电源的工作瞬间会有一个延时的过程(100~500ms),这实际上是电源的 PG 信号在 ATX 电源工作的瞬间会有一个低电平到高电平变化的过程,使南桥复位。

(3) 测试点 3:门电路芯片。南桥芯片复位后,内部的系统复位控制单元开始工作,产生 5 路复位信号。其中一路通过 PCIRST#端口进入门电路 74HC14D,经门电路处理后,又分成 5 路复位信号提供给相关设备。

以上这三个测试点,是主板复位电路关键的测试点。它们的工作是否正常关系着计算机能否正常工作。

2. 主板复位电路故障检修流程

主板复位电路的故障一般表现为整机无复位信号和局部电路无复位信号两大类型。在检修整机无信号类型的故障时,应重点检查南桥芯片的复位电路。通过具体的测量,确定南桥芯片的工作条件是否满足。所谓局部电路无复位信号,是指某一路无复位信号,其他电路的复位信号正常。这种故障相对较少,检修较容易。只要根据故障电路表现的具体情况进行实际分析,应比较容易发现问题。

主板复位电路故障检修流程如下:诊断卡检测有无复位信号→检查复位开关有无高电平→复位开关是否向南桥芯片发出复位信号→检查门电路芯片是否向各设备输出复位信号→检查门电路芯片的工作情况→检查南桥输出给门电路芯片的复位信号是否正常。

12.6.3 主板复位电路常见故障检修

主板复位电路常见的故障现象一般有:主板诊断卡中的复位信号指示灯长亮、主板诊断卡中的复位信号指示灯不亮、CPU 无复位信号、局部设备无复位信号。造成这些故障出现的原因一般是由于复位开关无高电平、ATX 电源的第 8 脚 PG 信号有问题、门电路芯片损坏、南桥芯片或北桥芯片损坏、复位芯片损坏、CPU 电压识别无效等。

主板复位电路故障检修采用的工具有诊断卡、万用表和示波器。主板复位电路正常,诊断卡的复位信号指示灯应短暂闪亮后熄灭,如该指示灯长亮或不亮,一定是主板复位电路有故障。

主板复位电路故障可能是缺少 PG 信号,可能是门电路芯片损坏,也可能是复位芯片损坏、复位开关无高电平等原因造成的。所以在检修时一般是从 RESET 复位开关和 ATX 电源的第 8 脚(PG 信号)入手。

首先确定复位开关的高电平。这个电平一般为+3.3V。如果实际测量没有这个电平,则着重检查复位开关到 ATX 电源插座间的线路故障。如果实际测量该电平正常,则继续检查复位开关到南桥芯片是否有低电平输出。如果没有,再检查复位开关到南桥间的线路故障,以及 I/O 芯片、北桥芯片等。如果低电平正常,则检查 ATX 电源第 8 脚(PG 信号)到南桥芯片间的线路故障。如果经过上述的检查均为正常，而故障仍然存在，则说明故障发生在南桥芯片与 I/O 芯片之间的线路。

通常主板上的部分电路无复位信号会造成主板无法识别某些设备，主板不工作。如果 CPU 没有复位，而其他复位均正常，则故障可能发生在北桥芯片和它的外围电路。如果 IDE 接口没有复位，一般主板可以工作，但无法识别 IDE 设备，则故障可能在 IDE 接口到南桥芯片之间的电路上。如果 I/O 芯片没有复位，会造成主板不工作，可能故障由南桥芯片产生。

12.7　主板接口电路分析及故障检修

主板中常见的接口主要有键盘/鼠标接口、串口、并口、USB 接口、电源接口、硬盘接口等。由于用户的操作不当或长期插拔，主板接口极其容易出现故障，造成部分设备不能正常工作，有些硬件无法识别、读取错误、性能不稳定等。

12.7.1　键盘/鼠标接口电路分析及故障检修

目前主板上的键盘/鼠标接口大都采用 PS/2 接口，在实际使用中，两者的接口尽管外观和工作原理均一致，但两者间不能混用，外观用颜色区分(键盘接口为蓝色，鼠标接口为绿色)。图 12-34 和表 12-19 所示为 PS/2 键盘/鼠标接口和针脚功能。

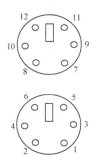
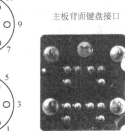
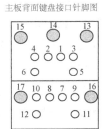

图 12-34　PS/2 键盘/鼠标接口针脚

表 12-19　PS/2 键盘/鼠标针脚功能

名　称	针　脚					
	第 1 针脚	第 2 针脚	第 3 针脚	第 4 针脚	第 5 针脚	第 6 针脚
鼠标	数据端	空脚	接地端	5V 供电端	时钟端	空脚
键盘	数据端	空脚	接地端	5V 供电端	时钟端	空脚

1. 主板键盘/鼠标接口电路分析

主板中键盘/鼠标的接口主要采用 PS/2 通信协议(串行通信协议)，通信的两端通过时钟端(CLOCK)同步，通过数据端(DATA)交换数据。主板的键盘/鼠标电路主要由 PS/2 接口、电容、电感、电阻排、跳线、南桥芯片、I/O 芯片等组成，一般由南桥芯片或 I/O 芯片提供时钟信号和数据信号。图 12-35 所示为南桥芯片控制的键盘/鼠标电路原理图。

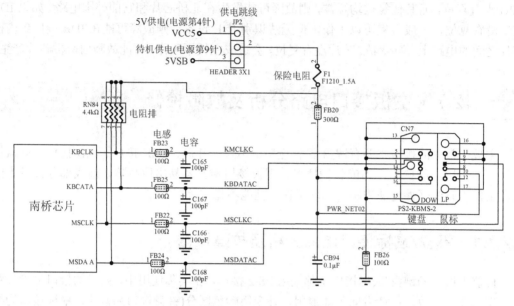

图 12-35　南桥芯片控制的键盘/鼠标电路原理图

图中，电源通过跳线和保险电阻后将供电电流经电阻排 RN84 的分流后提供给键盘/鼠标接口与南桥芯片或 I/O 芯片间的数据通信线路(电阻排为上拉电阻)。由电感 FB20 为键盘/鼠标接口供电。跳线 JP2 的作用是选择供电方式。供电方式可以为待机电压(5VSB)或 5V 供电电压。若采用待机电压供电，关机后键盘还有工作电压，可以通过键盘开机。

保险电阻(一般采用贴片电阻或高分子 PTC 热敏电阻)用于防止键盘/鼠标内部电路发生短路时烧坏 ATX 电源。键盘/鼠标接口与南桥芯片的通信线路中的贴片电感的作用是在数据传输中起缓冲作用(抗干扰)。数据线路中连接的电容起滤波作用，可以改善数据传输质量。

2. 主板键盘/鼠标接口电路故障分析

主板的键盘/鼠标接口电路常见的故障现象有键盘口不能使用、鼠标口不能使用、键盘或鼠标能识别但不能使用、键盘或鼠标有时可以使用有时不能使用等。造成这些故障的原因可能为一些电阻、电容、电感的损坏，接口插座的虚焊，BIOS 程序损坏或南桥芯片及 I/O 芯片的损坏等。BIOS 程序中有一个支持键盘/鼠标中断访问的程序，如果该程序损坏，将导致键盘/鼠标接口无法使用，一般采用重新刷新 BIOS 程序的方法解决故障。

1) 主板键盘/鼠标接口电路的故障测试点

(1) 测试点 1：键盘/鼠标接口连接的滤波电容和上拉电阻。滤波电容的损坏将导致数据无法传输或无法提供时钟信号。上拉电阻的损坏将导致数据线上的信号变弱，使得键盘/鼠标的工作变得不稳定，有时能用，有时不能用。

(2) 测试点 2：键盘/鼠标接口数据和时钟连接的电感。电感的损坏将导致无法传输数据或无法提供时钟信号。

(3) 测试点 3：键盘/鼠标接口的供电部分连接的保险电阻。保险电阻的损坏将导致无法为键盘/鼠标提供供电电压。

2) 主板键盘/鼠标接口电路的故障检修流程

主板键盘/鼠标接口电路的故障检修流程如下：检查键盘/鼠标接口的供电→检查上拉电阻和滤波电容→检查数据和时钟的连接电感→检查 BIOS→检查南桥芯片或 I/O 芯片。

按照检修流程，首先要确定键盘/鼠标的供电电压是否正确，如发现供电电压不对，要检查保险电阻有无损坏。根据故障现象，确定故障的类型。比如，经过对故障现象的分析和检查，发现缺少时钟信号，就要重点检查键盘/鼠标接口时钟连接的电感的好坏。如果电感是好的，可能是 BIOS 程序损坏，就要重新刷新 BIOS 程序。在确定了以上的检查结果均为正常的以后，故障可能是由 I/O 芯片或南桥芯片中的相关单元损坏而导致的。

12.7.2 串口接口电路分析及故障检修

串口是主板主要的外部接口之一，主板上一般集成两个串口。串口又称为 RS-232 口或 COM 口，它的主要作用是用来连接一些串行设备。标准的串口能够达到最高 115Kb/s 的数据传输速度，一些增强型的串口如 ESP 则能够达到 460Kb/s 的传输速度。串口接口一般有 9 针和 25 针两种，9 针应用较多。主板串口接口的各针脚排列顺序和具体的针脚功能如图 12-36 和表 12-20 所示。

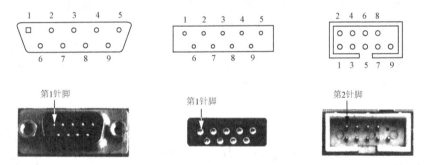

图 12-36 串口接口的针脚排列顺序

表 12-20 串口接口各针脚功能

针 脚	功 能
1	载波检测(DCD)
2	接收数据(RX)
3	发送数据(TX)
4	数据终端准备好(DTR)
5	信号地线(GND)
6	数据准备好(DSR)
7	请求发送(RTS)
8	清除发送(CTS)
9	振铃指示(RI)

1. 串口接口电路分析

主板串口接口电路主要由串口插座、滤波电容、串口管理芯片、南桥芯片或 I/O 芯片等组成。串口接口电路一般由南桥芯片控制或 I/O 芯片控制。图 12-37 所示为 I/O 芯片控制的串口接口电路原理图。

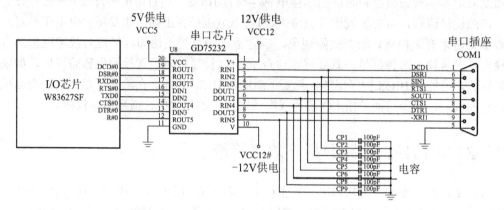

图 12-37 I/O 芯片控制的串口接口电路原理图

图中的 I/O 芯片内置了串口数据控制器用于控制串口芯片。GD75232 为串口管理芯片，该芯片的供电电压为+12V、−12V 和+5V。一个串口管理芯片只控制一个串口接口。为了提高电路的抗干扰能力，电路中连接了一些滤波电容，容量一般为 100pF 或 22pF。图 12-38 所示为南桥芯片控制的串口接口电路原理图。

图中，南桥芯片内置了一个串口数据控制器用于控制串口管理芯片。串口管理芯片为 ST75185，该芯片供电电压为+12V、−12V 和+5V。一个 ST75185 只控制一个串口接口。电路中的滤波电容提高了电路的抗干扰能力。

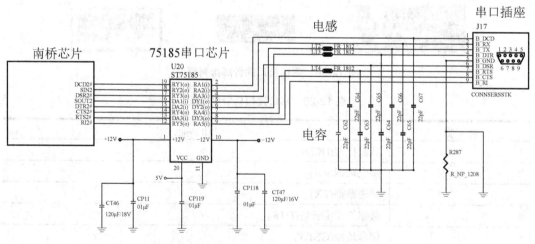

图 12-38 南桥芯片控制的串口接口电路原理图

2. 串口接口电路故障检修

串口接口故障一般是由于串口管理芯片的损坏、滤波电容的损坏或供电电路的故障所产生的。

1)　串口接口电路的故障测试点

(1)　测试点 1：串口管理芯片。串口管理芯片的损坏将导致串口无法工作。串口管理芯片的检查方法一般是测量串口插座到串口管理芯片中的数据线对地电阻值，一般情况下这些对地电阻值都是相同的，如果测量的对地电阻值有较大的区别，一般属于串口管理芯片已经损坏。

(2)　测试点 2：滤波电容。滤波电容的损坏将导致无法传输数据。

(3)　测试点 3：串口电路的供电电压。串口接口电路能否正常工作，依赖于一个正常的供电电压。这是个检查重点。要保证+12V、-12V、+5V 供电电压的正常。

2)　串口接口电路的故障检修流程

串口接口电路常见的故障现象有主板所有串口不能使用或主板某一个串口不能使用。造成这些故障的原因一般是串口接口电路的供电电压不正常、串口管理芯片损坏、I/O 芯片或南桥芯片损坏等。在故障检修时，首先应根据故障的现象确定故障的类型。一般检修流程如下：检查串口接口插座有无虚焊→检查串口接口电路的供电电压→检查串口管理芯片对地电阻值→检查南桥芯片或 I/O 芯片的相关单元电路。

12.7.3　并口接口电路分析及故障检修

并口是计算机中重要的外部设备接口之一，常用于连接打印机、扫描仪等设备。目前使用的并口一般为 EPP 和 ECP 两种标准。并口为 25 针的接口，其中有 8 根地址线、8 根数据线、5 根状态线、4 根控制线。图 12-39 和表 12-21 所示分别为并口接口的各针脚排序及针脚功能。

并口插座针脚图

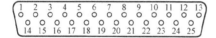

并口插座

主板背面并口插座针脚图

图 12-39　并口接口各针脚的排序

表 12-21　并口接口各针脚的功能

针　脚	功　能
1	选通(STROBE)
2～9	数据线 0～数据线 7(DATA0～DATA7)
10	确认(ACKNLG)
11	忙信号(BUSY)
12	缺纸(PE)
13	选择(SLCT)

续表

针　脚	功　能
14	自动换行(AUTO FEFD)
15	错误(ERROR)
16	初始化(INIT)
17	选择输入(SLCTIN)
18～25	地线(GND)

1．并口接口电路分析

并口接口电路主要由并口插座、电阻排、电容排、并口管理芯片、南桥芯片或 I/O 芯片等组成。图 12-40 所示为并口接口电路原理图。

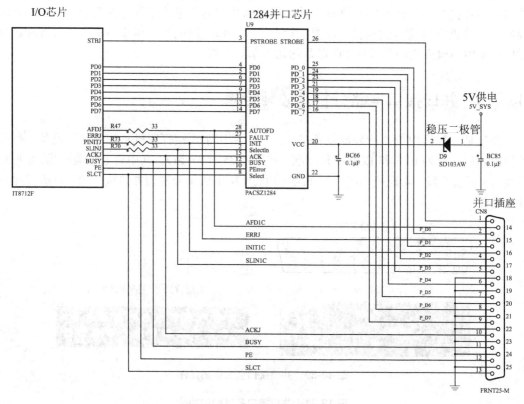

图 12-40　并口接口电路原理图

图中，PACSZ1284 为并口管理芯片，片内集成了几十个电阻和电容，还集成了防静电保护电路、屏蔽电磁干扰电路等保护电路，可以很好地起到保护电路的作用。PACSZ1284 的供电电压为+5V。

2．并口接口电路故障检修

并口接口电路故障一般是由于并口接口管理芯片损坏、电阻排、上拉电阻、滤波电容损坏而造成的。

1)　并口接口电路的主要测试点

(1)　测试点 1：并口连接的上拉电阻和滤波电容。滤波电容的损坏将导致无法正常传输数据。上拉电阻的损坏将导致数据线上的数据信号变弱，使并口工作不稳定。

(2)　测试点 2：并口接口的供电电路。要保证并口接口电路的正常工作，需要给它提供正常稳定的工作电压。

(3)　测试点 3：并口管理芯片。并口管理芯片损坏将导致并口无法工作。并口管理芯片的检查方法一般是测量芯片引脚对地的电阻。正常情况下，并口插座到并口管理芯片间线路的数据线对地电阻为 500～800Ω，且所有数据线的对地电阻值都相差不大。

2)　并口接口电路的故障检修流程

并口接口电路的故障现象主要有主板并口不能使用、并口时好时坏等。在检修时一般按照以下流程进行：检查并口插座虚焊→检查并口接口电路的供电→检查并口管理芯片→检查南桥或 I/O 芯片相关单元电路。

当并口接口出现故障时，要依据故障现象的特点，准确判断故障的原因。故障产生的原因很多，可能是并口插座虚焊或接触不良，也可能是并口管理芯片损坏等。所以在检修时要有个顺序，首先应检查并口插座的接触是否良好，然后检查并口接口电路的供电电压是否正常。在确定前者均为正常的情况下，要检查并口管理芯片、电阻排和上拉电阻的好坏。如果并口接口供电电压正常，并口管理芯片、电阻排和上拉电阻等均为好的，那么，就要重点检查南桥芯片或 I/O 芯片相关单元电路。

12.7.4　USB 接口电路分析及故障检修

USB 接口是计算机中应用非常广泛的主流接口之一。USB 即"通用串行总线"，它的特点是速度快，兼容性好，不占中断，可以串接，支持热插拔等。目前，USB 接口有两种标准，即 USB 1.1 标准和 USB 2.0 标准。其中 USB 1.1 标准接口的数据传输速率为 12Mb/s，USB 2.0 标准接口的数据传输速率为 40Mb/s。主板上一般集成多个 USB 接口，同时还提供USB 扩展接口。图 12-41 和表 12-22、表 12-23 所示分别为 USB 接口针脚排列顺序和各针脚功能以及扩展 USB 接口的针脚排列顺序和针脚功能。

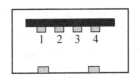
USB接口插座针脚顺序

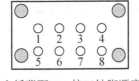
主板背面USB接口针脚顺序

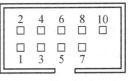
扩展USB接口插座顺序

USB接口插座

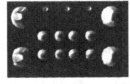
主板背面USB接口针脚

扩展USB接口插座

图 12-41　USB 接口针脚排列顺序

表 12-22　USB 接口各针脚功能

针　脚	功　能
1	供电(VCC0)
2	数据输出 0(DATA0−)
3	数据输入 0(DATA0+)
4	接地(GND0)
5	供电(VCC1)
6	数据输出 1(DATA1−)
7	数据输入 1(DATA1+)
8	接地(GND1)

表 12-23　扩展 USB 接口各针脚功能

针　脚	功　能
1	供电(VCC0)
2	供电(VCC1)
3	数据输出 0(DATA0−)
4	数据输出 1(DATA1−)
5	数据输入 0(DATA1+)
6	数据输入 1(DATA1+)
7	接地(GND0)
8	接地(GND1)
9	无
10	空脚(NC)

1. USB 接口电路分析

USB 接口电路主要包括 USB 接口插座、电容、电感、电阻排、电容排、保险电阻、南桥芯片等。图 12-42 所示为 USB 接口电路原理图。

图中，USB 接口电路的 VCC0 和 VCC1 供电针脚通过保险电阻和电感连接到电源插座的第 4 针脚(+5V 供电)。有的主板在供电电路中还设有一个跳线，通过跳线可以选择待机电压(+5VSB)供电或 VCC5(+5V)供电。若选择待机电压供电，则在关机状态下，USB 接口也有工作电压。USB 接口电路中的保险电阻用来防止 USB 设备发生短路时烧坏 ATX 电源。USB 接口电路中的电感和电阻排的作用是在数据传输时起到缓冲的作用(抗干扰)，电容排的主要作用是滤波，可以改善数据传输的质量。

当计算机接入一个 USB 设备以后，通过 USB 接口的+5V 供电电压为 USB 设备供电，USB 设备得到供电以后，内部电路开始工作，向 USB 接口的 DATA+针脚输出一个高电平信号(DATA−针脚仍为低电平)。同时南桥芯片中的 USB 单元模块会持续地检测 USB 接口的 DATA+针脚和 DATA−针脚的电平。直到检测到 DATA+针脚为高电平，DATA−针脚为低电平以后，就认为 USB 设备已经准备好，并向 USB 设备发出准备好信号。随后 USB 设备的控制芯片通过 USB 接口向主板的 USB 总线发送 USB 设备的数据信号。主板收到数据信号以后，操作系统提示发现新硬件，并开始安装 USB 设备的驱动程序。驱动程序安装完成以后，用户就可以在操作系统中看见并可以使用 USB 设备。

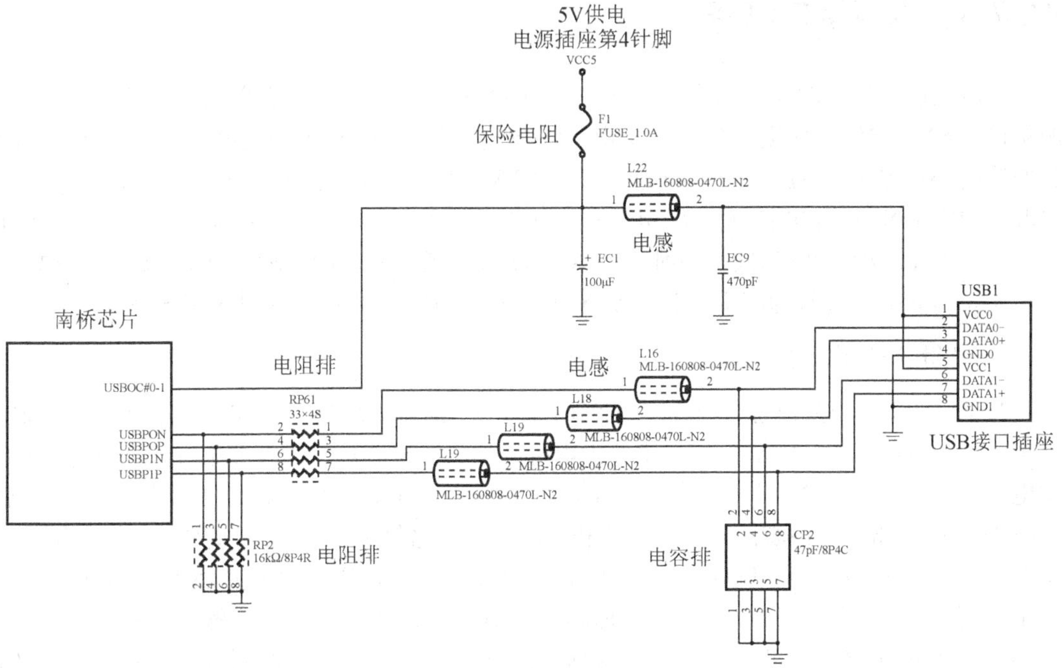

图 12-42　USB 接口电路原理图

2. USB 接口电路故障检修

USB 接口电路故障一般是由于保险电阻、电感、滤波电容或电阻排等的损坏造成的。常见的故障现象有：主板某个接口不能使用、主板全部的 USB 接口都不能使用、USB 设备不能被识别等。造成 USB 接口电路故障的原因可能为 USB 接口电路的供电电压不正常、USB 插座接触不良、滤波电容或电阻排损坏、南桥芯片损坏等。一般情况下，如果所有的 USB 接口都不能使用，则 USB 接口供电电压的异常和南桥芯片损坏的可能性很大。应重点检查 USB 接口的供电电压和南桥芯片。如果只有某个 USB 接口不能使用，那么应着重检查该 USB 接口插座接触是否良好，供电电压是否正常，以及该接口电路中的上拉电阻、滤波电容、电感等。如果 USB 设备不能被识别，一般是由于 USB 插座的供电电流不够，导致供电电压下降，应着重检查供电电路中的电感和滤波电容。

在检修 USB 接口电路的故障时，首先应根据故障发生的现象，确定可能产生故障的原因。比如，当 USB 接口不能使用以后，要确定是某个 USB 接口不能使用，还是所有的 USB 接口都不能使用。这两种故障产生的原因区别很大。前者可能是由于 USB 插座的接触不良造成的，而后者可能是由于 USB 接口电路的供电有问题或南桥芯片有故障造成的。USB 接口电路中的供电针脚对地电阻一般为 $180\sim380\Omega$，只要确定这组对地电阻值正常，USB 接口电路的供电部分一般便不会有问题。USB 接口电路中数据线对地电阻一般为 $400\sim600\Omega$，如果这组对地电阻值异常，则要检查线路中的滤波电容、电感、电阻排等元件是否正常。

USB 接口电路故障的检修流程如下：检查 USB 接口电路的供电电压→检查 USB 接口插座的接触情况→测量 USB 接口电路的供电针脚对地电阻(正常为 $180\sim380\Omega$)→测量 USB 接口电路中的数据线针脚对地电阻(正常为 $400\sim600\Omega$)→检查南桥芯片。

12.7.5 电源接口电路

目前主板中使用的电源插座均为 ATX 电源插座,它是一个 20 针脚或 24 针脚的双排电源接口。ATX 电源插座提供+5V 待机电压(5VSB)。只要 ATX 电源通电以后,待机电压针脚便输出+5V 电压,电流约为 100mA;只要 ATX 电源接入市电,该电压就一直存在。ATX电源中的 PSON 针脚(20 针插座为 14 针脚,24 针插座为 16 针脚)主要控制 ATX 电源的开机与关机。当 PSON 针脚为低电平时,ATX 电源被激活开机,同时输出±5V、±12V、+3.3V等电压。当 PSON 针脚为高电平时,ATX 电源停止输出电压(除第 9 针脚的 5VSB)。

1. 20 针 ATX 电源接口电路

20 针 ATX 电源接口总共有 20 个针脚,主要输出±5V、±12V、3.3V 等几种电压。其中,第 1、2、11 针脚输出 3.3V 电压,主要为南桥芯片、北桥芯片、内存和部分 CPU 外核电压供电。第 4、6、19、20 针脚输出+5V 电压,主要为 CPU、复位电路、USB 接口电路、键盘/鼠标接口电路、南桥芯片、北桥芯片和二级供电电路供电。第 10 针脚输出+12V 电压,主要为 CPU、场效应管、风扇供电。第 18 针脚输出-5V 电压,主要为 ISA 插槽供电。第12 针脚输出-12V 电压,主要为串口管理芯片、ISA 插槽供电。第 9 针脚输出+5V 待机电压,主要为 CMOS 电路、开机电路、键盘/鼠标接口电路供电。在计算机关机状态下,其仍然输出+5V 电压,为部分电路供电。第 14 针脚为开机控制针脚,主要用于控制 ATX 电源的开启与关闭,该针脚低电平为开机状态,高电平为关机状态。第 8 针脚为 PWRGD(或 PWOK)输出,主要用在复位电路中,为主板各电路提供复位信号,此信号在 ATX 电源启动约 500ms后开始输出。第 3、5、7、13、15、16、17 针脚为接地端。图 12-43 和表 12-24 所示分别为20 针 ATX 电源插座针脚顺序和功能。

20 针 ATX 电源接口电路如图 12-44 所示。图中 VCC5 表示+5V 供电电压,有的主板用5V_SYS 表示。VCC3 表示+3.3V 供电电压,或表示为 3D3_SYS、VCC3_3。VCC12 表示+12V供电电压,或表示为 12V_SYS。VCC5SBY 表示待机电压,或表示为 5VSB。VCC5#表示-5V供电电压,或表示为-5V_SYS、VCC5-。VCC12#表示为-12V 供电电压,或表示为-12V_SYS、VCC12-。PWOK 表示 PG 信号,或表示为 PWROK。PSON 表示开机控制端。

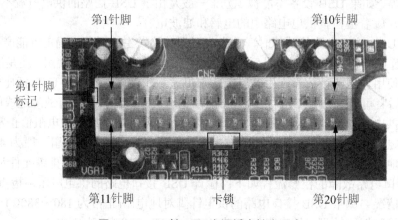

图 12-43 20 针 ATX 电源插座针脚顺序

表 12-24 20 针 ATX 电源针脚功能

针脚	定义	线颜色	针脚	定义	线颜色
1	+3.3V	橙色	11	+3.3V	橙色
2	+3.3V	橙色	12	-12V	蓝色
3	GND	黑色	13	GND	黑色
4	+5V	红色	14	+5V PSON	绿色
5	GND	黑色	15	GND	黑色
6	+5V	红色	16	GND	黑色
7	GND	黑色	17	GND	黑色
8	+5V(PG 信号)	灰色	18	-5V	白色
9	+5V(待机电压)	紫色	19	+5V	红色
10	+12V	黄色	20	+5V	红色

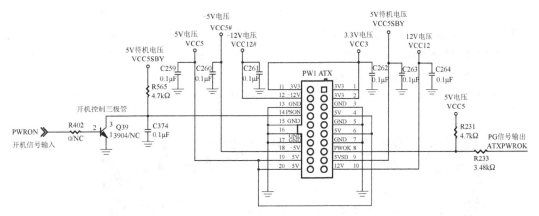

图 12-44 20 针 ATX 电源接口电路

2. 4 针 ATX 电源接口电路

在 Pentium Ⅳ 系列主板中，为满足 CPU 供电的需要，专门为 CPU 提供了一个 4 针脚的辅助供电接口。该接口只提供一个 +12V 供电电压。图 12-45 和表 12-25 所示分别为 4 针 ATX 电源接口电路和插座针脚定义。

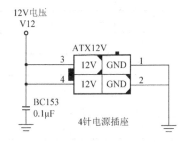

图 12-45 4 针 ATX 电源接口电路原理图

表 12-25　4 针 ATX 电源插座针脚定义

针　脚	定　义	线 颜 色
1	GND	黑色
2	GND	黑色
3	+12V	黄色
4	+12V	黄色

3. 24 针 ATX 电源接口电路

24 针 ATX 电源接口共有 24 个针脚,主要输出±5V、±12V、+3.3V 等几种供电电压。其中,第 1、2、12、13 针脚输出 3.3V 电压,主要为南桥芯片、北桥芯片、内存和部分 CPU 外核电压供电。第 4、6、21、22、23 针脚输出+5V 电压,主要为 CPU、复位电路、USB 接口电路、键盘/鼠标接口电路、北桥芯片、南桥芯片和二级供电电路供电。第 10、11 针脚输出+12V 电压,主要为 CPU、场效应管、风扇供电。第 20 针脚输出−5V 电压,一般不使用。第 14 针脚输出−12V 电压,主要为串口管理芯片供电。第 9 针脚输出+5V 待机电压,主要为 CMOS 电路、开机电路、键盘/鼠标接口电路供电。第 16 针脚为开机控制端。第 8 针脚为 PWRGD 或 PWOK,即 PG 信号,主要提供复位信号,该信号在 ATX 电源启动后约 500ms 后开始输出+5V 电压。第 3、5、7、15、17、18、19、24 针脚为接地端。图 12-46 和表 12-26 所示分别为 24 针 ATX 电源插座针脚顺序及各针脚定义。

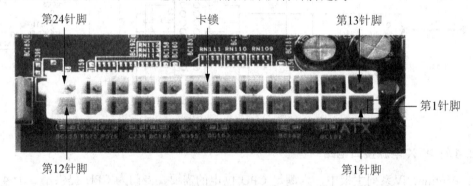

图 12-46　24 针 ATX 电源插座针脚顺序

表 12-26　24 针 ATX 电源插座各针脚定义

针　脚	定　义	线 颜 色	针　脚	定　义	线 颜 色
1	+3.3V	橙色	9	+5V(待机电压)	紫色
2	+3.3V	橙色	10	+12V	黄色
3	GND	黑色	11	+12V	黄色
4	+5V	红色	12	+3.3V	橙色
5	GND	黑色	13	+3.3V	橙色
6	+5V	红色	14	−12V	蓝色
7	GND	黑色	15	GND	黑色
8	+5V(PG 信号)	灰色	16	+5V PSON	绿色

针 脚	定 义	线 颜 色	针 脚	定 义	线 颜 色
17	GND	黑色	21	+5V	红色
18	GND	黑色	22	+5V	红色
19	GND	黑色	23	+5V	红色
20	−5V	白色	24	GND	黑色

24 针 ATX 电源接口电路如图 12-47 所示。

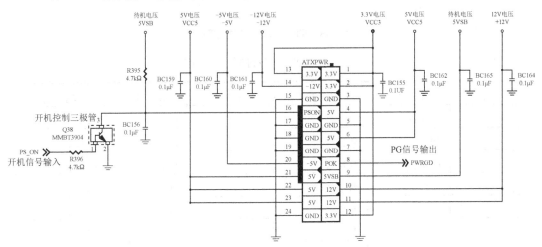

图 12-47　24 针 ATX 电源接口电路

图中，VCC5 表示+5V 供电电压，有的主板表示为 5V_SYS。VCC3 表示+3.3V 供电电压，也可以表示为 3D3V_SYS 或 VCC3_3。+12V 表示+12V 供电电压，也可以表示为 12V_SYS 或 VCC12。VCC5SBY 表示待机电压，也可以表示为 5VSB。−5V 表示−5V 供电电压，也可以表示为−5V_SYS 或 VCC5−或 VCC5#。−12V 表示−12V 供电电压，也可以表示−12V_SYS 或 VCC12−或 VCC12#。PWRGD 表示 PG 信号，也可以表示为 PWOK。PSON 为开机控制针脚。

12.7.6　硬盘接口电路

硬盘的接口主要为 IDE 接口(ATA 接口)和 SATA 接口，这两种接口都是由南桥芯片控制的。

1. IDE 接口电路

IDE 接口又称为 ATA 接口。IDE 硬盘的传输率为 100MB/s，最高可以达到 133MB/s。IDE 接口共有 40 针脚，主要包括数据线、地址线、时钟线、复位线、供电等。图 12-48 和表 12-27 所示分别为 IDE 接口的针脚排列顺序和各针脚功能。

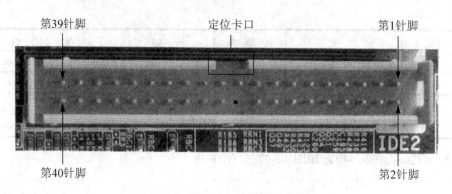

图 12-48　IDE 接口的针脚排列顺序

表 12-27　IDE 接口插座各针脚功能

针　脚	定　义	功　能	针　脚	定　义	功　能
1	RESET#	复位线	2	GND	接地
3	DD7	数据线	4	DD8	数据线
5	DD6	数据线	6	DD9	数据线
7	DD5	数据线	8	DD10	数据线
9	DD4	数据线	10	DD11	数据线
11	DD3	数据线	12	DD12	数据线
13	DD2	数据线	14	DD13	数据线
15	DD1	数据线	16	DD14	数据线
17	DD0	数据线	18	DD15	数据线
19	GND	接地	20	KEY	无
21	DMARQ	DMA 请求	22	GND	接地
23	DIOW#	写选通信号	24	GND	接地
25	DIOR#	读选通信号	26	GND	接地
27	IORDY	设备准备好	28	SEL	地址信号使能
29	DMACK#	DMA 时钟	30	GND	接地
31	INTRQ	中断请求	32	NC	空脚
33	DA1	地址线	34	PDIAG#	N/A 未用
35	DA0	地址线	36	DA2	地址线
37	CS0#	片选信号	38	CS1#	片选信号
39	DASP#	硬盘灯信号	40	GND	接地

　　IDE 接口由于受南桥芯片控制，因此它出来的线路都是走向南桥芯片的。图 12-49 所示为南桥芯片控制的 IDE 接口电路。

　　由图中可以看见，IDE 接口电路本身几乎没有电子元件，IDE 的复位信号和数据线都来自南桥芯片，因此 IDE 接口电路很少发生故障。如果有故障发生，一般不能识别硬盘，原因多为硬盘本身或连接线的问题。

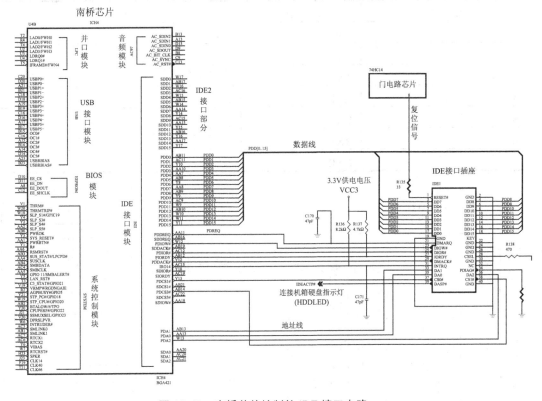

图 12-49 南桥芯片控制的 IDE 接口电路

2. SATA 接口电路

SATA 接口是串行 ATA 接口。它的传输率比 IDE 接口快很多，达到 300MB/s，支持热插拔。SATA 接口是一个 7 针脚的插座。图 12-50 和表 12-28 所示分别为 SATA 插座针脚排序和各针脚定义。SATA 接口直接由南桥芯片控制，目前主流的芯片组都直接支持 SATA 规范。在一些高档主板中还直接使用第三方扩展芯片(即 SATA 管理芯片)来控制 SATA 接口。图 12-51 和图 12-52 所示分别为南桥芯片直接控制的 SATA 接口电路和由 SATA 管理芯片组成的 SATA 接口电路。

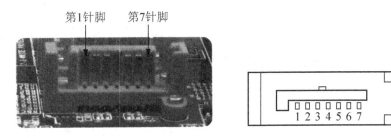

图 12-50 SATA 插座针脚排序

表 12-28   SATA 插座各针脚定义

针　脚	定　义	功　能
1	GND	接地
2	TX+	发送差分信号对
3	TX−	
4	GND	接地
5	RX−	接收差分信号对
6	RX+	
7	GND	接地

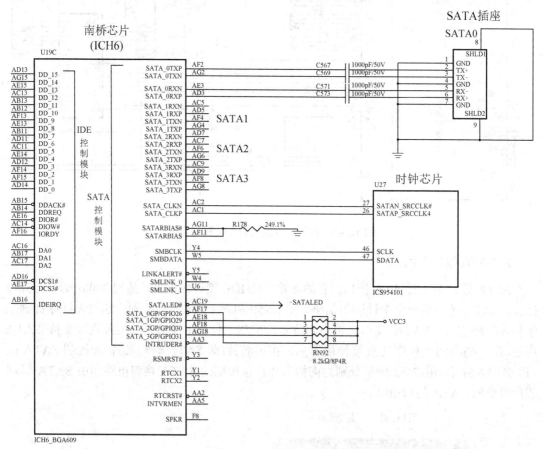

图 12-51   南桥芯片控制的 SATA 接口电路

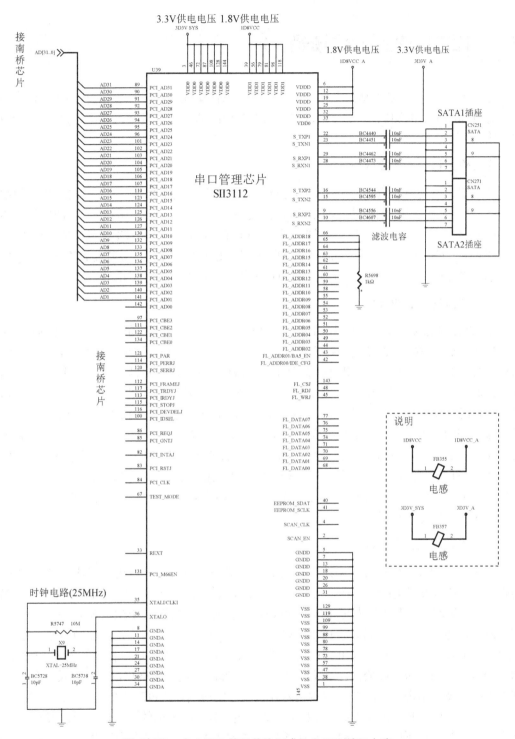

图 12-52 由 SATA 管理芯片组成的 SATA 接口电路

12.8　回到工作场景

通过本章的学习,应该掌握主板各供电电路的工作原理,各供电电路的故障关键测试点,以及对故障测试点的测试方法。现在回到 12.1 节介绍的工作场景中,完成这台故障计算机的检修。

【工作过程一】故障分析

12.1 节中提到的故障有三个关键的特点:一是主板的电源指示灯亮;二是 CPU 的风扇不转;三是显示器黑屏。主板的电源指示灯亮,说明 ATX 电源已经正常接入了市电,且 5VSB 的供电应该是有的。CPU 的风扇不转,可能 CPU 的风扇损坏,或 CPU 风扇的供电电压没有,也可能 ATX 电源没有启动。而显示器的黑屏恰好说明了此时计算机是没有工作的(在确定显示器是好的前提下)。综上分析,故障很可能发生在主板的开机电路上。

【工作过程二】故障检测

将 ATX 电源接入市电。测量 ATX 电源插座第 9 针脚、14 针脚的相关电压(本例中 ATX 电源插座为 20 针脚)。ATX 电源插座第 9 针脚为+5V 待机电压,这个电压在 ATX 接入市电以后,且 ATX 电源是正常待机时就会存在,电压值为+5V。经过测试,该供电电压是正常的。接着测量 ATX 电源插座第 14 针脚的供电电压,该针脚为开机控制端,待机时为高电平,开机时为低电平。用万用表的电压挡测量该针脚的电压,同时按下计算机的开机按键,观察该针脚的电平是否由高电平跳变为低电平(这是 ATX 电源启动的重要条件)。实际测量发现该针脚的电平始终为高电平。为了判断此时 ATX 电源本身是否正常,将 ATX 电源插座的第 14 针脚与第 13 针脚或第 15 针脚(都是接地端)短接(第 14 针脚由高电平强行变为低电平),这时 ATX 电源各相关供电电压输出端均有相应的电压输出,说明 ATX 电源正常,故障是由于开机电路造成的。

【工作过程三】去除故障

在确定了故障发生在开机电路后,要着手了解该故障机的开机电路组成。经过对主板的跑线,确认该开机电路是由南桥芯片和 I/O 芯片组成的。这种类型的开机电路,一般是在 I/O 芯片内集成一个开机触发电路(开机电路被触发的状态是它的 PANSWH#端有一个由低到高跳变的电平,正常待机时,PANSWH#为高电平),由南桥芯片发出控制信号。这种开机电路的工作流程是:按下开机按键后,开机键的高电平端被接地,变为低电平,I/O 芯片的 PANSWH#端电压由高变低,集成在 I/O 芯片内部的开机触发电路没有被触发,它的输出状态维持不变。南桥芯片的 SLP_S3#端为开机信号发送端,待机时为低电平。此时 ATX 电源不工作。当松开开机按键以后,开机键与地断开,向 I/O 内部的开机触发电路发出一个由低电平跳变为高电平的触发信号,它的输出端 PANSWH#也同时向南桥芯片的 PANSWH#端口发出一个触发信号,南桥芯片在收到触发信号后,由 SLP_S3#输出高电平的开机控制信号,去控制一个开机控制三极管,开机控制三极管控制 ATX 电源插座的第 14 针脚的电平变化。

所以在整个开机过程中，关键的是首先获得一个跳变的电平变化，最值得关注的就是南桥芯片的 SLP_S3#端口的电平(低电平待机，高电平开机)，其次是开机控制三极管的工作。尽管上述的开机过程有些复杂，但我们在检测时只要抓住开机控制三极管的工作情况，问题就变得简化了。开机控制三极管的基极输入信号为南桥芯片的 SLP_S3#端口送来的高电平信号，在三极管正常工作时，从它的集电极输出一个低电平的控制信号提供给 ATX 电源插座的第 14 针脚。只要对开机控制三极管的工作情况加以确认，即可了解整个开机电路的情况。通过实际的对开机控制三极管的测量，发现它的基极由南桥芯片送来的开机控制信号是正常的，但集电极始终为高电平，导致无法开机。对三极管进行进一步检测时发现它已经损坏，更换新的同型号的三极管后故障排除。

12.9　工作实训营

12.9.1　训练实例

1．训练内容

主板各供电电路的跑线，认识各供电电路的故障测试点？

2．训练目的

熟悉主板各供电电路的跑线方法，了解各供电电路的组成。掌握对主板各供电电路的故障测试点的检测方法。

3．训练过程

步骤一：主板各供电电路的跑线。

首先了解主板上各供电电路主要元件的型号及用途。根据相关供电电路的原理图，找出它们的实际线路图及所包含的元件。根据实际的线路图，确定相关供电电路的组成形式。

步骤二：主板各供电电路相关故障测试点的数据测量。

在实际线路图中确定相关供电电路的故障测试点，进行相关参数的测量。

步骤三：检修主板有关供电电路故障。

首先根据故障现象判断故障的类型。确定电路的组成形式，依据故障现象表现的特点分析判断故障的原因。

4．技术要点

(1) 主板各供电电路的跑线是非常重要的一个环节。要做到心中有原理图，眼中有实物图。依据原理电路图来跑线，可能有些主板的元器件和线路的排列不同，但只要抓住电路的核心部分，展开后，就能跑通全部的实物线路。

(2) 通过对主板各供电电路的跑线，一定要准确地确定相关供电电路的组成形式。目前主板各供电电路的组成形式很多，工作方式也不完全一样。这都是要通过跑线的工作来完成的。

(3) 对主板各供电电路故障测试点的测量要认真、准确。测量数据的分析要全面、灵活。

12.9.2 工作实践常见问题解析

【常见问题 1】如何掌握主板实物线路的跑线方法？

【回答】主板的类型很多，所以主板实物线路的跑线方法不是一成不变的。首先跑线的目的是了解相关电路的组成和元器件的型号，全面地了解实物线路的构成。主板实物线路的跑线工作是一个长期训练的过程，也是熟能生巧的过程，要养成勤动手、多思考的好习惯，一定会较快地掌握实物线路的跑线方法。

【常见问题 2】主板各供电电路之间相互都有影响，也会制约它们的工作，如何在检修时把它们之间的复杂关系简单化？

【回答】主板各供电电路之间确实有许多地方都是相互影响的，比如主板的开机电路就可能受到 CMOS 电路和 BIOS 电路以及时钟电路的影响，也可能受到 I/O 芯片、南桥芯片的影响。所以在对主板各供电电路故障进行检修时，一定要认真分析故障现象，抓住故障的特点，抓住核心器件的工作条件或工作状态，一层一层地逐个排除故障。

12.10 习题

一、填空题

1. 主板复位电路的主要目的是_____。
2. 主板时钟电路的主要作用是_____。

二、选择题

1. 下列属于主板复位电路的元器件有_____。
   A. 复位开关　　　B. BIOS 芯片　　　C. I/O 芯片　　　D. 南桥芯片
2. 主板南桥芯片内置振荡器的频率是_____。
   A. 32.718MHz　　B. 48MHz　　　　C. 14.318MHz　　D. 24.5MHz

三、操作题

分析主板时钟电路的检修步骤。

第 13 章

内存故障维修技术

 本章要点

- 内存规格与分类。
- 内存芯片封装技术。
- 内存故障的判断方法与维修流程。
- 内存故障的维修方法。

技能目标

- 掌握内存故障的判断方法。
- 掌握内存故障的维修流程与维修方法。

13.1 工作场景导入

【工作场景】

一台有故障的计算机，按下电源开关后，计算机不能工作，显示器黑屏，CPU 风扇正常运转。诊断卡显示代码为"C3"。

【引导问题】

(1) 计算机开机电路是如何工作的，对开机电路如何进行检修？

(2) BIOS 和 CMOS 电路有故障会影响开机电路的正常工作吗？

(3) 如何判断时钟电路是否工作正常？

 ## 13.2 内存故障维修的基础知识

内存故障的维修主要体现在内存供电电路的故障维修和内存芯片的故障维修上。内存故障维修的难点在于分析和判断故障产生的原因，要具备一定的焊接技术。

目前流行的内存主要是 SDRAM、DDR、DDR2、DDR3 内存。DDR2 内存采用了 FBGA 封装技术，它的物理规格和 DDR 内存不同，两者不兼容。DDR2 内存为 240 个针脚，DDR 内存为 184 个针脚。DDR2 内存的供电电压为 1.8V，DDR 内存的供电电压为 2.5V，SDRAM 内存的供电电压为 3.3V。常见内存芯片的封装形式有以下 4 种。

(1) TSOP 薄型小尺寸封装技术。这种封装技术典型的特征就是在封装芯片的周围做出管脚。SDRAM 内存芯片、DDR 内存芯片和显卡使用的 SDRAM 内存芯片就属于这种封装技术。这种封装技术的缺点是在内存的外频超过 150MHz 以后，会产生较大的信号干扰和电磁干扰。

(2) Tiny-BGA 小型球栅阵列封装。它属于 BGA 封装技术的一个分支，是 Kingmax 公司生产的 Kingmax 内存标志性的产品。与 TSOP 封装产品相比较，它具有更小的体积、更加良好的散热性能和电气性能。这种芯片可抗高达 300MHz 的外频。

(3) BLP 底部引脚封装。该封装技术在传统封装技术的基础上采用一种逆向电路，由底部直接引出管脚，节省约 90%的电路，使封装尺寸电阻及芯片表面温度大幅度下降。与 TSOP 封装产品相比较，不仅芯片的高度和面积都小，而且电气特性也得到很大的提升，芯片的工作温度得到大幅度下降。

(4) CSP 芯片级封装。CSP 作为新一代的芯片封装技术，在性能上有着很大的提升。与 Tiny-BGA 封装相比较，同等空间下 CSP 封装可以使芯片的存储容量提高 3 倍。CSP 封装的内存芯片体积小，厚度很小，能够长时间稳定、可靠地运行。CSP 封装在相同的芯片面积下能达到的引脚数远多于 TSOP 封装产品和 Tiny-BGA 封装产品，这一特点使 CSP 封装芯片可支持 I/O 端口的数量增加了很多。

13.3　内存故障的维修方法

13.3.1　内存条上元件故障的维修方法

内存的故障判断可以采用替换法。用一根好的内存条替换待修机器的内存条，根据开机以后工作的情况，判断出是内存条的故障还是内存插槽或供电电路故障。如果属于内存条的故障，则按照以下方法进行维修。

1. 先观察故障内存的外观

观察内存条上内存颗粒的状况，PCB 底板是否完整，有无维修过的痕迹，金手指有无灼烧的痕迹。

2. 分析内存故障的原因

首先需要了解故障最初发生时的一些现场情况，了解故障产生的一些外部因素。通过前面对内存条外观的检查，可以区分为两类故障，一类为金手指损坏，另一类为内存颗粒损坏。金手指的损坏是很明显的，一般会同时伴有内存颗粒的损坏。金手指损坏的内存条，在确定有维修价值的前提下，需要重新更换 PCB 底板。属于内存条上某内存颗粒损坏的，可以将它插上主板，用内存诊断软件扫描，找出坏的内存颗粒后进行修复。还可以采用内存测试仪对内存芯片进行检测。在维修时要善于使用诊断卡，根据显示的诊断代码可以缩小故障的范围。

3. 芯片的更换

经过分析和测试，在确定内存条上的故障芯片以后，可用同型号的芯片来替换。内存条上芯片焊接的较理想工具有热风枪、电烙铁等。在焊接时要注意，内存芯片为 CMOS 结构，焊接过程中一定要保证焊接工具良好地接地，以避免静电或焊接工具的漏电损坏芯片。在损坏的芯片被拆卸后，要对 PCB 底板的焊点周围进行清理，以防止焊点短接。更换新的芯片前，对新的芯片引脚应做处理，并镀上焊锡，焊接完毕后要确认焊接点间没有短接，以防止短路。

4. 用内存测试仪测量内存芯片要注意的问题

用内存测试仪检测内存芯片时，测试仪将循环测试每一组中的每一个内存芯片的数据位脚。一般要测试 3~5 次正常才算正常。好的芯片显示 PASS，坏的芯片显示出坏的数据引脚。内存测试仪不检查 SPD 芯片。

13.3.2　主板内存相关故障的维修方法

利用替换法确定了内存条正常以后，即可判断故障存在于主板的内存供电电路或内存插槽。

1. 内存插槽检测

(1) 测试时钟信号(CLK)。SDRAM 内存插槽有 4 个时钟信号点，DDR 插槽有 6 个时钟信号点，它们的正常电压是 1.6V。DDR2 内存插槽有 8 个时钟信号点，正常电压是 1.1V。

(2) 测试电压信号点。SDRAM 内存插槽供电电压为 3.3V，DDR 内存插槽供电电压为 2.5V，DDR2 内存插槽供电电压为 3.3V 和 1.8V 两组。

2. 内存供电电路检测

内存的供电方式有多种，主要是为内存提供所需要的 3.3V、2.5V、1.8V、1.25V、0.9V 的稳定电压。相关维修的方法具体参见 12.2.3 节"内存供电电路分析及故障检修"。

3. RST 诊断软件简介

Ram Stress Test(RST)是美国 Ultra-X 公司旗下的一个专业存储芯片测试软件，软件本身是一个独立开发的系统，独立运行。它兼容 x86 系列，只要 BIOS 识别到的存储芯片容量，它都能检测到。

程序运行后，第一项是测试物理内存中基本内存地址(640K)，第二项是扩展内存地址，第三项测试 CPU 的 L2 Cache。内存测试的范围为 SDRAM 和 DDR 内存。测试过程闪动的一排 8 组红色的字符串(0～F)依次代表内存条的 8 个颗粒。从左到右横着数 0～7 代表第 1 颗粒区域，8～F 代表第 2 颗粒区域，依次表示完 8 个颗粒。

很多点不亮显示器的内存，可能是内存颗粒损坏或 PCB 底板短路，可以用一根好的内存去带动它，但必须是 SDRAM 的带 SDRAM，DDR 的带 DDR，软件将会自动跳过好的，去检测坏的那根。

1) DDR 8 位芯片与 16 位芯片的单面测试

(1) 0～7(第 1 颗粒)区域如果出现乱码，代表这根 DDR 内存条的第 1 颗粒已经损坏。

(2) 8～F(第 2 颗粒)区域如果出现乱码，代表这根 DDR 内存条的第 2 颗粒已经损坏。

(3) 0～7(第 3 颗粒)区域如果出现乱码，代表这根 DDR 内存条的第 3 颗粒已经损坏。

(4) 8～F(第 4 颗粒)区域如果出现乱码，代表这根 DDR 内存条的第 4 颗粒已经损坏。

(5) 0～7(第 5 颗粒)区域如果出现乱码，代表这根 DDR 内存条的第 5 颗粒已经损坏。

(6) 8～F(第 6 颗粒)区域如果出现乱码，代表这根 DDR 内存条的第 6 颗粒已经损坏。

(7) 0～7(第 7 颗粒)区域如果出现乱码，代表这根 DDR 内存条的第 7 颗粒已经损坏。

(8) 8～F(第 8 颗粒)区域如果出现乱码，代表这根 DDR 内存条的第 8 颗粒已经损坏。

2) 128MB 的双面 DDR 内存

1M～16M--

16M～32M--

32M～48M--

48M～64M--

若与 1M～64MB 对应的 4 根虚线上出现乱码，则说明该内存的第一面的颗粒有问题(判断是哪个颗粒的好坏依据以上的说明)。

64M～80M--

80M～96M--

96M～112M---

112M～128M--

若与 64M～128MB 对应的 4 根虚线上出现乱码，则说明该内存的第二面的颗粒有问题(判断是哪个颗粒的好坏依据以上的说明)。

3)　SDRAM 8 位芯片和 16 位芯片单面测试

(1)　0～7(第 1 颗粒)区域如果出现乱码,代表这根 SDRAM 内存条的第 8 颗粒已经损坏。

(2)　8～F(第 2 颗粒)区域如果出现乱码,代表这根 SDRAM 内存条的第 4 颗粒已经损坏。

(3)　0～7(第 3 颗粒)区域如果出现乱码,代表这根 SDRAM 内存条的第 7 颗粒已经损坏。

(4)　8～F(第 4 颗粒)区域如果出现乱码,代表这根 SDRAM 内存条的第 3 颗粒已经损坏。

(5)　0～7(第 5 颗粒)区域如果出现乱码,代表这根 SDRAM 内存条的第 6 颗粒已经损坏。

(6)　8～F(第 6 颗粒)区域如果出现乱码,代表这根 SDRAM 内存条的第 2 颗粒已经损坏。

(7)　0～7(第 7 颗粒)区域如果出现乱码,代表这根 SDRAM 内存条的第 5 颗粒已经损坏。

(8)　8～F(第 8 颗粒)区域如果出现乱码,代表这根 SDRAM 内存条的第 1 颗粒已经损坏。

SDRAM 双面内存的测试与 DDR 内存检测方法一样，但是颗粒的好坏判断要按照它们的排列顺序来判断。

PCB 底板短路或虚焊的测试方法是，若在 8 根虚线上都出现乱码，则问题出现在 PCB 底板上。

13.3.3　内存故障常见的现象及产生的原因

内存故障现象的表现形式有很多，以下为常见的一些内存故障的现象。

1. 开机后无显示

由于内存的原因出现此类故障是较普遍的现象。一般是由于内存条与内存插槽接触不良造成的(排除内存条本身故障前提下)。只要对内存条的金手指部分用橡皮来回擦拭即可解决问题(注意不要用酒精清洗)。也有可能是内存颗粒损坏或内存插槽有问题。一般情况下，内存条原因造成开机无显示的故障时，计算机会出现报警的声音。

2. 系统运行不稳定，经常出现非法错误

这类故障一般是由于内存芯片质量不好或系统软件等原因引起的。在排除系统软件出问题等其他可能以后，可尝试更换内存条。

3. Windows 系统注册表经常损坏，提示用户恢复

这类故障也是由于内存条质量不好引起的，很难修复，建议更换。

4. Windows 系统经常自动进入安全模式

这类故障一般是由于主板与内存条不兼容或内存条质量不好引起的。可以尝试在 CMOS 设置内降低内存芯片读取速度，看能否解决故障。若不行，建议更换内存条。

5. 随机死机

这类故障一般是因为计算机内采用了几种不同型号的内存条，由于各内存的读取速

度不同步产生延迟而导致死机。也可能是内存条与主板的兼容性不好，内存条与内存插槽接触不良等。

6. 内存加大后系统资源反而降低

这类故障一般由于主板与内存条不兼容引起，即使重装系统也无法解决问题。

7. Windows 系统启动时，在载入高端内存文件 himem.sys 时系统提示某些地址有问题

此问题一般是由于内存条的某些颗粒损坏而造成的。

8. 运行某些软件时经常出现内存不足的提示

这类故障一般是由于系统盘剩余空间不足造成的。可以对系统盘优化和删除一些无用的文件。

9. 安装 Windows 系统时，进行到系统配置时产生非法错误

这类故障一般是由于内存条损坏造成的。

10. 启动 Windows 系统时计算机多次自动重启

这类故障一般是由于内存条或电源质量有问题造成的，也可能是 CPU 散热不良或其他人为故障造成的，因此要用排除法逐一排除。

 ## 13.4   内存故障维修实例

1. 主板不加电

故障现象： 开机后主板不加电，此机原先出现过内存故障。

维修思路： 引起主板不加电的故障因素很多，但此机原先出现过内存故障，在维修时应重点检测内存电路。

解决过程： 首先检测该机内存电路的供电电压是否正常。在确定供电正常以后检测时钟信号的有无，然后测量时钟信号电压。本例中使用的是 SDRAM 内存，供电电压为 3.3V，时钟信号电压约 1.6V。实际测量发现供电电压低于 3.3V，判断应为 3.3V 供电电路有故障。经过检查发现供电电路的 8 端场效应管其中一路损坏。更换同型号新的场效应管后，故障解决。

2. 开机后无显示，诊断卡显示代码为 "C1"

故障现象： 显示器黑屏，诊断卡显示代码 "C1"。

维修思路： 诊断卡显示代码为 "C1"。本机主板的 BIOS 芯片使用的是 Award，查表 "C1" 代码意为内存自检，即表示检查主板的内存控制电路和内存插槽及内存条没有通过。因此本例故障的检查重点应以内存为中心。

解决过程： 从主板上拔下内存条，检查外观，并插至另一台能够正常工作的计算机上，排除内存条本身的故障。本例故障中，经过确认，内存条是好的，问题可能出现在内存的供电电路或内存插槽中。检查内存供电电压，本例中内存为 SDRAM，供电电压为 3.3V，

经过测量发现该电压偏低。检查 3.3V 供电电路，电路中的 8 端场效应管和三端稳压器工作均正常，进一步检测发现 3.3V 供电输出的滤波电容漏电，导致输出的供电电压 3.3V 下降。

3. 无显示，诊断卡循环显示代码"C1～C3"

故障现象：显示器黑屏，且诊断卡循环显示代码"C1～C3"。

维修思路：根据诊断卡的循环显示代码"C1～C3"，大致可以判断故障发生在内存电路上。

解决过程：利用替换法确定了该故障机的内存条是好的。检查内存的供电电压，本例中内存的供电电压为 2.5V，经过测试正常。检查时钟信号电压值为 1.6V，也正常。重新刷新 BIOS 的程序，故障依旧。扩大检查范围，检查南桥芯片和 I/O 芯片，发现 I/O 芯片的温度过高，更换后故障解决。

4. 频繁死机

故障现象：一台台式机，清洁灰尘后，待重新组装，开机频繁死机。

维修思路：故障发生在对机器清洁并重新进行硬件组装后，引起故障的因素就很多了，维修的重点放在硬件设备和部件的安装是否可靠上。

解决过程：经过认真仔细的组装，故障现象依然存在。应该是机器的硬件部件可能出现了损坏。首先考虑的应该是内存，对内存条的金手指进行清洁，并插到好的机器上检测，发现问题就出现在内存条上。根据开机后 POST 上电自检能够完成这一信息，断定内存颗粒是完好的。想到是否有可能是 SPD 芯片损坏导致的死机，于是在 BIOS 设置里将 Memory Frequency 和 Cas Latency 等受内存上的 SPD 控制的参数由"by SPD"(受 SPD 控制)改为手动设置，重启后故障消失。这个故障的发生，是在对计算机进行清洁的过程中，静电导致了 SPD 芯片的损坏。目前的内存条上都有 SPD 芯片，正常情况下 BIOS 设置里为"by SPD"，如果遇到 SPD 损坏，只要把这项设置禁止即可。

 ## 13.5　回到工作场景

通过本章的学习，应该掌握内存故障的维修方法。现在回到 13.1 节介绍的工作场景中，完成这台故障计算机的检修。

【工作过程一】故障分析

13.1 节中提到的故障现象的特点是计算机黑屏，不工作；诊断卡显示代码为"C3"。查看主板的 BIOS 芯片为 Award 的程序。查故障代码表，"C3"代码表示为第一个 256KB 内存测试及内存控制电路和内存插槽、内存条检测没有通过。

根据故障代码表信息，故障可能发生在内存条插槽、供电电路、BIOS 芯片、I/O 芯片、南桥芯片和北桥芯片。

【工作过程二】检查并处理内存

拔下内存条，检查金手指表面的氧化程度，加以处理后，重新插入内存插槽，开机观察，故障依旧存在。

【工作过程三】测试内存供电电压

该内存条为 DDR2 533，它的供电电压有两组，即 3.3V 和 1.8V，经测试均正常。

【工作过程四】测试内存时钟电路工作状态

DDR2 内存有 8 个时钟检测点，电压值为 1.1V，经过测试正常。

【工作过程五】检查 BIOS 芯片

检查 BIOS 芯片的供电及时钟电路。BIOS 供电电压为 3.3V，测试结果正确。检查时钟信号，也正常。重新刷新 BIOS，开机故障消失。

13.6　工作实训营

13.6.1　训练实例

1. 训练内容

了解内存供电电路的主要元器件及用途；根据内存供电电路原理图，找出内存供电电路的实际线路，以及线路中包含的元器件。学习内存相关电参数的测量方法；总结内存故障维修的方法。

2. 训练目的

掌握内存故障类型的判定及维修方法，总结内存故障的维修过程。

3. 训练过程

步骤一：根据内存供电电路原理图和内存插槽电路，找出它们的实际线路图。

步骤二：内存供电电路相关电参数的测量。

步骤三：内存插槽电路相关电参数的测量。

步骤四：内存故障的维修。

(1) 观察故障的现象，找出故障的特点。

(2) 使用诊断卡测试，观察诊断代码，查故障代码表，确定故障部位。

(3) 判断故障的类型，确定维修的方法。

4. 技术要点

(1) 内存故障现象的判定是维修内存故障的关键，因为内存的故障将直接影响计算机能否正常工作，有些故障是很难判定的。在维修时，一般可以把对内存故障部位的判定分成三个部分：一是内存条本身；二是内存插槽电路和供电电路；三是 BIOS 芯片、南桥芯片等。经过一一排除，最终确定故障部位。

(2) 内存插槽电路的维修一定要仔细，由于针脚过多，在测量供电电压或时钟电压时，注意不要引起短路。

(3) 由于内存条的芯片大多是 CMOS 芯片，维修时要注意防静电。

13.6.2　工作实践常见问题解析

【常见问题 1】内存的故障如何判断？

【回答】开机后,注意观察计算机有无报警的声音(BIOS 使用的程序不同,报警声不同)。如果有报警声，故障可能属于内存条损坏，或与内存插槽接触不良。这些问题一般比较容易判断和解决。如果开机后计算机黑屏，那么引起故障的原因就很多了，要学会使用诊断卡检测，对诊断代码进行分析，对可能发生故障的部位进行检测，确定故障的部位。

【常见问题 2】内存维修需要哪些软件和设备？

【回答】内存维修需要的测试设备有内存测试仪、主板诊断卡、示波器等；焊接工具有热风枪、电烙铁；软件工具有 RST(Ram Stress Test)内存颗粒测试软件、SPDTool(SPD 编辑软件)。

13.7　习题

一、填空题

1. 目前主流的内存条规格主要为_____、_____、_____。

2. SDRAM 内存的供电电压为_____；DDR 内存的供电电压为_____；DDR2 内存的供电电压为_____,_____。

3. SDRAM 内存插槽有_____个时钟信号检测点；DDR 内存有_____个时钟信号检测点；DDR2 内存有_____个时钟信号检测点。

4. 内存条上的 SPD 芯片的作用是_____。

二、选择题

1. AMI BIOS 声音代码_____短声表示内存刷新失败。
   A. 1　　　　　　　B. 2　　　　　　　C. 3　　　　　　　D. 4

2. 开机后机箱内有"滴滴"连续响声，只要打开机箱，把_____取下来重新插下就可能好了。
   A. CPU　　　　　B. 显卡　　　　　C. 内存条　　　　　D. 电源

3. 在插拔内存条时，一定要拔去主机的电源插头，这样操作的原因是_____。
   A. 防止使用 STR 功能时内存条带电　　　B. 防止主板带电，损坏内存条
   C. 防止触电　　　　　　　　　　　　　D. 防止静电造成内存条的损坏

三、操作题

一台计算机的故障现象为，开机后显示器黑屏。用主板诊断卡检测，显示代码为"C6"。试分析故障的原因。

第14章

U盘故障维修技术

 **本章要点**

- U盘的分类和硬件结构。
- U盘的工作原理。
- U盘控制电路的分析。
- U盘故障的维修方法。

技能目标

- 掌握U盘控制电路的原理。
- 掌握U盘故障的维修方法。
- 了解U盘量产工具的应用。

14.1 工作场景导入

【工作场景】

一个不知名品牌的 U 盘，插入计算机 USB 接口后，提示需格式化，但对其格式化时，又提示无法格式化。

【引导问题】

(1) 如何判断 U 盘的故障是软故障还是硬故障？

(2) U 盘故障如何维修？

(3) 如何利用 U 盘的量产工具修复一些软故障的 U 盘？

14.2 U 盘故障维修的基础知识

U 盘是基于 USB 接口、以闪存芯片为存储介质的新一代移动存储设备。U 盘不需要物理驱动器，也无须外接电源，支持热插拔。

U 盘采用了 Flash 存储技术，它内部的核心主要是闪存存储芯片、主控芯片和 USB 接口。这种 Flash 存储技术的数据存储是由二氧化硅形状的变化来记忆数据的。二氧化硅的稳定性较高，这一特点使得 U 盘的数据可靠性高于传统的磁存储介质磁盘，同时二氧化硅还可以通过增加微小的电压改变形状，从而达到反复擦写的目的。

U 盘的故障主要分为软故障和硬故障。软故障主要指 USB 的设置、U 盘格式参数紊乱等。其中比较复杂的是 U 盘自身格式参数紊乱导致的故障，这类故障要利用 U 盘量产工具重新刷新固件，来修复 U 盘格式参数。硬故障指的是 U 盘硬件元件损坏，主要包括 U 盘电路中的主控芯片、Flash 闪存芯片、晶振等。

1. U 盘的分类

目前的 U 盘产品主要分为无驱动型、加密型和双启动型。

(1) 无驱动型。无驱动型是较早的 U 盘产品。其性能上突出使用方便快捷的优势，直接将 U 盘插入计算机 USB 接口上即可使用，实现真正的"即插即用"。

(2) 加密型。加密型 U 盘是为了适应用户保护隐私的需要而开发的一种产品。它通过硬件的 U 盘锁和数据加密保存技术，增强了数据的隐蔽性。数据先是经过特定的加密后存储到 U 盘中，读取数据时需要经过解密才能从 U 盘中提取出来。

(3) 双启动型。双启动型 U 盘在 Windows 7 以上的操作系统使用时无须安装驱动程序，即可实现 USB 软盘/硬盘双重启动功能。双启动型 U 盘从物理上分为系统引导空间和数据存储空间，用户不会因为 U 盘带病毒而感染系统引导空间内的引导程序。同时双启动型 U 盘还具有数据恢复功能。

2. U 盘的结构

U 盘主要由 5 个部分组成，即 USB 接口、主控芯片、Flash 闪存芯片、写保护按键及指示灯、封装外壳。

其中，USB 接口用于连接计算机，是数据的传输通道。主控芯片主要负责各部件的协调管理和下达各项指令，使计算机将 U 盘识别为"可移动磁盘"，它是 U 盘的核心。Flash 芯片与计算机中内存条的原理相似，但不同于内存条的是闪存在断电后数据不会丢失，能长期保存。

3. U 盘的工作原理

U 盘接入计算机的 USB 接口后，计算机 USB 接口的 5V 供电电压通过 U 盘的 USB 接口为 U 盘供电电路提供供电电压。USB 接口电路中的 USB 插座的数据输入端为高电平，数据输出端为低电平。计算机主板中的 USB 模块检测到数据线上的这个高、低电平信号后，就认为 USB 设备连接完毕，同时向 USB 设备发出准备好的信号。随后 U 盘的主控芯片读取存储器中的基本信息及文件信息，通过 USB 接口发送到计算机主机的 USB 总线。计算机在接收到数据后，就会提示发现新硬件，并开始安装 U 盘的驱动程序。驱动程序安装完毕后，用户即可看见 U 盘里的文件了。

当用户向 U 盘里存储数据文件时，主控芯片首先检测其写保护端口的电平信号。若写保护端口为高电平信号，则主控芯片向 Flash 芯片发送读写信号，并完成数据的存储。若写保护端口为低电平信号，则主控芯片向 Flash 芯片发送写保护信号，闪存拒绝数据的存储。

 ## 14.3　U 盘电路及故障维修

U 盘电路的结构相对简单，主要包括主控芯片、供电电路、USB 接口电路、时钟电路、写保护电路及指示灯电路等。图 14-1 所示为 U 盘电路结构框图及电路板图。

其中，电源电路主要由 USB 接口的 5V 供电，时钟电路为主控芯片及 Flash 闪存芯片提供时钟信号。

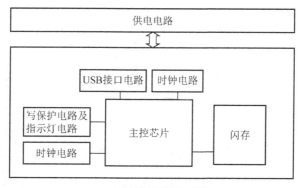

(a) U 盘电路结构框图

图 14-1　U 盘电路结构框图及电路板图

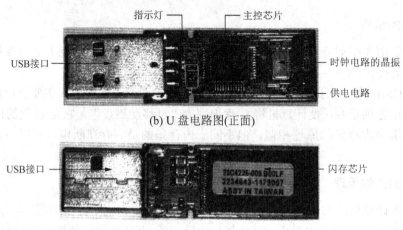

(b) U 盘电路图(正面)

(c) U 盘电路图(背面)

图 14-1　U 盘电路结构框图及电路板图(续)

14.3.1　U 盘供电电路及故障维修

U 盘的供电电路主要为 U 盘的各电路模块提供供电电压。

1. U 盘供电电路

计算机的 USB 接口提供一个 5V 的供电电压,经过稳压处理后成为 3.3V 供电电压,作为 U 盘的供电电压。U 盘的供电电路主要包括稳压器、电路电阻等。图 14-2 所示为 U 盘的供电电路原理图。

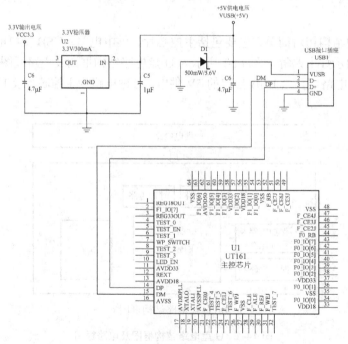

图 14-2　U 盘的供电电路原理图

2. U 盘供电电路的故障维修方法

U 盘供电电路的故障通常为稳压器、电容、电阻损坏所致。在检测 U 盘供电电路的故障时，首先应观察这些器件有无明显的烧坏痕迹，然后测量供电的输入与输出电压是否正常，检查电路元件的焊接是否可靠。在 U 盘故障中，因虚焊引起的故障有很多。

14.3.2　U 盘时钟电路及故障维修

时钟电路和复位电路是 U 盘主控芯片工作的基本条件。U 盘电路需要的时钟信号频率是 12MHz。

1. U 盘时钟电路

U 盘时钟电路通过晶振、谐振电容和主控芯片内部的振荡器产生时钟信号，为 U 盘电路提供 12MHz 的时钟信号。图 14-3 所示为 U 盘时钟电路原理图。

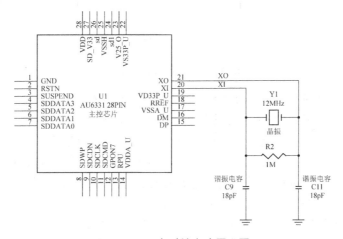

图 14-3　U 盘时钟电路原理图

2. U 盘时钟电路的故障维修方法

U 盘时钟电路的检查重点是看主控芯片内部的振荡器有无正常工作。这可以通过测量晶振两个引脚的工作电压来判断。时钟电路正常以后，这两个引脚的对地电压差不多，约为 0.9V。如果没有这个电压，说明时钟电路没有工作，没有产生时钟信号。另外，还要检查晶振等元器件是否虚焊，电容是否漏电等。

14.3.3　U 盘 USB 接口电路及故障维修

U 盘接口使用的是 USB 标准插座，支持热插拔，使用很方便。

1. U 盘 USB 接口电路

U 盘中使用的 USB 接口为 4 针脚的标准接口。U 盘接口电路主要包括 USB 接口插座、主控芯片、电阻、电容等。图 14-4 所示为 USB 接口电路图。

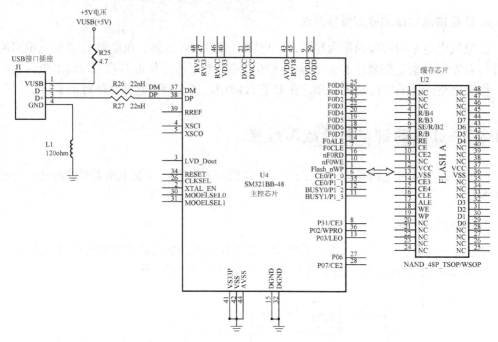

图 14-4　USB 接口电路图

图中，USB 接口插座的 VUSB 引脚接 U 盘的供电电路。在 U 盘接入计算机的 USB 接口后，通过 USB 接口插座的 5V 供电电压为整个 U 盘电路提供供电电压。USB 接口插座的 D+数据线由主控芯片置于高电平，为 D+数据线提供高电平检测信号。

当 U 盘接入计算机的 USB 接口以后，计算机 USB 接口的 5V 供电电压通过 U 盘的 USB 接口插座的 VUSB 引脚为 U 盘供电电路提供供电电压，产生 VUSB 供电电压。USB 接口电路中的 USB 插座的 D+引脚被置于高电平，而 D-引脚为低电平。当计算机主板中的 USB 模块检测到数据线上的这对高、低电平信号后，就认为 USB 设备已经连接好，随后便向 USB 设备发送准备好的信号。U 盘的主控芯片调取存储器中的基本信息和文件信息。通过 USB 接口发送给计算机的 USB 总线。计算机在接收到数据后，提示发现新硬件，并安装 U 盘的驱动程序。在驱动程序安装完毕以后，用户便可以看见 U 盘中的文件了。

2. U 盘 USB 接口电路的故障维修方法

USB 接口电路出现故障以后，首先应检查 USB 接口插座的焊接是否可靠，然后对电路器件的外观加以观察，看有无明显的灼烧痕迹。接着检测 USB 接口电路中的数据线对地电阻(正常值一般为几百欧姆)，并测量供电电压是否正常，D+和 D-引脚的电平是否正常等。

14.3.4　U 盘写保护电路及故障维修

U 盘写保护电路的主要作用是使 U 盘处于只读状态，防止 U 盘感染病毒。

1. U 盘写保护电路

U 盘写保护电路主要由写保护开关和主控芯片组成。图 14-5 所示为 U 盘的写保护电路及指示灯电路原理图。

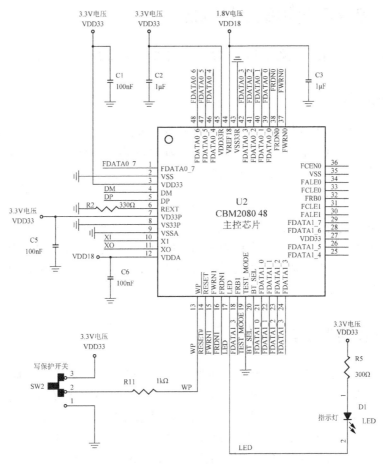

图 14-5　U 盘写保护电路及指示灯电路原理图

当 U 盘的写保护开关 SW2 置于"开"的位置时,写保护开关的第 2、3 针脚连接。由于第 3 针脚连接到 VDD33 电压,因此主控芯片的 WP 端口可以检测到高电平。当 U 盘的写保护开关 SW2 置于"保护"位置时,写保护开关的第 2、1 针脚连接。由于第 1 针脚接地,因此主控芯片的 WP 的端口将检测到低电平。

当用户向 U 盘中存储数据时,主控芯片首先检测 WP 端口的电平,若检测为高电平,则主控芯片向 Flash 闪存芯片发送一个读写信号,Flash 闪存芯片将数据存储于芯片中。若主控芯片检测到 WP 端口为低电平,则主控芯片向 Flash 闪存芯片发送写保护信号,Flash 闪存拒绝数据的存储。

2. U 盘写保护电路故障维修方法

当 U 盘的写保护电路出现故障以后,首先应检查写保护开关的 VDD33 供电是否正常。如果不正常,则检查 VDD33 供电电路。如果正常,可检查当写保护开关位于"开"位置时,主控芯片 WP 端口是否为高电平。如果不是高电平,则写保护开关损坏。如果是高电平,则检查主控芯片的写保护信号控制端的电平(保护状态为低电平),如果是低电平,则是主控芯片损坏,如果是高电平,主控芯片是好的,可能 Flash 闪存芯片损坏。

14.3.5 U 盘指示灯电路及故障维修

U 盘指示灯电路的作用是控制指示灯在接入计算机的 USB 接口以后亮，在 U 盘读写数据时闪烁。

1. U 盘指示灯电路

U 盘指示灯电路主要由发光二极管和主控芯片组成，如图 14-5 所示。当 U 盘接入计算机的 USB 接口以后，U 盘供电电路开始工作。VDD33 电压通过电阻 R5、发光二极管 D1 进入主控芯片的 LED 端口。正常状态下主控芯片的 LED 端口为低电平。

2. U 盘指示灯电路故障维修

当 U 盘指示灯电路出现故障时，一般是发光二极管损坏或 VDD33 供电故障，也可能是主控芯片损坏所致。检查时，应首先检查 VDD33 供电电压是否正常，再检查发光二极管的好坏，最后检查主控芯片。测试主控芯片在故障状态下 LED 端口是否为低电平，如果不是低电平，则主控芯片损坏。

14.3.6 U 盘量产工具简介

U 盘生产出来以后，还需要使用 U 盘主控芯片厂家提供的批量生产工具(简称量产工具)对主控芯片进行操作，如刷新底层程序、格式化 U 盘、关闭 Flash 闪存中损坏的区块等，才最终形成可以使用的 U 盘产品。所以，量产工具的主要功能是，对 U 盘进行分区、低级格式化、加密、制作启动盘等操作。U 盘的故障主要分为软故障和硬故障，量产工具可以全面地修复软故障，成功率达 100%。不同的主控芯片有不同的量产工具，在需要时可以从主控芯片厂家官方网站获得。

下面以 MXT6208 主控芯片为例，介绍 U 盘的量产工具。

(1) 下载 U 盘芯片识别工具 Chip Genius 软件。

(2) 将 U 盘插入计算机的 USB 接口，运行 Chip Genius 软件。进入 Chip Genius 程序主界面后，Chip Genius 会自动检测 U 盘的基本信息，包括型号、VID 和 PID 数值，如图 14-6 所示。

(3) 从检测信息中可以发现 U 盘的主控芯片的型号为 MXT6208，VID 值为 2008，PID 值为 2018。根据检测的信息，从厂方网站下载此型号主控芯片的量产工具。

(4) 运行 MXT6208 量产工具，插入 U 盘。

(5) 切换到"量产设置"选项卡，进行相关量产的设置，如图 14-7 所示。其中包括：格式化的设置；分区的数量设置，如选择 1 个分区；分区类型设置，可以设置 U 盘为启动盘、可移动盘或本地盘，也可以根据需要对 U 盘进行写保护或加密等。设置好之后，单击"应用"按钮。

(6) 切换到"量产进度"选项卡，如图 14-8 所示。在量产端口 1 栏显示了闪存的芯片数、芯片的型号和 ID 号。在"设置信息"选项组中显示了有关量产设置的参数。单击"全部开始"按钮开始量产过程，结束后单击"弹出 U 盘"按钮结束量产工作。

图 14-6　Chip Genius 程序主界面

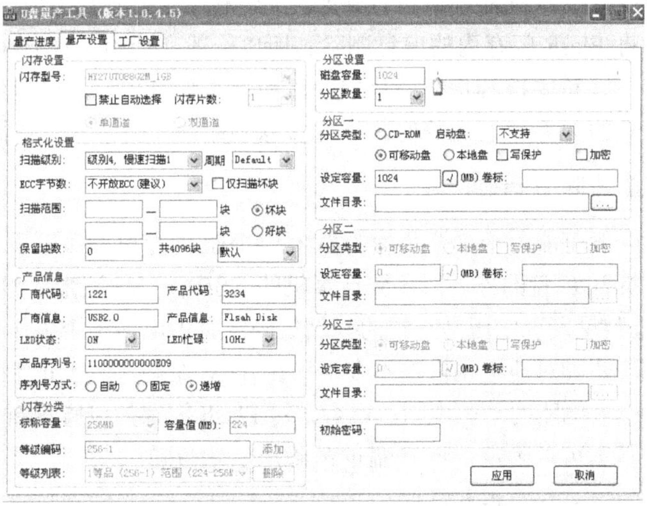

图 14-7　U 盘的量产设置

图 14-8　U 盘的量产进度

14.4 回到工作场景

通过本章的学习，应该掌握 U 盘的工作原理，了解 U 盘故障的类型，掌握 U 盘的维修方法。现在回到 14.1 节介绍的工作场景中，维修 U 盘的故障。

【工作过程一】分析故障现象，找出故障的特点

14.1 节中提到的故障现象的特点是在 U 盘插入计算机 USB 接口后，U 盘能够被识别。U 盘的故障有可能是软故障，也有可能是硬故障，这还需要进一步的判断。

【工作过程二】确定维修方案

U 盘软故障的维修主要是对 U 盘进行初始化，要利用主控芯片对应的量产工具来完成。初始化时有可能会将 Flash 闪存内的信息删除。所以一般在使用这种方法时，首先将 Flash 闪存从电路板上卸下，待主控芯片初始化成功以后再重新装上。这一过程比较烦琐，因此在对有此类故障现象的 U 盘进行维修时，应先排除硬故障，使维修工作简化。

【工作过程三】排除 U 盘硬故障

U 盘的硬故障一般可能由于主控芯片的损坏、Flash 闪存引脚接触不良或损坏、电源电路故障等引起的。拆开 U 盘的外壳，接到计算机的 USB 接口，测量电源电路的输出电压。该电压为 5V，经过测量发现电压是正常的。然后确定时钟电路是否工作正常。测量晶振两脚对地电压值，发现两脚对地电压值差不多，均在 0.6V 左右，属于正常值，为此断定时钟电路工作正常。再检查电路的一些电阻、电容，对 Flash 闪存的引脚重新加固焊接，但故障依旧存在。到此，基本可以确定，该 U 盘的故障属于软故障。

【工作过程四】U 盘软故障的排除

首先，为保护 U 盘里原有的信息，在维修前先拆下 Flash 闪存。待 Flash 闪存拆下后，将 U 盘插入计算机的 USB 接口后，用 USB 设备芯片型号检测工具 Chip Genius 检测该 U 盘的主控芯片型号。发现该 U 盘主控芯片的厂商为 Solid State System，产品制造商为 3SYSTEM，主控芯片的型号为 SSS6677。接下来去芯片厂商官网下载 SSS6677 的量产工具。

【工作过程五】U 盘初始化

安装 SSS6677 量产工具软件，安装结束后插入 U 盘，进行 U 盘的测试。待 U 盘信息检测到以后，单击"设定(Enable)"按钮进入设定界面，在分区栏内选择 USB 为随身盘，然后单击"确定"按钮。程序回到主界面，单击"开始(START)"按钮，开始量产。结束后拔出 U 盘，退出量产工具软件。重新插入 U 盘，故障排除。

14.5　工作实训营

14.5.1　训练实例

1．训练内容

U 盘与计算机连接故障的维修方法。

2．训练目的

掌握 U 盘故障维修的过程，了解 U 盘故障发生的现象、原因与解决的方法。

3．训练过程

步骤一：首先检查计算机的 USB 接口是否损坏(可以将其他好的 USB 设备接到 USB 接口判断)。接着查看计算机 BIOS 中的 USB 选项设置是否为"Enable(有效)"。

步骤二：如果计算机 USB 接口正常，拆开 U 盘的外壳，检查 U 盘的 USB 接口插座是否虚焊或损坏。

步骤三：如果 U 盘的 USB 接口正常，测量 U 盘的供电电压是否正常，正常值为 5V。如果不正常，检查供电电路。

步骤四：如果 U 盘供电电压正常，检查 USB 接口电路是否正常。

步骤五：如果 U 盘接口电路正常，检查时钟电路。测量晶振两脚对地电压，正常值约 0.8V。

步骤六：如果时钟电路正常，检查主控芯片是否虚焊，有没有损坏。如果主控芯片损坏，可以更换同型号的新的芯片，更换后要用对应的量产工具对它进行初始化。

4．技术要点

(1)　U 盘维修过程中所有涉及焊接的环节，一定要注意焊接工具的接地问题，不能漏电，否则 U 盘内部的芯片有可能在焊接过程中因静电的作用而损坏。

(2)　对故障 U 盘进行维修时，只要 Flash 闪存芯片本身没有损坏，要尽可能保护内部 Flash 闪存内的数据信息不丢失。在解决主控芯片的故障时，要先卸下 Flash 闪存，待故障解决后再将 Flash 闪存重新焊接上。

14.5.2　工作实践常见问题解析

【常见问题 1】U 盘的故障现象并不多，但故障的原因很多，如何对 U 盘故障进行判断和维修？

【回答】U 盘的故障现象并不多，一般表现为计算机无法识别，或检测到该 USB 设备有故障，无法使用，或提示需要格式化等。而造成这些故障的原因却是多样的，一般分为软故障与硬故障。维修时应先按硬故障来维修，如果解决不了，那就属于软故障了。

【常见问题2】U 盘维修时要注意哪些方面的问题？

【回答】U 盘内部的主要芯片为主控芯片和 Flash 闪存芯片，它们都属于 CMOS 类芯片，静电对它们的影响极大，因此在维修过程中一定要消除环境的静电影响，焊接工具不能漏电等。在更换主控芯片或对主控芯片进行初始化时要先用 USB 设备芯片型号检测工具对 U 盘的硬件信息进行检测，确定主控芯片的厂商、芯片的型号、VID 和 PID 的值，以便准确采用量产工具，这很关键。量产前要先拆下 Flash 闪存芯片，避免 Flash 闪存芯片内的数据信息丢失。

14.6 习题

一、填空题

1. U 盘分为_____、_____、_____三种类型。

2. U 盘主要由_____、_____、_____、_____、_____五个部分组成。

二、选择题

1. U 盘时钟信号的频率是_____。

    A. 12MHz   B. 24MHz   C. 48MHz   D. 6MHz

2. USB 接口电路中的数据线对地电阻约为_____。

    A. 几千欧姆   B. 几十欧姆   C. 几百欧姆   D. 无穷大

三、操作题

一只 U 盘插入计算机的 USB 接口后，不能识别 U 盘，请分析故障的原因，并写出维修方案。

第 15 章

硬盘故障维修技术

 **本章要点**

- 硬盘的工作原理。
- 硬盘故障分类及产生原因。
- 硬盘分区表故障的修复方法。
- 硬盘电路故障的维修方法。

技能目标

- 掌握硬盘的工作原理。
- 掌握硬盘故障分类及产生原因。
- 掌握硬盘故障的维修方法。

15.1 工作场景导入

【工作场景】

计算机启动后上电自检失败,有"滴滴"的报警声,屏幕显示"1701"故障代码。

【引导问题】

(1) 硬盘在引导过程中有哪些常见的出错信息?

(2) 如何修复硬盘分区表的故障?

(3) 如何维修硬盘的电路故障?

15.2 硬盘故障维修的基础知识

硬盘是计算机重要的存储设备之一,它可以长期永久或半永久地存储数据信息。它担负着与内存之间交换信息的任务,在计算机存储设备中使用率最高,因此硬盘的故障率也相对较高。

1. 硬盘与温彻斯特技术

目前大部分的硬盘都是采用温彻斯特技术制造的,简称"温盘"。温彻斯特硬盘具有以下技术特点。

(1) 磁头、盘片及运动机构密封。

(2) 磁头对盘片呈接触式启停,工作时呈飞行状态。

(3) 由于磁头工作时与盘片不接触,所以磁头加载较小。

(4) 磁盘片表面平整光滑。

温彻斯特技术的主要内容是所谓的"头盘组合件"。头盘组合件与外界环境隔绝,避免了灰尘的污染。其中,磁头浮动块采用小型化轻浮力设计,盘片表面涂润滑剂,实行接触启停。即平常盘片不转时,磁头停靠在盘片上,当盘片转速达到一定值时,磁头浮起并保持一定的浮动间隙。这样的设计简化了机械的结构,缩短了启动的时间。采用温彻斯特技术,磁头与磁盘是一一对应的,磁头读出的就是本身写入的,同时信噪比较好,存储密度很高。

2. 硬盘的工作原理

磁盘是在非磁性的材料(合金或玻璃)表面涂上一层很薄的磁性材料,通过磁层的磁化来存储信息,即利用特定的磁粒子的极性来记录数据。工作时磁头读取的数据将磁粒子的不同极性转化成不同的电脉冲信号,再利用数据转换器将这些原始信号变成计算机可以识别的数据,完成数据的读取。

磁盘的工作原理是,硬盘驱动器加电后,利用控制电路中的单片机完成初始化工作。此时磁头位于盘片中心位置。初始化完成以后,主轴电机将启动并以高速旋转,装载磁头的小车机构移动，将浮动磁头置于盘片表面的 00 道，处于等待指令的启动状态。当接口电路接收到计算机 CPU 送来的指令信号时，由前置放大控制电路驱动音圈电机发出磁信号，根据感应阻值变化对盘片数据信息进行正确定位，并将接收的数据信息解码，通过放大控制电路传输到接口电路，输送给计算机系统，完成指令操作。硬盘断电在反力矩弹簧的作用下浮动磁头驻留在盘片的中心。

为了协调硬盘与主机在数据处理速度上的差异，硬盘中增加了存储缓冲区，让高速的 CPU 和相对低速的硬盘能同步工作。即硬盘将 CPU 常用的数据存储在缓冲区中，等再次使用时，直接从缓冲区调入数据，不必再到硬盘的磁盘中读取，从而提升数据调入的速度。

3. 硬盘的工作过程

硬盘的工作过程如下。

(1) 当应用程序通过操作系统的 API 请求一块数据时，解释该请求的磁盘高速缓存首先查验数据是否存在于磁盘高速缓存的系统内存中。如果存在就将数据复制到应用程序的缓冲区中，如果没有找到则将该请求发送到硬盘控制器。

(2) 硬盘控制器接到请求后先检查数据是否存于硬盘上的数据缓冲存储器内。如果存在，数据将通过硬盘控制器发往应用程序的缓冲区；如果数据没有存在硬盘数据缓冲区，硬盘控制器就将触发硬盘的磁头传动装置。

(3) 磁头传动装置在盘面上将磁头移动到目标磁道后，硬盘马达通过转动磁盘盘面把被请求数据所在的区域移到磁头下。磁头通过探测磁颗粒极性的变化来读取数据或通过改变磁颗粒极性来写入数据。

(4) 最后文件系统(FAT32、NTFS 等)记录下各文件所用到的簇。

15.3　硬盘故障分类、现象及维修方法

15.3.1　硬盘故障的分类

硬盘故障表现的现象有很多，一般可以把它们分为硬故障和软故障两大类型。

1. 硬故障

硬盘的硬故障主要包括磁头组件故障、控制电路故障、综合性故障和扇区物理性故障(物理坏道)等。

(1) 磁头组件故障。磁头组件故障主要指硬盘中磁头组件的某部分损坏，造成部分或全部磁头无法正常读写。磁头组件损坏的原因一般是多方面的，主要包括磁头脏、磁头磨损、磁头悬臂变形、磁线圈受损、移位等。

(2) 控制电路故障。控制电路故障主要是由于硬盘的电子线路板中的某一部分线路短路或断路、某些元器件损坏等原因造成的硬盘在通电以后盘片不能正常起转，或起转后磁头不能正确寻道等故障。

(3) 综合性故障。综合性故障主要是因为一些微小的变化使硬盘产生的各种问题。如硬盘在使用过程中因为发热或其他原因导致部分芯片老化；受到震动后，外壳或盘面以及

马达电机微小的位移;硬盘本身设计存在的在散热、摩擦或结构上的缺陷。这些因素导致硬盘不稳定,经常出现数据丢失、逻辑错误、工作噪声增大、读写速度变慢,有时能正常工作,有时不能工作等。

(4) 扇区物理性故障。扇区物理性故障是指由于碰撞、磁头摩擦或其他原因导致磁盘盘面出现的物理损坏。

2. 软故障

硬盘的软故障主要包括磁道伺服信息出错、系统信息区出错和扇区逻辑错误(逻辑坏道)等。

(1) 磁道伺服信息出错。磁道伺服信息出错是因为某个物理磁道的伺服信息受损或失效,导致该物理磁道无法被访问。

(2) 系统信息区出错。系统信息区出错是因为硬盘的系统信息区(系统信息区是硬盘内部的一个系统保留区内又分成的若干模块,保存了许多硬盘出厂的参数、设置信息和内部控制程序)在通电自检时读不出某些模块的信息或校验不正常,导致硬盘无法进入准备状态。系统信息区出错一般包括硬盘的分区表损坏、被逻辑锁锁住等故障。

(3) 扇区逻辑错误。扇区逻辑错误是指因为校验错误(ECC 错误和 CRC 错误)、扇区标志错误(IDNF 错误)、地址信息错误(AMNF)、坏块标记错误(BBM)等导致该扇区失效。

15.3.2 硬盘常见故障的现象及原因

1. 硬盘故障出现前的征兆

硬盘在出现故障前总会表现出一些现象,一般来说,硬盘在出现故障前有以下几种表现。

(1) 出现 S.M.A.R.T 故障提示。这是硬盘厂家本身内置在硬盘里的自动检测功能在起作用。提示表明硬盘有潜在的物理故障。

(2) 在 Windows 系统初始化时死机。这种情况比较复杂,首先应该排除其他部件出问题的可能性,如内存的问题、系统温度过高、受病毒的破坏等。但硬盘的故障也是导致这种现象的原因。

(3) 能进入 Windows 系统,但运行程序出错,同时运行磁盘扫描也不能通过,经常在扫描时缓慢、停滞甚至死机。这种故障可能发生在硬盘。

(4) 能进入 Windows 系统,运行磁盘扫描程序直接发现错误甚至是坏道。

(5) 在 BIOS 里无法识别硬盘,或者即使能识别,也无法用操作系统找到硬盘。这属于硬盘较严重的故障。

(6) 硬盘在运行时发出明显的异常声响。

2. 硬盘常见的故障现象

硬盘常见的故障现象主要有以下几种。

(1) 在读取某一文件或运行某一程序时,硬盘反复读盘错误并报错,或要经过很长时间的读盘,硬盘伴有异常的声音。

(2)　FORMAT 格式化硬盘时，进行到某一进度时停滞，最后报错，无法完成。

(3)　对硬盘执行 FDISK 时，到某一进度会反复进退。

(4)　硬盘不启动，黑屏。

(5)　正常使用计算机时频繁无故出现蓝屏。

(6)　硬盘不启动，无提示现象。

(7)　硬盘不启动，显示"Primary master hard disk fail"信息。

(8)　硬盘不启动，显示"DISK BOOT FAILURE, INSERT SYSTEM DISK AND PRESS ENTER"信息。

(9)　硬盘不启动，显示"Error Loading Operating System"信息。

(10) 硬盘不启动，显示"Not Found any active partition in HDD"信息。

(11) 硬盘不启动，显示"Invalid partition table"信息。

(12) 开机自检过程中，屏幕显示"Missing operating system""Non OS""Non system disk or disk error，replace disk and press a key to reboot"等类似信息。

(13) 开机自检过程中，屏幕显示"Hard disk not present"或类似的信息。

(14) 开机自检过程中，屏幕显示"Hard disk drive failure"或类似的信息。

3. 产生硬盘故障的原因

产生硬盘故障的原因有很多，主要有硬盘出现坏道、硬盘供电电路故障、硬盘分区表损坏、接口电路故障、磁头芯片故障、电机驱动芯片故障、主轴端口和磁头故障等。

(1)　硬盘的连接或设置错误。硬盘的数据线或电源线和硬盘接口接触不良，会使得硬盘无法工作。同一个数据线如果接两个硬盘，而硬盘的跳线设置错误，将会使 BIOS 无法正确识别硬盘。

(2)　硬盘的引导区损坏。由于病毒的侵入，硬盘的引导区被修改，将导致硬盘无法正常工作。此故障出现后，屏幕会提示"Invalid partition table"信息。

(3)　硬盘被逻辑锁锁住。由于遭受非法攻击，硬盘被逻辑锁锁住。

(4)　硬盘坏道。硬盘经常非法关机或使用不当将造成硬盘坏道的产生，出现系统文件的丢失或损坏。

(5)　硬盘供电电路的故障。硬盘的供电电路故障会导致硬盘无法正常工作。

(6)　分区表丢失。一般由于病毒的破坏会造成硬盘分区表的丢失。

(7)　接口电路的故障。接口是硬盘与计算机间的数据传输通道。接口电路的故障可能会导致硬盘检测不到或出现乱码、参数误认等现象。故障的原因可能是接口插针折断、接口插座虚焊等。

(8)　磁头芯片故障。磁头芯片一般贴装在磁头组件上，用于放大磁头信号、磁头逻辑分配、处理音圈电机反馈信号等。该芯片的损坏将造成磁头不能正确寻道、数据不能写入盘片、不能识别硬盘等故障。

(9)　电机驱动芯片故障。电机驱动芯片用于驱动硬盘主轴电机和音圈电机。目前的硬盘由于转速太高导致芯片过热而容易损坏。一般 70%的硬盘故障都是因此而产生。

(10) 其他部件损坏。一般包括主轴电机、磁头、音圈电机、定位卡子等的损坏。

15.3.3 硬盘故障维修常用方法

由于硬盘故障产生的原因有很多,所以维修的方法和计算机检测的方法也有很多种。

1. 观察法

通过对硬盘的外观进行观察,看硬盘有无明显的异常。一般观察包括以下 3 个方面。

(1) 观察硬盘的硬件环境,包括硬盘接口和电路板的清洁状况,接口的针脚有无折断,相关跳线设置,电路板上的元器件的外观有无明显的灼烧等。

(2) 通电后观察元器件的工作有无异常,主要指元器件的工作温度是否正常,有无异味产生等。

(3) 通电观察硬盘的工作情况,如硬盘有无异常的声音等。

2. 程序诊断法

程序诊断法主要用于应对硬盘的工作引起系统运行不稳定的故障。一般专用检测软件有 Scandisk、NDD 等。这些专用软件可以方便地找到一些由于硬盘坏道引起的故障。

3. CMOS 检测法

CMOS 检测法是指,开机进入 CMOS 设置,通过检查计算机 CMOS 是否能检测到硬盘,来排除硬盘的部分故障。如 CMOS 中检测不到硬盘,则可能是硬盘的跳线错误或接口电路故障和电路其他故障等。

4. 清洁法

清洁法是指通过对硬盘的清洁来解决问题。清洁的对象一般为硬盘的接口、PCB 电路板和盘体的触点等。这一方法主要针对一些工作环境较差的硬盘,硬盘的接口针脚可能生锈,或因灰尘的积累造成电路的局部短路等。

5. 分区法

当硬盘由于受到病毒的感染而无法引导时,可以用重新分区的方法解决故障。常用的分区工具有 FDISK、Partition Magic 等。

6. 低级格式化

低级格式化主要针对出现坏道的硬盘进行处理。低级格式化工具可以对硬盘出现的物理坏道进行屏蔽。低级格式化工具需在 DOS 环境下完成,且只能针对一块硬盘操作,而不能单独对某一个分区进行操作。低级格式化进行以后,硬盘上的数据将彻底丢失。它是一种损耗性操作,对硬盘的寿命有一定的负面影响,要慎用。只有当硬盘受到外界强磁场的影响,或因长期使用,硬盘盘片上由于低级格式化划分出来的扇区格式磁性记录部分丢失,导致出现大量"坏扇区"时,通过低级格式化来重新划分"扇区",或在硬盘多次分区均无法完成或在高级格式化中发现大量的"坏道"时,使用低级格式化来修复。其他情况下要慎用。

7. 杀毒软件修复法

杀毒软件修复法主要用于应对一些由于病毒所造成的硬盘无法正常工作的现象。

8. 替换法

替换法是指利用备份的好的插件板、元器件替换可能存在故障的部分，以确定故障的部位。

9. 电路测量法

电路测量法是通过对电路的一些电压、对地电阻的测量值来确定电路的工作状态。这是一种最基本也是最有效的维修方法。

15.4　硬盘常见故障的维修

15.4.1　硬盘常见故障的判定与解决方法

硬盘的故障大多出现在硬盘的引导过程中。

1. 系统引导过程

计算机在加电以后首先完成 POST 上电自检，在对计算机的关键设备检测完毕后，BIOS 会读取硬盘活动分区主引导记录的启动装载器，并让启动装载器完成初始化，操作系统启动开始。这个过程分为引导阶段、加载内核阶段、初始化内核阶段、登录系统启动四个阶段。其中，初始化内核阶段是一个很复杂的过程，系统需要加载很多底层硬件的驱动程序，读取注册信息，寻找新硬件设备，启动相关服务，初始化显示设备，显示出用户界面等。

系统启动步骤如下。

(1) 当按下计算机电源开关后，ATX 电源开始向主板和其他设备供电。此时的电压还不稳定，主板上的南桥芯片向 CPU 发出并保持一个 RESET(复位)信号，让 CPU 初始化。当南桥芯片检测到 ATX 电源开始稳定供电后(这中间约 500ms)，南桥芯片撤销 RESET 信号。CPU 从地址 FFFF0H 处开始执行指令(该地址在 BIOS 的地址范围内)。

(2) 系统 BIOS 的启动代码开始进行 POST 上电自检。POST 的主要任务是检测系统内的一些关键设备是否存在和能否正常工作。POST 上电自检完成后就会调用其他代码来进行更加完整的硬件检测。

(3) 系统 BIOS 将查找显卡的 BIOS。存放显卡 BIOS 的 ROM 芯片的起始地址通常设在 C0000H 处，系统 BIOS 在找到显卡 BIOS 之后就调用它的初始化代码，由显卡 BIOS 来初始化显卡。显卡初始化信息一般会在屏幕上显示。显卡初始化完成后，系统 BIOS 会查找其他设备的 BIOS 程序，找到之后同样要调用这些 BIOS 内部的初始化代码来初始化相关设备。

(4) 查找完所有其他设备的 BIOS 之后，系统 BIOS 将显示出它自己的启动界面，包括系统 BIOS 的型号、序列号、版本号等。

(5) 系统 BIOS 将检测和显示 CPU 的类型和工作频率，随后开始测试所有的内存。

(6) 内存测试通过后，系统 BIOS 将开始检测系统中安装的一些标准硬件设备，包括硬盘、CD-ROM、串口、并口等设备。

(7) 标准设备检测完毕后，系统 BIOS 内部支持即插即用的代码开始检测和配置系统中的即插即用设备。每找到一个设备后，系统 BIOS 都会在屏幕上显示设备的信息，同时为这些设备配置中断、DMA 通道和 I/O 端口资源。

(8) 经过以上检测后，计算机已完成了所有硬件的检测和配置工作。这时系统 BIOS 会重新清屏并在屏幕的上方显示出一个参数表。表中列出了系统中安装的各种标准硬件设备，以及它们使用的资源和相关的工作参数。

(9) 在显示参数表之后，系统 BIOS 的启动代码将进行它的最后一项工作，即根据"CMOS 参数"中用户设定的启动顺序启动。系统 BIOS 将读取并执行硬盘上的主引导记录。硬盘将磁头定位在物理扇的 0 柱 0 面 1 扇区上，读取扇区结束标志 55AA、主引导记录 MBR、硬盘分区表 HDPT。然后根据硬盘分区表提供的数据，将磁头定位在活动分区(主引导分区)的引导扇区上(一般为物理扇的 0 柱 0 面 1 扇区)，读取扇区结束标志 55AA 和操作系统参数。根据操作系统参数，读取文件分配表 FAT 和系统文件。最后从硬盘读取系统启动所需要的文件，自动对 Windows 系统进行初始化，自动读取 Windows 的注册表文件。完成启动过程，出现 Windows 界面。

2. 硬盘在引导过程中常见的出错信息

硬盘在引导过程中的出错信息可以用来判断硬盘故障的原因。硬盘在引导过程中的出错信息如表 15-1 所示。

表 15-1 硬盘在引导过程中的出错信息

错误提示	含 义	错误原因
Data error	数据错误	从软盘或硬盘上读取的数据存在不可修复错误，磁盘上有坏扇区和坏的文件分配表
Hard disk configuration error	硬盘配置错误	硬盘配置不正确，跳线不对，硬盘参数设置错误
Hard disk controller failure	硬盘控制器失效	控制器卡故障，硬盘配置不正确，跳线错误，硬盘物理故障
Hard disk failure	硬盘失效故障	控制器卡故障，硬盘配置不正确，跳线不正确，硬盘物理故障
Hard disk drive read failure	硬盘驱动器读取失效	控制器卡松动，硬盘配置不正确，硬盘参数设置不正确，硬盘记录数据的破坏
No boot device available	无引导设备	系统找不到作为引导设备的软盘或硬盘
No boot sector on hard disk drive	硬盘上无引导扇区	硬盘上引导扇区丢失，感染有病毒或配置参数不正确

续表

错误提示	含　义	错误原因
Non system disk or disk error	非系统盘或者磁盘错误	作为引导盘的磁道不是系统盘，不含有系统引导和核心文件，或磁盘片本身故障
Sector not found	扇区未找到	系统盘在软盘和硬盘上不能定位给扇区
Seek error	搜索错误	系统在软盘和硬盘上不能定位给扇区磁道或磁头
Reset Failed	硬盘复位失败	硬盘或硬盘接口的电路故障
Fatal Error Bad Hard Disk	硬盘致命错误	硬盘或硬盘接口的电路故障
No Hard Disk Installed	没有安装硬盘	没有安装硬盘，但 CMOS 参数中设置了硬盘。硬盘驱动器没有接好，硬盘卡没有接插好。硬盘驱动器或硬盘卡故障

3. 硬盘软故障的判定与解决方法

对于硬盘的软故障，一般可以按照以下方法判定和解决。

(1) 检查 BIOS 中硬盘是否被检测到。如果 BIOS 中能检测到硬盘信息，则故障可能是软故障。

(2) 用启动盘启动计算机，看是否有硬盘分区的盘符。

(3) 用软件工具检查硬盘分区结束标志(最后两个字节为 55AA)。看活动分区引导标志是否为 80。

(4) 硬盘杀毒。

(5) 如果硬盘无法启动，可以用启动盘启动，输入命令 "SYS C:" 后按 Enter 键。

(6) 运行 Scandisk 命令以检查修复 FAT 表或 DIR 区的错误。

(7) 若软件运行出错，可以对硬盘重新分区，高级格式化，并重新安装操作系统及应用程序。经过如此的操作，故障依旧存在，那么，就要使用硬盘的低级格式化工具进行低级格式化。

4. 硬盘硬故障的判定与解决方法

硬盘硬故障的判定及解决方法可以按照以下方法处理。

(1) 检查 BIOS 中硬盘是否被检测到。如果 BIOS 中检测不到硬盘，则可能是硬盘的连接、硬盘的跳线设置、供电电路或硬盘的盘体故障。

(2) 如果 BIOS 中没有硬盘的信息，首先检查硬盘的跳线设置(主要针对一根数据线上接有一个以上的设备)。

(3) 检查数据线连接是否正确。硬盘的数据线有一个侧面是有颜色的，这是第一针脚所在的部位，不能接反。检查数据线连接得是否牢靠。

(4) 检查电源插头连接得是否可靠。

(5) 检查硬盘的电路板中是否有元器件被烧坏。

(6) 测试硬盘供电电路。如果硬盘的供电不正常，检查电路相关元器件的好坏。

(7) 检查硬盘的接口电路。接口是硬盘与计算机传输数据的通道，接口电路出现故障将导致硬盘检测不到、出现乱码、参数误认等现象。

(8) 检查硬盘的缓存。缓存用于加快硬盘的数据传输速度，如果出现故障，可能导致硬盘不能够被识别、出现乱码、进入操作系统后死机等现象。

(9) 检查 BIOS 芯片。所有的工作流程都与 BIOS 程序相关。BIOS 程序的丢失或紊乱将导致硬盘不能够正常识别或误认等现象。

(10) 检测磁头芯片。磁头芯片贴在磁头组件上，用于放大磁头信号、磁头逻辑分配、处理音圈电机反馈信号等。该芯片出现故障可能会导致磁头不能正确寻道、数据不能写入盘片、不能识别硬盘、硬盘有异常的声响等故障。

(11) 检测前置信号处理器。前置信号处理器用于加工整理磁头芯片传来的数据信号。该芯片出现故障可能导致不能正确识别硬盘的故障。

(12) 检测数字信号处理器。数字信号处理器用于处理前置信号处理器传输来的数据信号，并对它解码，或者接收计算机传来的数据信号，并对该信号进行编码。

(13) 检测电机驱动芯片。电机驱动芯片用于驱动硬盘主轴电机和音圈电机。目前的硬盘由于具有极高的转速，盘体的温度都很高，使得该芯片的损坏率很高。

(14) 检测主轴电机。主轴电机用于带动盘片高速旋转，目前的硬盘大都使用液态轴承马达，精度很高。若剧烈碰撞后可能会使间隙变大，读取数据变得困难，发生异响或根本检测不到硬盘。该故障需要专用的设备才可以维修。

(15) 检测磁头。磁头用于读取或写入硬盘数据，磁头在受到剧烈的碰撞时容易损坏。

(16) 检测定位卡子。定位卡子用于使磁头停留在启停区。定位卡子的错位将导致磁头不能正常寻道。

15.4.2　硬盘分区表故障的判定与解决方法

硬盘的分区表规定了硬盘有多少个分区，每个分区的起始及终止扇区、大小以及是否为活动分区等重要信息。操作系统是通过硬盘分区表把硬盘划分为若干分区，然后在每个分区里创建文件系统，写入数据文件。硬盘分区表一旦丢失或受损，将导致某个分区消失或硬盘无法启动。

1. 硬盘分区表的位置及识别标志

硬盘分区表一般位于硬盘某柱面的 0 磁头 1 扇区。主分区表是第 1 个分区表，位于 0 柱面 1 磁头 1 扇区。硬盘分区表的大小为 64 字节，占据所在扇区的 441～509 字节。

硬盘分区表的识别标志为 55AA。在识别硬盘分区表时，看其后紧邻的两个字节(即510～511)是否为 55AA，如果是，则为硬盘分区表。图 15-1 所示为硬盘分区表。

2. 硬盘分区表的结构

硬盘分区表由 4 项组成。每项 16 个字节，共 64 字节。其中第 1 项为本分区的基本信息，包括活动分区标志、起始和结束磁头号、扇区号、柱面号、分区文件系统标志、逻辑起始扇区号、该分区所占用的扇区数等。第 2 项为下一个分区的信息。第 3、4 项未用。图 15-1 所示为硬盘的 MBR 扇区内容，扇区内容以十六进制表示，右侧为 ASCII 码表示。

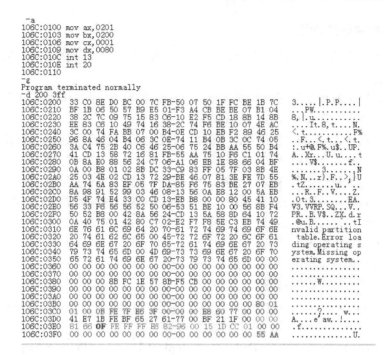

图 15-1 硬盘分区表

其中从地址 03BE 处的 80 开始到地址 03FD 处结尾，其间就是所谓的硬盘分区表，共 64 个字节，每个分区占 16 个字节。也就是说不管硬盘有多大，最多也只能有四个主分区(扩展分区也是一个主分区)。

硬盘分区表中各个字节的含义如表 15-2 所示。

表 15-2 硬盘分区表含义

字 节	分区表符号	含 义
第 00 字节	80	此字节为活动标志。若为 80H，则表示该分区为活动分区。若为 00H，表示该分区为非活动分区
第 01 字节	01	此字节为本分区逻辑 0 扇区所在的磁头号
第 02 字节	01	此字节为本分区逻辑 0 扇区所在柱面中的扇区号
第 03 字节	00	此字节为本分区逻辑 0 扇区所在的柱面号
第 04 字节	0B	此字节为本分区文件系统标志：分区未用为 00H；扩展分区为 05H，0FH；FAT16 分区为 06H；FAT32 分区为 0BH，1BH，0CH，1CH；NTFS 分区为 07H
第 05 字节	FE	此字节为本分区最后一个扇区的磁头号(结束磁头号)
第 06 字节	7F	此字节为本分区最后一个扇区的扇区号
第 07 字节	FD	此字节为本分区最后一个扇区的柱面号
第 08、09、10、11 字节	3F,00,00,00	此字节为逻辑起始扇区号，表示分区起点前已用的扇区数
第 12、13、14、15 字节	3F,04,7D,00	此字节为该分区所占用的扇区数

3. 恢复和维修硬盘分区表

硬盘分区表的损坏一般是由于硬盘感染病毒或非法操作而导致的。造成硬盘分区表损坏的原因一般有以下几种。

(1) 病毒原因引发硬盘分区表错误。硬盘感染病毒导致分区表损坏是很常见的现象。一般属于引导区的病毒都会对分区表造成损坏。

(2) 环境问题导致硬盘分区表损坏。在对硬盘进行分区转换或划分 NTFS 分区时如遇意外断电或死机，都将会导致硬盘分区表的损坏。

(3) 非法操作导致硬盘分区表的损坏。如果在一个硬盘上装有多个操作系统，那么在卸载时有可能导致硬盘分区表的损坏。另外，在删除分区的时候如果没有先删除扩展分区，而直接删除主分区，也可能会出现无法正确读出分区卷标的故障。

硬盘分区表故障一般表现为以下几种现象。

(1) 启动计算机时无法进入 Windows 界面。

(2) 操作系统无法正确识别硬盘。

(3) 不能用 FDISK 进行分区，或某些分区不能删除，提示 "Invalid Partition Table"(无效分区表)。

(4) 提示"Non-System Disk Or Disk Error，Replace Disk And Press A Key To Reboot"(非系统盘或磁盘出错)。

(5) 提示"Error Loading Operating System"(装入 DOS 引导记录错误)或"No ROM Basic，System Halted" (不能进入 ROM Basic，系统停止响应)。

对于上述硬盘分区表故障现象解决的方法如下。

(1) 通过查杀病毒修复硬盘分区表。如果是由于病毒的感染造成硬盘分区表损坏，则可以借助一些常用的杀毒软件提供的引导盘启动计算机，在 DOS 环境下对系统进行病毒查杀。

(2) 用 FDISK 命令修复硬盘分区表。FDISK 不仅是一个分区程序，它还具有非常方便地恢复主引导扇区的功能，而且只修改主引导扇区，对其他扇区不进行写操作。用系统盘启动计算机后，在系统提示符下输入 "FDISK /MBR" 命令后按 Enter 键，即可覆盖主引导区记录。

(3) 更换工具，调整分区。在删除分区或创建分区时，如遇意外原因断电或死机，这时如用原先的工具可能无法识别当前的硬盘分区表，必须更换另一种分区表软件进行修复。如当前使用 FDISK 工具进行分区时意外死机，这时的 FDISK 无法完成工作，只有更换如 PQMagic 等第三方工具来分区。

(4) 通过 KV3000 硬盘救护王修复。KV3000 硬盘救护王是 KV3000 套件中提供的一款硬盘急救软件，在分区表出现故障的时候可以通过它进行修复。

(5) 修复有备份的硬盘分区表。如果提前有硬盘分区表的备份，在出现分区表故障后，可直接用 KV3000 或 Disk Genius 等软件进行恢复。

4. 硬盘逻辑锁故障维修

所谓"硬盘逻辑锁"是指硬盘的分区表被修改，导致无法用任何设备启动，包括软盘等移动设备。硬盘逻辑锁一般有两种：一种是将分区表的有效标志(55AA)修改为其他字符；

另一种是采用了"循环分区表"的技术，使系统形成了死循环。这两种硬盘逻辑锁本质相同，都是对硬盘的分区表作了修改。

(1)　分区表的有效标志被改变。硬盘分区表的有效标志(55AA)被改变后，计算机将找不到硬盘的分区表标志，从而无法从硬盘启动。这一故障可以用 DOS 启动盘启动，硬盘仍然可以使用，然后用 Debug 或 Norton 中的 Diskedit 软件将硬盘该分区表中的标志(55AA)恢复即可。

(2)　主动逻辑锁。主动逻辑锁实际上是将硬盘分区表链参数改成一个循环链，即 C 盘的下一个分区指向 D 区，D 区的下一个分区又指向 C 区，这样的循环方式使得系统处于死循环状态，导致无法启动计算机。硬盘分区表实际上相当于一个单向链表结构。硬盘分区表通常有四项，第一表项描述本分区的基本信息。第二表项描述扩展分区，而这一项就相当于指针，指向扩展分区。图 15-2 所示为硬盘分区表链。

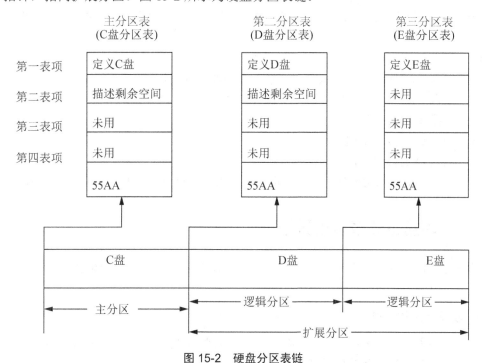

图 15-2　硬盘分区表链

主动逻辑锁的维修方法有很多，Debug 修复为一种使用较普遍的方法。

首先准备一张 DOS 启动盘，然后在另一台正常的计算机上修改启动盘中的 IO.SYS 文件。在修改前，先修改 IO.SYS 文件的属性。可使用工具软件 Pctools 来修改启动盘中的 IO.SYS 文件。打开 IO.SYS 文件，搜索文件中的第 1 个 55AA 字符串，找到以后修改为任何其他数值，再保存修改后的文件。

用修改后的启动盘启动被锁的硬盘，用 Debug 来手工恢复。恢复步骤如下。

(1)　输入 Debug 后按 Enter 键，进入 Debug 编辑状态。

(2)　输入 A 后按 Enter 键。

(3)　输入"MOV AX，0201"后按 Enter 键(读一个扇区内容)。

(4)　输入"MOV BX，500"后按 Enter 键(设置一个缓存地址)。

    (5) 输入"MOV CX，0001"后按 Enter 键(设置第一个硬盘的硬盘指针)。

    (6) 输入"MOV DX，0080"后按 Enter 键(读零磁头)。

    (7) 输入"INT 13"后按 Enter 键(读写硬盘扇区)。

    (8) 输入"INT 20"后按 Enter 键(退出程序)。

    (9) 输入"0110"后按 Enter 键(退出程序返回到指示符)。

    (10) 输入 G 后按 Enter 键(运行)。

    (11) 输入"D500"后按 Enter 键(查看运行后 500 地址的内容)。

    这时会发现地址 6BE 开始的内容是硬盘分区的信息，发现此硬盘的扩展分区指向自己，使得系统在启动时查找硬盘逻辑盘进入死循环。

    随后，在 Debug 指示符下用 E 命令修改内存数据。输入 Debug 后按 Enter 键，输入 E6BE 后按 Enter 键，然后将显示此地址的信息。其中，55AA 表示硬盘有效的标记，不用修改。XX0 表示把以前的数据 XX 改成 0。接着用硬盘"中断 13"把修改好的数据写入硬盘，步骤如下。

    (1) 输入 Debug 后按 Enter 键。

    (2) 输入"A100"后按 Enter 键(表示修改 100 地址的汇编命令)。

    (3) 输入"MOV AX，0301"后按 Enter 键(写一个硬盘扇区)。

    (4) 直接按 Enter 键。

    (5) 输入 G 后按 Enter 键(运行)。

    (6) 输入 Q 后按 Enter 键(退出)。

    最后运行 FDISK/MBR 分区命令，重置硬盘引导扇区的引导程序。重启计算机，结束。

15.4.3 硬盘电路故障的维修

    硬盘的电路部分是整个硬盘的控制中心。硬盘电路故障一般包括电源电路故障、驱动芯片故障、电源芯片故障等。

1. 硬盘电路的组成

    硬盘电路主要包括主控芯片、缓存芯片、电机驱动芯片、硬盘的 BIOS 芯片、数据信号处理芯片、磁头芯片、前置信号处理器等。

    (1) 主控芯片。主控芯片在硬盘电路板中体积最大，主要负责数据交换和数据处理。有的主控芯片内置 BIOS 模块、数字信号处理器等。

    (2) 缓存芯片。缓存芯片是为了协调硬盘与计算机在数据处理速度上的差异而设计的。它的作用是负责为数据提供暂存空间，提高硬盘的读写效率。缓存容量越大，硬盘的性能越好。

    (3) 电机驱动芯片。电机驱动芯片主要负责硬盘的音圈电机和主轴电机的转动。这是硬盘电路芯片中最容易损坏的一个芯片。

    (4) 硬盘的 BIOS 芯片。硬盘 BIOS 芯片有的在电路板上，也有的集成在主控芯片内。硬盘 BIOS 芯片内部固化的程序可以进行硬盘的初始化，执行加电和驱动主轴电机，进行加电初始寻道、定位以及故障检测等。BIOS 程序的丢失或紊乱将导致硬盘误认、不能识别和其他故障现象的出现。

(5) 数据信号处理芯片。数据信号处理芯片即数字信号处理器，主要用来处理前置信号处理器传来的数据信号并对该信号解码，或接收计算机传来的数据信号并对该信号进行编码。

(6) 磁头芯片。磁头芯片贴装在磁头组件上，用于放大磁头信号、磁头逻辑分配、处理音圈电机反馈信号等。该芯片的故障将导致磁头不能正确寻道、数据不能写入盘片、不能识别硬盘、硬盘异响等现象出现。

(7) 前置信号处理器。前置信号处理器用于加工整理磁头芯片传来的数据信号，然后再将处理完的信号输出到主控芯片中。该芯片的故障将导致不能识别硬盘的现象出现。

2. 硬盘电路常见故障现象及原因

硬盘电路常见故障现象一般有以下几种。

(1) 硬盘接电后没有反应。

(2) 硬盘通电后有很明显的异常声音。

(3) 硬盘不能被识别。

(4) 硬盘盘片不转。

(5) 硬盘磁头不寻道。

(6) 进入操作系统后死机。

(7) 数据不能写入盘片。

造成硬盘电路故障的原因一般有以下几种。

(1) 硬盘的供电电路损坏。

(2) 接口芯片损坏。

(3) 晶振损坏。

(4) 接口插针折断或接口插座虚焊。

(5) 缓存损坏。

(6) 硬盘 BIOS 损坏。

(7) 磁头芯片损坏。

(8) 前置信号处理器芯片损坏。

(9) 数字信号处理器芯片损坏。

(10) 电机驱动芯片损坏。

3. 硬盘电路故障维修方法

(1) 检查硬盘电路的元器件的外观有无明显的损坏。

(2) 测量硬盘电源接口对地电阻值的大小，判断电路有无对地短路。如果测量值小于 100Ω，可能硬盘电路的保护电路损坏。正常值应为 $10k\sim1000k\Omega$。

(3) 测量电机驱动芯片的输出端口的对地电阻值。正常值应为 $10k\sim1000k\Omega$。

(4) 通电检查电源管理芯片的输出电压。正常值应为 3.3V 和 5V。

(5) 检查供电电路中的电阻、电容、电感等。

15.5　回到工作场景

通过本章的学习，应该了解硬盘的工作原理，掌握硬盘维修的方法。现在回到 15.1 介绍的工作场景中，完成工作任务。

【工作过程一】分析故障现象

故障代码"1701"，表示为硬盘或信号电缆、适配器出错。经检查，信号电缆是好的。

【工作过程二】用万用表检查 ATX 电源供电电压值

提供给硬盘的供电电压有两组，即 5V 和 12V。经过检查发现 5V 电压正常，而 12V 电压值只有 10V。这应该是产生故障的原因，因为 12V 的电压过低会造成硬盘无法工作。

【工作过程三】检查 ATX 电源的 12V 供电电路

经过检查，发现 ATX 电源 12V 供电电路的稳压管损坏。

15.6　工作实训营

15.6.1　训练实例

1．训练内容

希捷硬盘通电后电机不转故障的维修方法。

2．训练目的

掌握硬盘电路故障的检测方法和硬盘维修的流程。

3．训练过程

步骤一：分析故障原因。

硬盘电机不转，一般是由于 12V 电路稳压管击穿或电机驱动芯片的供电电压异常，也可能是电机驱动芯片损坏。

步骤二：检测 ATX 电源供电。

测量硬盘电源接口的供电电压 12V 和 5V 是否正常。

步骤三：测量电机驱动芯片供电电压。

该电压正常值为 3.25V 左右。由 ATX 电源提供的 5V 供电电压经集成运算放大器处理后，作为电机驱动芯片的供电电压。

步骤四：测量电机的工作电压。

电机正常工作时的电压一般为 7～8V，这是电机驱动芯片将 12V 直流电压转换而来的。

步骤五：测量电机驱动芯片。

断电状态下测量电机芯片引脚对地电阻值。一般多数引脚对地电阻值在 400Ω 以上，个别引脚为几欧姆或无穷大。

4．技术要点

(1) 硬盘电路故障维修前，要准备好硬盘电路上主要芯片的电气参数资料。通过测量以后的对照才能知道芯片工作是否正常。

(2) 硬盘的盘体是密封的，一般情况下不要打开，防止灰尘进入腔体内。

(3) 硬盘的故障检查依旧是先软后硬，如遇硬盘电路元器件有损坏而需更换时，一定要注意防静电的处理。

15.6.2　工作实践常见问题解析

【常见问题 1】硬盘出现故障后，计算机是无法启动的，这种故障如何检查？

【回答】引起系统启动故障的原因有很多种，其中大多数与硬盘有关。一般情况下，当硬盘出现故障的时候，BIOS 会给出一些英文提示信息。不同厂家主板或不同版本的 BIOS 给出的提示信息可能会存在一些差异，但基本上是大同小异的。这些提示很重要，它是我们判断硬盘故障原因的主要依据，要根据这些提示进行检查和维修。

【常见问题 2】硬盘出现物理坏道怎么处理？

【回答】硬盘物理坏道是比较常见的硬盘故障。实际上它是因为震荡、划伤等"硬"原因，导致一些扇区的磁介质失去了磁记忆能力而造成的。通常情况下，这样的损坏修复起来都比较麻烦。因为，在硬盘内部的磁道列表中，这个扇区是被标记为正常的，而坏道也是物理性存在的。所以，它无法通过扫描、格式化、低格或者激活扇区的方法来加以消除，必须将这个扇区加入到设置在硬盘内部的系统保留区，告诉磁盘这些磁道已经不能使用了，才能在硬盘控制系统的可见范围内消除这个坏道。当然，这样做需要使用一些专用软件，对普通用户来讲维修有些困难。不过有些硬盘厂商会提供原厂的工具软件，如 IBM、日立的 DFT 和西部数据的 Data LifeGuard Diagnostics。这些原厂的工具软件不但扫描速度快，而且辨别准确率也很高，能够对付较为普遍的硬盘物理坏道故障。对硬盘内部进行操作时还是原厂的软件较为可靠，除非原厂工具不能解决问题，否则不推荐使用第三方的工具软件。

15.7　习题

一、填空题

1. 硬盘的故障主要包括 _____ 和 _____ 两大类。

2. 硬盘分区表结束标志是 _____ 。

3. 硬盘逻辑锁一般有 _____ 和 _____ 两种。

4. 硬盘的电路主要由 _____ 组成。

二、选择题

1. 下列属于温彻斯特硬盘特点的是_____。

    A. 磁头、盘片及运动机构密封

    B. 磁头对盘片呈接触式启停，工作时呈飞行状态

    C. 由于磁头工作时与盘片不接触，所以磁头加载较小

    D. 磁盘片表面平整光滑

2. 下列属于硬盘硬故障的是_____。

    A. 硬盘磁头不寻道   B. 硬盘接电后没有反应

    C. 数据不能写入盘片   D. 磁盘有坏道

三、操作题

一块故障硬盘发出"咔嚓、咔嚓"的响声，分析故障原因，写出维修方案。

附录　参考答案

第 1 章

一、填空题

1. 1946　电子数字计算机　电子计算机
2. 外部存储器　内部存储器　U 盘　硬盘

二、选择题

1. A　　2. A　　3. A　　4. C

第 2 章

一、填空题

1. 北桥　南桥
2. 速度　稳定性　兼容性　扩充能力

二、选择题

1. C　　2. C

第 3 章

一、填空题

1. Central Processing Unit
2. 主频　外频

二、选择题

1. D　　2. A

第 4 章

一、填空题

1. 具备数据输入/输出和数据存储功能
2. 只读存储器(ROM)　随机存储器(RAM)

二、选择题

1. C   2. A

第5章

一、填空题

1. 固定面板　控制电路板　盘头组件　接口及附件
2. 内置式硬盘　外置式硬盘
3. 移动硬盘　U盘　闪存卡

二、选择题

1. D   2. A

第6章

一、填空题

1. 显示芯片　显示内存　RAM DAC(数模转换器)
2. 处理器　内存　显卡输入　显卡输出
3. 像素和分辨率　扫描方式　点距　亮度和对比度　色深　环保认证
4. 传统CRT显示器　液晶显示器(LCD)

二、选择题

1. C   2. ABCD   3. AD   4. AC

第7章

一、填空题

1. 直连线　交叉线　翻转线
2. 10Mb/s网卡　100Mb/s网卡　1000Mb/s网卡　10/100Mb/s自适应网卡
3. 调制协议　差错控制协议　数据压缩协议　文件传输协议

二、选择题

1. D   2. C

第 8 章

一、填空题

1. AT 电源　ATX 电源
2. 用手触摸一下与地相接触的金属物体　用水洗一下手

二、选择题

1. D　　2. B

第 9 章

一、填空题

1. 基本输入/输出系统
2. BIOS　　CMOS
3. SUPERVISOR PASSWORD　　USER PASSWORD

二、选择题

1. A　　2. D　　3. D

第 10 章

一、填空题

1. Windows XP　　Windows Server 2003　　Windows Vista
2. 磁盘清理工具

二、选择题

1. A　　2. B

第 11 章

一、填空题

1. 先简单后复杂　先分析后维修　先软件后硬件　先主后次
2. 观察法　最小系统法　替换法　诊断卡法　检测仪器法　软件测试法
3. 不开机故障　黑屏故障　死机故障　不能引导系统

二、选择题

1. B　　2. C　　3. D　　4. D　　5. C

第 12 章

一、填空题

1. 保证主板及其他设备复位，完成初始化

2. 产生一个频率为 14.318MHz 的时钟基准频率信号，并经过分频电路后为各部件提供不同的时钟频率

二、选择题

1. A   2. C

第 13 章

一、填空题

1. SDRAM   DDR   DDR2

2. 3.3V   2.5V   1.8V   0.9V

3. 4   8   8

4. 记录了诸如内存的速度、容量、电压与行、列地址带宽等参数信息。当开机时 PC 的 BIOS 将自动读取 SPD 中记录的信息，并为内存设置最优化的工作方式

二、选择题

1. A   2. C   3. A

第 14 章

一、填空题

1. 无驱动型   加密型   双启动型

2. USB 接口   主控芯片   Flash 闪存芯片   写保护按键及指示灯   封装外壳

二、选择题

1. A   2. C

第 15 章

一、填空题

1. 软故障   硬故障

2. 55AA

3. 分区表有效标志被改变   主动逻辑锁

4. 主控芯片、电机驱动芯片、缓存芯片、数据信号处理芯片、BIOS 芯片、晶振、电源控制芯片等元器件

二、选择题

1. A B C D　　2. A B C D

参 考 文 献

[1] 张永健, 周洁波. 计算机组装与维护[M]. 北京: 人民邮电出版社, 2018.

[2] 王海宾, 樊明, 张洪东. 计算机组装与维修技术[M]. 北京: 人民邮电出版社, 2013.

[3] 熊巧玲, 田宏强. 电脑组装与维修从入门到精通[M]. 北京: 科学出版社, 2018.

[4] 薛芳. 电脑组装维护故障排除入门与进阶[M]. 北京: 清华大学出版社, 2018.

[5] 柳青. 计算机组装与维修[M]. 北京: 高等教育出版社, 2012.

[6] 高宏泽. 电脑组装与维修宝典[M]. 北京: 机械工业出版社, 2014.

[7] 徐伟, 张鹏. 电脑硬件选购、组装与维修从入门到精通[M]. 北京: 中国铁道出版社, 2017.

[8] 田勇. 玩转装机与维修: 从学徒到高手[M]. 北京: 清华大学出版社, 2014.

[9] 吴民. 计算机组装与维修[M]. 北京: 电子工业出版社, 2014.

[10] 龙马高新教育. 电脑组装与硬件维修从入门到精通[M]. 北京: 人民邮电出版社, 2017.

[11] 王红军. 电脑组装与维修大全[M]. 北京: 机械工业出版社, 2017.

[12] 刘瑞新. 计算机组装、维护与维修教程[M]. 北京: 机械工业出版社, 2016.

[13] 赵源源. 新编电脑选购、组装、维护与故障处理从入门到精通[M]. 北京: 人民邮电出版社, 2016.

[14] 文杰书院. 计算机组装·维护与故障排除[M]. 北京: 清华大学出版社, 2017.

[15] 薛振清, 郭纪良, 陈雷. 计算机组装与维修项目化教程[M]. 北京: 清华大学出版社, 2016.

[16] 张军. 电脑组装与维修实战[M]. 北京: 机械工业出版社, 2017.

[17] 李密生, 康燕, 曾晓宁. 计算机组装与维修教程[M]. 北京: 中国铁道出版社, 2014.

[18] 林东, 陈国先. 计算机组装与维修[M]. 北京: 电子工业出版社, 2016.

[19] 王良明. 电脑组装、维修与选购[M]. 北京: 清华大学出版社, 2017.

[20] 杨志金. 计算机组装与维护[M]. 北京: 机械工业出版社, 2017.

[21] 张梅, 陈广祥, 何福贵. 电脑选购组装与维修技能实训教程[M]. 北京: 科学出版社, 2017.

[22] 冉强, 陈应纯. 计算机组装与维护[M]. 重庆: 西南师范大学出版社, 2017.

[23] 李建斌, 李菲, 薛芳. 计算机组装与维护实用教程[M]. 北京: 清华大学出版社, 2016.

[24] 赖作华, 汪鹏飞. 计算机组装与维护立体化教程[M]. 北京: 人民邮电出版社, 2018.